高等学校计算机教育系列规划教材

# C 语言程序设计

刘卫国　主　编

贾宗福　沈根海　副主编
石玉晶　习胜丰

中国铁道出版社
CHINA RAILWAY PUBLISHING HOUSE

## 内 容 简 介

本书介绍 C 语言基础知识及其程序设计的基本方法，使读者掌握计算机程序设计的思想、方法和技术，具有利用 C 语言进行程序设计的能力和较强的计算机应用开发能力。全书内容包括 C 语言程序设计概述、C 语言的基本数据类型与运算、顺序结构程序设计、选择结构程序设计、循环结构程序设计、函数与编译预处理、数组、指针、结构体、共用体与枚举以及文件操作等。

本书内容丰富，理论与实践相结合，强调程序设计方法与能力的培养。在编写过程中，力求做到概念清晰、取材合理、深入浅出、突出应用，为学生应用 C 语言进行程序设计和软件开发打下良好基础。

本书适合作为高等院校计算机程序设计课程的教材，也可供社会各类软件开发人员阅读参考。

**图书在版编目（CIP）数据**

C 语言程序设计/刘卫国主编. —北京：
中国铁道出版社，2008.1 (2017.1 重印)
（高等学校计算机教育系列规划教材）
ISBN 978-7-113-08549-0

Ⅰ.C… Ⅱ.刘… Ⅲ.C 语言－程序设计－高等学校－教
材 Ⅳ.TP312

中国版本图书馆 CIP 数据核字（2008）第 014219 号

书　　名：C 语言程序设计
作　　者：刘卫国　等

策　　划：严晓舟　秦绪好
责任编辑：李　旸　姚文娟
封面设计：付　巍
封面制作：白　雪
责任印制：李　佳

出版发行：中国铁道出版社（100054，北京市西城区右安门西街 8 号）
网　　址：http://www.51eds.com
印　　刷：北京鑫正大印刷有限公司
版　　次：2008 年 2 月第 1 版　　2017 年 1 月第 8 次印刷
开　　本：787mm×1092mm　1/16　印张：21.25　字数：497 千
印　　数：16 501～17 800 册
书　　号：ISBN 978-7-113-08549-0
定　　价：35.00 元

**版权所有　侵权必究**

凡购买铁道版图书，如有印制质量问题，请与本社教材图书营销部联系调换。电话：(010) 63550836
打击盗版举报电话：(010) 51873659

计算机是在程序的控制下进行自动工作的，它解决任何实际问题都依赖于解决问题的程序。程序设计是计算机程序开发人员的一项基本功，只有掌握程序设计的基本知识，才能具有一定的应用开发能力。

教育部高等学校非计算机专业计算机基础课程教学指导分委员会于 2004 年提出"1+X"课程设置模式，即一门"大学计算机基础"和若干门核心课程，"计算机程序设计基础"是其中一门重要的核心课程。通过本课程的学习，使学生了解程序设计语言的基本知识，掌握程序设计的基本方法和常用算法，掌握程序调试的基本技能，具有使用计算机解决实际问题的基本能力，也为学习后续课程打下良好基础。

"计算机程序设计基础"是从技术角度学习计算机的主要基础课程，已经作为大多数专业的必修课。由于不同学校、不同专业对学生程序设计能力的要求不尽相同，所以程序设计课程通常采用不同的教学语言。但程序语言只是一种载体，一种学习程序设计的工具，无论选用哪种语言，都应掌握程序设计的基础知识与基本编程技术，学习的重点应落在程序设计的方法与应用开发能力上。

C 语言是目前流行的程序设计语言之一，具有程序简洁、数据类型丰富、表达能力强、使用灵活、实用高效等优点，在当今软件开发领域有着广泛的应用。作者结合多年从事程序设计教学与软件开发的经验，适应计算机基础教学工作的需要，组织编写了本书。

本书介绍 C 语言的基本知识及其程序设计的基本方法，使读者掌握计算机程序设计的思想、方法和技术，具有利用 C 语言进行程序设计的能力和较强的计算机应用开发能力。在编写过程中，力求体现以下特点：

（1）教材内容重点突出，取材适当。教材用通俗易懂的语言讲清 C 语言的重要概念，加强程序设计和程序调试能力的训练，但教材不追求内容的全面性，对于初学者不常用到的内容（如"位运算"）作了简化处理。教材也不过分死抠语言细节，引导读者在实践中去掌握语法规则。

（2）教材的组织结构遵循循序渐进原则。教材前 6 章体现了基本程序设计能力的训练。第 1 章介绍程序设计的基本知识；第 2 章介绍基本数据类型与运算，这些运算许多是数学中熟悉的运算，但也有许多不一致的地方，所以要注意区别，学会 C 语言中数据的正确表达方法；第 3～5 章分别介绍程序的 3 种基本结构，体现了最基本的程序设计方法；第 6 章介绍函数，体现了模块化程序设计的需要。前 6 章只涉及 C 语言的基本数据类型，重点放在程序的 3 种基本结构的实现方法和程序设计能力培养上。第 7～10 章是数组、指针和 C 语言的构造数据类型，涉及更复杂数据的表达方法。第 11 章是文件操作，这是程序设计语言的经典内容。这种内容编排有利于总体上把握全书内容，帮助读者逐步深入理解和掌握课程知识。

（3）教材注重应用。语言是程序设计的工具，学习 C 语言是为了能够设计解决问题的程序。书中穿插介绍了递推法、迭代法、穷举法、试探法、递归法等算法设计策略，书中还包含了大量的应用实例，这些有利于读者掌握有关程序设计方法。有些例子更多地是从教学的角度设计的，这是应用的基础和前提，有些例子则具有很强的实际应用背景，可以更好地培养读者的应用开发能力。在语言编译系统的选择上，本书使用 Visual C++ 6.0 作为上机环境，目的是让教材内容更加接近软件开发的实际需要，为读者进一步学习和应用 C++ 打下基础。

（4）教材有配套的教学参考书、教学课件与相关教学资源。为了方便教学和读者上机操作练习，作者还组织编写了《C 语言程序设计实践教程》一书，作为与本书配套的教学参考书。《C 语言程序设计实践教程》既与本教材相互配套，又是本教材很好的补充。例如，实践教程中常用算法设计方法、程序测试与调试等内容与程序设计实践息息相关，可作为读者课外的阅读材料，达到巩固与提高的目的。另外，还有与本书配套的教学课件与相关教学资源，供教师教学参考。

本书适合作为高等院校计算机程序设计课程的教材，也可供社会各类软件开发人员阅读参考。

本书由刘卫国任主编，贾宗福、沈根海、石玉晶、习胜丰任副主编。第 1、8、9 章由刘卫国编写，第 2 章由贾宗福编写，第 3 章由沈根海编写，第 4 章由石玉晶编写，第 5 章由童键编写，第 6、7 章由蔡立燕编写，第 10 章及附录由舒卫真编写，第 11 章由习胜丰编写。参与程序调试与资料整理的还有杨斌、刘勇、张志良、李斌、康维、罗站城、邹美群等。此外，本书还得到了中南大学信息科学与工程学院施荣华教授的支持与帮助，在此表示感谢。

由于编者学识水平有限，书中的疏漏或错误之处在所难免，恳请广大读者批评指正。

编 者

2008 年 1 月

# 目 录

# 第 **1** 章　概　述

自从 1946 年第一台电子计算机诞生以来，计算机及计算机科学与技术得到了迅猛的发展。如今，计算机正深刻地影响着人们的生活和工作。计算机可以解决很多实际问题，但它本身并无解决问题的能力，而必须依赖于人们事先编写好的程序（Program），而要编写程序就要熟悉一种程序设计语言以及掌握编写程序的方法。在众多的程序设计语言中，C 语言有其独到之处，具有程序简洁、数据类型丰富、表达能力强、使用灵活、实用高效等优点，在当今软件开发中有着广泛的应用。学习 C 语言程序设计的目的，就是要学会利用 C 语言编写出适合自己实际需要的程序，让计算机完成自己指定的任务。

本章介绍程序设计的基本知识、C 语言的发展与特点、C 程序的基本结构以及 C 程序的执行步骤。通过本章的学习，将使读者对程序设计和 C 语言有一个概要认识，从而为以后各章的学习打下基础。

## 1.1　程序设计基本知识

计算机是在程序控制下进行自动工作的，它解决任何实际问题都依赖于解决问题的程序。程序设计是计算机应用人员的一项基本功，只有掌握程序设计的知识，才能具有一定的应用开发能力。在学习 C 语言程序设计之前，需要了解一些程序设计的基本知识。

### 1.1.1　程序与程序设计

从一般意义来说，程序是对解决某个实际问题的方法和步骤的描述，而从计算机角度来说，程序是用某种计算机能理解并执行的语言所描述的解决问题的方法和步骤。计算机执行程序所描述的方法和步骤，并完成指定的功能。所以，程序就是供计算机执行后能完成特定功能的指令序列。

一个计算机程序主要描述两部分内容：一是描述问题的每个对象和对象之间的关系，二是描述对这些对象作处理的处理规则。其中关于对象及对象之间的关系是数据结构（Data Structure）的内容，而处理规则是求解的算法（Algorithm）。针对问题所涉及的对象和要完成的处理，设计合理的数据结构可有效地简化算法，数据结构和算法是程序最主要的两个方面。

程序设计的任务就是设计解决问题的方法和步骤（即设计算法），并将解决问题的方法和步骤用程序设计语言来描述。什么叫程序设计？对于初学者来说，往往把程序设计简单地理解为只是编写一个程序，这是不全面的。程序设计反映了利用计算机解决问题的全过程，包含多方面的内容，而编写程序只是其中的一个方面。使用计算机解决实际问题，通常是先要对问题进行分析并建立数学模型，然后考虑数据的组织方式和算法，并用某一种程序设计语言编写程序，最后调试程序，使之运行后能产生预期的结果。这个过程称为程序设计（Programming）。具体要经过以下 4 个基本步骤：

（1）分析问题，确定数学模型或方法。要用计算机解决实际问题，首先要对待解决的问题进行详细分析，弄清问题的需求，包括需要输入什么数据，要得到什么结果，最后应输出什么。即弄清要计算机"做什么"。然后把实际问题简化，用数学语言来描述它，这称为建立数学模型。建立数学模型后，需选择计算方法，即选择用计算机求解该数学模型的近似方法。不同的数学模型，往往要进行一定的近似处理。对于非数值计算则要考虑数据结构等问题。

（2）设计算法，画出流程图。弄清楚要计算机"做什么"后，就要设计算法，明确要计算机"怎么做"。解决一个问题，可能有多种算法。这时，应该通过分析、比较，挑选一种最优的算法。算法设计后，要用流程图把算法形象地表示出来。

（3）选择编程工具，按算法编写程序。当为解决一个问题确定了算法后，还必须将该算法用程序设计语言编写成程序，这个过程称为编码（Coding）。

（4）调试程序，分析输出结果。编写完成的程序，还必须在计算机上运行，排除程序中可能的错误，直到得到正确结果为止。这个过程称为程序调试（Debugging）。即使是经过调试的程序，在使用一段时间后，仍然会被发现尚有错误或不足之处。这就需要对程序做进一步的修改，使之更加完善。

解决实际问题时，应对问题的性质与要求进行深入分析，从而确定求解问题的数学模型或方法，接下来进行算法设计，并画出流程图。有了算法流程图，再来编写程序就容易多了。有些初学者，在没有把所要解决的问题分析清楚之前就急于编写程序，结果编程思路紊乱，很难得到预想的结果。

## 1.1.2　算法及其描述

计算机是通过执行人们所编制的程序来完成预定的任务。在广义上说，计算机按照程序所描述的算法对某种结构的数据进行加工处理。著名的瑞士计算机科学家 N. Wirth 教授曾提出：

算法+数据结构=程序

算法是对数据运算的描述，而数据结构是指数据的组织存储方式，包括数据的逻辑结构和存储结构。程序设计的实质是对实际问题选择一种好的数据结构，并设计一个好的算法，而好的算法在很大程度上取决于描述实际问题的数据结构。

### 1. 算法的概念

在日常生活中，人们做任何一件事情，都是按照一定规则、一步一步地进行的，这些解决问题的方法和步骤称为算法。比如工厂生产一部机器，先把零件按一道道工序进行加工，然后，把各种零件按一定法则组装起来，生产机器的工艺流程就是算法。总之，任何数值计算或非数值计算过程中的方法和步骤，都称之为算法。

计算机解决问题的方法和步骤，就是计算机解题的算法。计算机用于解决数值计算，如科学计算中的数值积分、解线性方程组等的计算方法，就是数值计算的算法；用于解决非数值计算，如用于管理、文字处理、图形图像处理等的排序、分类、查找的方法，就是非数值计算的算法。要编写解决问题的程序，首先应设计算法，任何一个程序都依赖于特定的算法，有了算法，再来编写程序是容易的事情。

下面举两个简单例子，以说明计算机解题的算法。

【例 1.1】求 $u=\dfrac{x-y}{x+y}$，其中 $x=\begin{cases} a^2+b^2 & a<b \\ a^2-b^2 & a\geqslant b \end{cases}$，$y=\begin{cases} \dfrac{a+b}{a-b} & a<b \\ \dfrac{4}{a+b} & a\geqslant b \end{cases}$。

这一题的算法并不难，可写成：

（1）从键盘输入 $a$，$b$ 的值。

（2）如果 $a<b$，则 $x=a^2+b^2$，$y=\dfrac{a+b}{a-b}$，否则 $x=a^2-b^2$，$y=\dfrac{4}{a+b}$。

（3）计算 $u$ 的值：$\dfrac{x-y}{x+y}$。

（4）输出 $u$ 的值。

【例 1.2】输入 10 个数，要求找出其中最大的数。

设 max 单元用于存放最大数，先将输入的第 1 个数放在 max 中，再将输入的第 2 个数与 max 相比较，较大者放在 max 中，然后将第 3 个数与 max 相比，较大者放在 max 中，……，一直到比完 9 次为止。

算法要在计算机上实现，还需要把它描述为更适合程序设计的形式，对算法中的量要抽象化、符号化，对算法的实施过程要条理化。上述算法可写成如下形式：

（1）输入一个数，存放在 max 中。

（2）用 i 来统计比较的次数，其初值置 1。

（3）若 i≤9，执行第（4）步，否则执行第（8）步。

（4）输入一个数，放在 x 中。

（5）比较 max 和 x 中的数，若 x>max，则将 x 的值送给 max，否则，max 值不变。

（6）i 增加 1。

（7）返回到第（3）步。

（8）输出 max 中的数，此时 max 中的数就是 10 个数中最大的数。

从上述算法示例可以看出，算法是解决问题的方法和步骤的精确描述。算法并不给出问题的精确解，只是说明怎样才能得到解。每一个算法都是由一系列基本的操作组成的。这些操作包括加、减、乘、除、判断、置数等。所以研究算法的目的就是要研究怎样把问题的求解过程分解成一些基本的操作。

算法设计好之后，要检查其正确性和完整性，再根据它用某种高级语言编写出相应的程序。程序设计的关键就在于设计出一个好的算法。所以，算法是程序设计的核心。

**2．算法的特性**

从上面的例子中，可以概括出算法的 5 个特性：

（1）有穷性。算法中执行的步骤总是有限次数的，不能无止境地执行下去。例如，计算圆周率 π 的值，可用如下公式：

$$\frac{\pi}{4}=1-\frac{1}{3}+\frac{1}{5}-\frac{1}{7}+\cdots$$

这个多项式的项数是无穷的，因此，它是一个计算方法，而不是算法。要计算 π 的值，只能取有限项。例如，计算结果精确到第 5 位，那么，这个计算就是有限次的，因而才能称得上算法。

（2）确定性。算法中的每一步操作必须具有确切的含义，不能有二义性。

（3）有效性。算法中的每一步操作必须是可执行的。

（4）要有数据输入。算法中操作的对象是数据，因此应提供有关数据。但如果算法本身给出了运算对象的初值，也可以没有数据输入。

（5）要有结果输出。算法的目的是用来解决一个给定的问题，因此应提供输出结果，否则算法就没有实际意义。

### 3．算法评价标准

在算法设计中，只强调算法特性是不够的。一个算法除了满足 5 个特性之外，还有一个质量问题。一个问题可能有若干个不同的求解算法，一个算法又可能有若干个不同的程序实现。在不同算法中有好算法，也有差算法。设计高质量算法是设计高质量程序的基本前提。如何评价算法的质量呢？不同时期、不同环境其评价标准可能不同，但一些基本评价标准是相同的。目前，评价算法质量有 4 个基本标准：

（1）正确性。一个好算法必须保证运行结果正确。算法正确性，不能主观臆断，必须经过严格验证，一般不能说绝对正确，只能说正确性高低。目前程序正确性很难给出严格的数学证明，程序正确性证明尚处于研究阶段。要多选用现有的、经过时间考验的算法，或采用科学规范的算法设计方法，是保证算法正确性的有效途径。

（2）可读性。一个好算法应有良好的可读性，好的可读性有助于保证正确性。科学、规范的程序设计方法（如结构化方法和面向对象方法）可提高算法的可读性。

（3）通用性。一个好算法要尽可能通用，可适用一类问题的求解。例如，设计求解一元二次方程 $2x^2+3x+1=0$ 的算法，该算法应设计成求解一元二次方程 $ax^2+bx+c=0$ 的算法。

（4）高效率。效率包括时间和空间两个方面。一个好的算法应执行速度快、运行时间短、占用内存少。效率和可读性往往是矛盾的，可读性要优先于效率。目前，在计算机速度比较快，内存容量比较大的情况下，高效率已处于次要地位。

### 4．算法效率的度量

算法效率的度量分为时间度量和空间度量。

（1）时间度量

算法的执行时间需要依据该算法编制的程序在计算机上运行时所消耗的时间来度量。它大致等于计算机执行一种简单操作（如赋值、比较等）所需的平均时间与算法中进行简单操作的次数的乘积。因为执行一种简单操作所需的平均时间随计算机而异，它是由所使用计算机的软硬件环境决定的，与算法无关，所以只需讨论影响算法执行时间的另一因素，即算法中进行简单操作的次数。通常把算法中进行简单操作的次数的多少称为算法的时间复杂度，它是一个算法执行时间的相对度量。

一般用问题的规模来表示算法所处理数据的多少。若解决问题的规模为 $n$，那么算法的时间复杂度就是问题规模 $n$ 的一个函数 $f(n)$，假定时间复杂度记作 $T(n)$，则：

$$T(n)=f(n)$$

例如，求 $s=1+2+3+\cdots+n$，这里问题的规模为 $n$，求 $s$ 的值需要进行 $n-1$ 次加法，所以算法的时间复杂度 $T(n)=n-1$。

这里算法比较简单，时间复杂度容易计算，当算法比较复杂时，时间复杂度的计算就相对困难。实际上，一般也没必要计算出算法的精确复杂度，只要大致计算出相应的数量级即可，即随着问题规模 $n$ 的增大，算法的执行时间的增长率如何，这个时间增长率称为阶。显然求 $s$ 值算法的执行时间与 $n$ 成正比，所以该算法的时间复杂度是 $n$ 阶的，记为 $T(n)=O(n)$。

算法的复杂度采用数量级表示后，将给计算复杂度带来很大的方便，这时只需分析影响一个算法的主要部分即可，不必对每一步进行分析。同时对主要部分的分析也可简化，只需分析循环内简单操作的次数即可。例如，下面 C 语句的时间复杂度为 $O(n^2)$，即是 $n$ 的平方阶的。

```c
for(i=1;i<=n;i++)
    for(j=1;j<=n;j++)
        a[i][j]=i+j;
```

按数量级递增顺序，常见的几种时间复杂度有 $O(1)$、$O(\log_2 n)$、$O(n)$、$O(n\log_2 n)$、$O(n^2)$、$O(n^3)$、$O(2^n)$ 等。$T(n)=O(1)$ 表示算法执行时间与问题规模无关。图 1-1 给出了各种具有代表性的时间复杂度 $T(n)$ 与问题规模 $n$ 的变化关系。从图中可以看到，当 $T(n)$ 为对数阶、线性阶、幂阶函数或它们的乘积时，算法的时间复杂度随问题规模的变化是可以接受的，当 $T(n)$ 为指数阶或它们的乘积时，算法的时间复杂度随问题规模的增大大幅增加，是不可以接受的，这种算法称为无效算法。

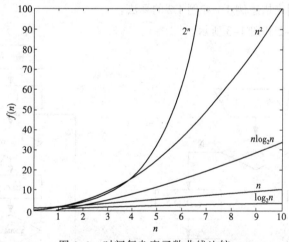

图 1-1　时间复杂度函数曲线比较

一个算法的时间复杂度除了与问题的规模有关外，还与输入的数据的次序有关，输入的次序不同，算法的复杂度也不同，所以当分析算法的复杂度时，还要考虑到最好、最坏和平均复杂度。

（2）空间度量

一个算法的实现所占用的存储空间，大致包括 3 个方面：一是存储算法本身所占用的存储空间；二是算法中的输入输出数据所占用的存储空间；三是算法在运行过程中临时占用的存储空间。存储算法本身所占用的存储空间与算法书写的长度有关，算法越长，占用的存储空间越多。算法中输入输出数据所占用的存储空间是由要解决的问题所决定的，它不随算法的改变而改变。算法在运行过程中临时占用的存储空间随算法的不同而改变，有的算法只需要占用少量的临时工作单元，与待解决问题的规模无关，有的算法需要占用的临时工作单元，与待解决问题的规模有关，即随问题的规模的增大而增大。因此，通常把算法在执行过程中临时占用的存储空间定义为算法的空间复杂度。

算法的空间复杂度比较容易计算，它包括局部变量所占用的存储空间和系统为实现递归（如果采用递归算法）所占用的堆栈这两个部分。算法的空间复杂度也用数量级的形式给出。

**5. 算法的描述**

描述算法有很多不同的工具，前面两个例子的算法是用自然语言——汉语描述的，其优点是通俗易懂，但它不太直观，描述不够简洁，且容易产生二义性。在实际应用中，常用流程图、结构化流程图和伪代码等描述工具来描述算法。

（1）用流程图描述算法

流程图也称为框图，它是用一些几何框图、流程线和文字说明表示各种类型的操作。一般用矩形框表示进行某种处理，有一个入口，一个出口，在框内写上简明的文字或符号表示具体的操作。用菱形框表示判断，有一个入口，两个出口。菱形框中包含一个为真或为假的表达式，它表示一个条件，两个出口表示程序执行时的两个流向，一个是表达式为真（即条件满足）时程序的流向，另一个是表达式为假（即条件不满足）时程序的流向，条件满足时用 Y（即 Yes）表示，条件不满足时用 N（即 No）表示。流程图中用带箭头的流程线表示操作的先后顺序。

流程图是人们交流算法设计的一种工具，不是输入给计算机的。只要逻辑正确，且能被人们看懂就可以了，一般是由上而下按执行顺序画下来。

【**例 1.3**】用流程图来描述例 1.1 和例 1.2 的算法。

流程图分别如图 1-2 和图 1-3 所示。

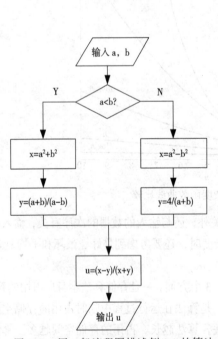

图 1-2　用一般流程图描述例 1.1 的算法

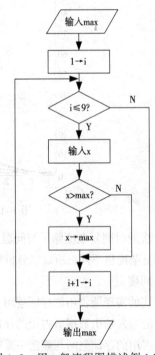

图 1-3　用一般流程图描述例 1.2 的算法

流程图的主要优点是直观性强，初学者容易掌握。缺点是对流程线的使用没有严格限制，如毫无限制地使流程任意转来转去，将使流程图变得毫无规律，难以阅读。为了提高算法的可读性和可维护性，必须限制无规则的转移，使算法结构规范化。

（2）用 N-S 图描述算法

① 程序的 3 种基本结构

随着计算机的发展，编制的程序越来越复杂，不仅语句条数多，而且程序的流向也很复杂，常常用无条件转移语句去实现复杂的逻辑判断功能。因而造成程序质量差，可靠性很难保证，程序也不易阅读，维护困难。20 世纪 60 年代末期，国际上出现了所谓的"软件危机"。

为了解决这一问题，就出现了结构化程序设计，它的基本思想是像玩积木游戏那样，只要有几种简单类型的结构，就可以构成任意复杂的程序。这样可以使程序设计规范化，便于用工程的方法来进行软件生产。基于这样的思想，1966 年意大利的 Bohm 和 Jacopini 提出了组成结构化算法的 3 种基本结构，即顺序结构、选择结构和循环结构。

顺序结构是最简单的一种基本结构，依次顺序执行不同的程序块，如图 1-4 所示。其中 A 块和 B 块分别代表某些操作，先执行 A 块然后再执行 B 块。

选择结构根据条件满足或不满足而去执行不同的程序块。在图 1-5 中，当条件 P 满足时执行 A 程序块，否则执行 B 程序块。

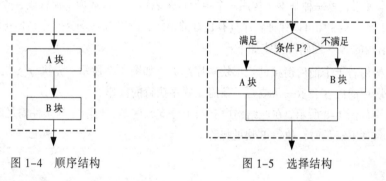

图 1-4　顺序结构　　　　　　　　图 1-5　选择结构

循环结构亦称重复结构，是指重复执行某些操作，重复执行的部分称为循环体。循环结构分当型循环和直到型循环两种，分别如图 1-6（a）和图 1-6（b）所示。当型循环先判断条件是否满足，当条件 P 满足时反复执行 A 程序块，每执行一次测试一次 P，直到条件 P 不满足为止，跳出循环体执行它下面的基本结构。直到型循环先执行一次循环体，再判断条件 P 是否满足，如果不满足则反复执行循环体，直到条件 P 满足为止。

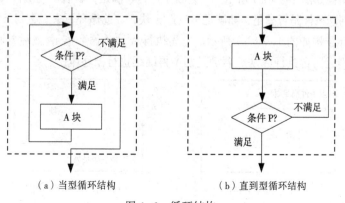

（a）当型循环结构　　　　　　　（b）直到型循环结构

图 1-6　循环结构

两种循环结构的区别在于：当型循环结构是先判断条件，后执行循环体，而直到型循环结构则是先执行循环体，后判断条件。直到型循环至少执行一次循环体，而当型循环有可能一次也不执行循环体。

3种基本程序结构具有如下共同特点：

- 只有一个入口。
- 只有一个出口。
- 结构中无死语句，即结构内的每一部分都有机会被执行。
- 结构中无死循环。

结构化定理表明，任何一个复杂问题的程序，都可以用以上3种基本结构组成。具有单入口单出口性质的基本结构之间形成顺序执行关系，使不同基本结构之间的接口关系简单，相互依赖性少，从而呈现出清晰的结构。

② 结构化流程图（N–S图）

由于传统流程图的缺点，美国学者I. Nassi和B. Shneiderman于1973年提出了一种新的流程图工具。由于他俩人的名字以N和S开头，故把这种流程图称为N–S图。N–S图以3种基本结构作为构成算法的基本元素，每一种基本结构用一个矩形框来表示，而且取消了流程线，各基本结构之间保持顺序执行关系。N–S图可以保证程序具有良好的结构，所以N–S图又叫作结构化流程图。

3种基本结构的N–S图画法规定如下：

- 顺序结构由若干个前后衔接的矩形块顺序组成，如图1–7所示。先执行A块，然后执行B块。各块中的内容表示一条或若干条需要顺序执行的操作。
- 选择结构如图1–8所示，在此结构内有两个分支，它表示当给定的条件满足时执行A块的操作，条件不满足时，执行B块的操作。

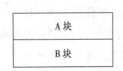

图1–7 顺序结构的N–S图

图1–8 选择结构的N–S图

- 当型循环结构如图1-9（a）所示。先判断条件是否满足，若满足就执行A块（循环体），然后再返回判断条件是否满足，如满足再执行A块，如此循环下去，直到条件不满足为止。
- 直到型循环结构如图1-9（b）所示。它先执行A块（循环体），然后判断条件是否满足，如不满足则返回再执行A块，若满足则不再继续执行循环体了。

（a）当型循环结构

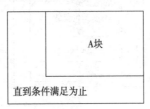

（b）直到型循环结构

图1-9 循环结构的N–S图

【例 1.4】用 N–S 图来描述例 1.1 和例 1.2 的算法。

N–S 图分别如图 1–10 和图 1–11 所示。

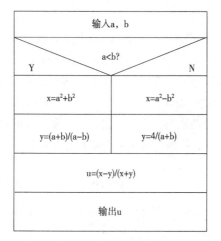

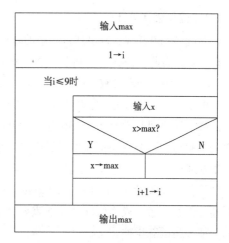

图 1–10　用 N–S 图描述例 1.1 的算法　　　　图 1–11　用 N–S 图描述例 1.2 的算法

　　N–S 流程图是由 3 种基本结构单元组成的，各基本结构单元之间是顺序执行关系，即从上到下，各个基本结构依次按顺序执行。这样的程序结构，对于任何复杂的问题，都可以很方便地用以上 3 种基本结构顺序地构成。因而它描述的算法是结构化的，这是 N–S 图的最大优点。

　　用 N–S 图表示算法，思路清晰，阅读起来直观、明确、容易理解，大大方便了结构化程序的设计，并能有效地提高算法设计的质量和效率。对初学者来说，使用 N–S 图还能培养良好的程序设计风格，因此提倡用 N–S 图表示算法。

　　（3）用伪代码描述算法

　　流程图、N–S 图均为图形描述工具，图形描述工具描述的算法直观易懂，但图形绘制比较费时费事，图形修改比较麻烦。为了克服图形描述工具的缺点，现在也流行采用伪代码描述算法。

　　伪代码是介于自然语言和高级程序设计语言之间的一种文字和符号描述工具，它不涉及图形，而是结合某种高级语言一行一行、自上而下描述算法，书写方便，格式紧凑。

【例 1.5】计算 2+4+6+⋯+100 的和并输出，设计算法并用 C 伪代码描述。

```
0→sum
1→i
while i≤100
{
    if i/2 的余数为 0 则 sum+i→sum
    i+1→i
}
输出 sum
```

## 1.1.3　程序设计方法

　　随着计算机技术的不断发展，人们对程序设计方法的研究也在不断深入。早期好的程序设计常以运行速度快、占用内存少为主要标准，然而在计算机的运算速度大大提高，存储容量不断扩大的情况下，程序具有良好的结构成为第一要求，一个结构良好的程序虽然在效率上不一定最好，但结构清晰，易于阅读和理解，便于验证其正确性。这对传统的程序设计方法提出了严重的挑战，从而促使了程序设计方法的进步。

### 1. 结构化程序设计

在 20 世纪 60 年代，曾出现过严重的软件危机，由软件错误而引起的信息丢失、系统报废等事件屡有发生。为此，1968 年，荷兰学者 E.W.Dijkstra 提出了程序设计中常用的 GOTO 语句的 3 大危害：破坏了程序的静动一致性；程序不易测试；限制了代码优化。此举引起了软件界长达数年的论战，并由此产生了结构化程序设计方法，同时诞生了基于这一设计方法的程序设计语言 Pascal。

由瑞士计算机科学家 N. Wirth 开发的 Pascal 语言，一经推出，它的简洁明了以及丰富的数据结构和控制结构，为程序员提供了极大的方便性与灵活性，同时它特别适合微型计算机系统，因此大受欢迎。

结构化程序设计（Structured Programming）自提出以来，经受了实践的检验，同时也在实践中不断发展和完善，成为软件开发的重要方法。用这种方法设计的程序，结构清晰，易于阅读和理解，便于调试和维护。

结构化程序设计采用自顶向下、逐步求精和模块化的分析方法，从而有效地将一个较复杂的程序分解成许多易于控制和处理的子程序，便于开发和维护。

自顶向下是指对设计的系统要有一个全面的理解，从问题的全局入手，把一个复杂问题分解成若干个相互独立的子问题，然后对每个子问题再作进一步的分解，如此重复，直到每个问题都容易解决为止。

逐步求精是指程序设计的过程是一个渐进的过程，先把一个子问题用一个程序模块来描述，再把每个模块的功能逐步分解细化为一系列的具体步骤，以致能用某种程序设计语言的基本控制语句来实现。逐步求精总是和自顶向下结合使用，一般把逐步求精看作自顶向下设计的具体体现。

模块化是结构化程序设计的重要原则。所谓模块化就是把大程序按照功能分为较小的程序。一般地讲，一个程序是由一个主控模块和若干子模块组成的。主控模块用来完成某些公用操作及功能选择，而子模块用来完成某项特定的功能。当然，子模块是相对主模块而言的。作为某一子模块，它也可以控制更下一层的子模块。一个复杂的问题可以分解成若干个较简单的子问题来解决。这种设计风格，便于分工合作，将一个庞大的模块分解为若干个子模块分别完成。然后用主控模块控制和调用子模块。这种程序的模块化结构如图 1-12 所示。

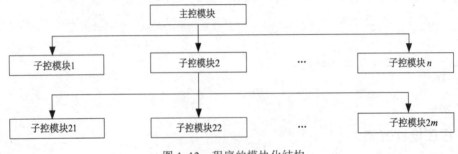

图 1-12　程序的模块化结构

结构化程序设计的过程就是将问题求解由抽象逐步具体化的过程。这种方法符合人们解决复杂问题的普遍规律，可以显著提高程序设计的质量和效率。

### 2. 面向对象程序设计

将结构化思想引入程序设计，有效地降低了软件开发的复杂性，使得 20 世纪 60 年代后期出现的软件危机获得初步缓解。但是，随着硬件性能的提高和图形用户界面的推广，应用软件的规模持续高速增长。由此引起的复杂性，单靠结构化程序设计方法已无法解决。软件开发呼唤新的变革，于是面向对象程序设计（Object-Oriented Programming，OOP）方法便应运而生。

面向对象程序设计方法起源于 Simula 67 语言，在它的影响下所产生的面向对象技术迅速传播开来，至今仍盛行不衰。面向对象程序设计在软件开发领域引起了大的变革，大大提高了软件开发的效率，为解决软件危机带来了一线光明。

传统的程序设计是基于求解过程来组织程序流程。在这类程序中，数据和施加于数据的操作是独立设计的，以对数据进行操作的过程作为程序的主体。面向对象程序设计则以对象作为程序的主体。对象是数据和操作的"封装体"，封装在对象内的程序通过"消息"来驱动运行。在图形用户界面上，消息可通过键盘或鼠标的某种操作（称为事件）来传递。

下面介绍 OOP 的有关概念。

（1）对象

对象（Object）是指现实世界中客观存在的实体。每一个对象都有自己的属性（包括自己特有的属性和同类对象的共同属性）。属性反映对象自身状态变化，表现为当前的属性值。

方法是用来描述对象动态特征的一个操作序列。如对学生数据的输入、输出、按出生日期排序、查找某个学生的信息等。消息是用来请求对象执行某一操作或回答某些信息的要求，实际上是一个对象对另一个对象的调用。

（2）类

类（Class）是具有相同属性和方法的一组对象的集合，它为属于该类的全部对象提供了统一的抽象描述。在系统中通常有很多相似的对象，它们具有相同名称和类型的属性、响应相同的消息、使用相同的方法。对每个这样的对象单独进行定义是很浪费的，因此将相似的对象分组形成一个类，每个这样的对象被称为类的一个实例，一个类中的所有对象共享一个公共的定义，尽管它们对属性所赋予的值不同。例如，所有的雇员构成雇员类，所有的客户构成客户类等。类的概念是面向对象程序设计的基本概念，通过它可实现程序的模块化设计。

（3）封装

封装（Encapsulation）是指把对象属性和操作结合在一起，构成独立的单元，它的内部信息对外界是隐蔽的，不允许外界直接存取对象的属性，只能通过有限的接口与对象发生联系。类是数据封装的工具，对象是封装的实现。类的访问控制机制体现在类的成员中可以有公有成员、私有成员和保护成员。对于外界而言，只需要知道对象所表现的外部行为，而不必了解内部实现细节。

（4）继承

继承（Inheritance）反映的是类与类之间抽象级别的不同，根据继承与被继承的关系，可分为基类和衍类，基类也称为父类，衍类也称为子类，正如"继承"这个词的字面含义一样，子类将从父类那里获得所有的属性和方法，并且可以对这些获得的属性和方法加以改造，使之具有自己的特点。一个父类可以派生出若干子类，每个子类都可以通过继承和改造获得自己的一套属性和方法，由此，父类表现出的是共性和一般性，子类表现出的是个性和特性，父类的抽象级别高于子类。继承具有传递性，子类又可以派生出下一代孙类，相对于孙类，子类将成为其父类，具有较孙类高的抽象级别。继承反映的类与类之间的这种关系，使得程序设计人员可以在已有的类的基础上定义和实现新类，所以有效地支持了软件构件的复用，使得当需要在系统中增加新特征时所需的新代码最少。

（5）多态性

不同的对象收到相同的消息产生不同的动作，这种功能称为多态性（Polymorphism）。将多态的概念应用于面向对象程序设计，增强了程序对客观世界的模拟性，使得对象程序具有了更好的可读性，更易于理解，而且显著提高了软件的可复用性和可扩充性。

面向对象程序设计用类、对象的概念直接对客观世界进行模拟，客观世界中存在的事物、事物所具有的属性、事物间的联系均可以在面向对象程序设计语言中找到相应的机制，面向对象程序设计方法采用这种方式是合理的，它符合人们认识事物的规律，改善了程序的可读性，使人机交互更加贴近自然语言，这与传统的程序设计方法相比，是一个很大的进步。

# 1.2　C 语言的发展与特点

C 语言是流行甚广的一种高级语言。它适合于作为系统描述语言，既可用来编写系统软件，也可用来编写应用软件。它有其产生的历史背景，也形成了自身的特点。

## 1.2.1　C 语言的发展历史

早期的操作系统等系统软件主要是用汇编语言编写的，由于汇编语言依赖于具体的计算机硬件结构，程序的可读性和可移植性都比较差。为了提高程序的可读性和可移植性，人们希望改用高级语言，但一般的高级语言难以实现汇编语言的某些功能（汇编语言可以直接对硬件进行操作），例如，对内存地址的操作、位操作等。人们设想能否找到一种既具有一般高级语言特性，又具有低级语言特性的语言，集它们的优点于一身。于是，C 语言就在这种情况下应运而生了。

C 语言是在 B 语言的基础上发展起来的，它的根源可以追溯到 ALGOL 60。1960 年出现的 ALGOL 60 是一种面向问题的高级语言，它离硬件比较远，不宜用来编写系统软件。1963 年英国剑桥大学推出了 CPL（Combined Programming Language）语言。CPL 语言在 ALGOL 60 的基础上接近了硬件一些，但规模比较大，难以实现。1967 年英国剑桥大学的 M. Richards 对 CPL 语言作了简化，推出了 BCPL（Basic Combined Programming Language）语言。1970 年美国贝尔实验室的 K. Thompson 以 BCPL 语言为基础，又作了进一步简化，设计出了很简单而且很接近硬件的 B 语言（取 BCPL 的第一个字母），并用 B 语言编写第一个 UNIX 操作系统，在 PDP-7 机上实现。1971 年在 PDP-11/20 机上实现了 B 语言，并写了 UNIX 操作系统。但 B 语言过于简单，功能有限。1972 年至 1973 年间，贝尔实验室的 D. M. Ritchie 在 B 语言的基础上设计出了 C 语言（取 BCPL 的第二个字母）。C 语言既保持了 BCPL 和 B 语言的优点（精练、接近硬件），又克服了它们的缺点（过于简单、数据无类型等）。最初的 C 语言只是为描述和实现 UNIX 操作系统提供一种工作语言而设计的。1973 年，K.Thompson 和 D. M. Ritchie 两人合作把 UNIX 的 90% 以上用 C 语言改写（UNIX 第 5 版，原来的 UNIX 操作系统是 1969 年由 K. Thompson 和 D. M. Ritchie 开发成功的，是用汇编语言写的）。

后来，C 语言多次作了改进，但主要还是在贝尔实验室内部使用。直到 1975 年 UNIX 第 6 版公布后，C 语言的突出优点才引起人们普遍注意。1977 年出现了不依赖于具体机器的 C 语言编译文本《可移植 C 语言编译程序》，使 C 语言移植到其他机器时所做的工作大大简化了，这也推动了 UNIX 操作系统迅速地在各种机器上实现。例如，VAX、AT&T 等计算机系统都相继开发了 UNIX。随着 UNIX 的日益广泛使用，C 语言也迅速得到推广。C 语言和 UNIX 可以说是一对孪生兄弟，在发展过程中相辅相成。1978 年以后，C 语言已先后移植到大、中、小、微型机上，已独立于 UNIX 和 PDP 了。现在 C 语言已风靡全世界，成为世界上应用最广泛的程序设计语言之一。

以 1978 年发表的 UNIX 第 7 版中的 C 编译程序为基础，B. W. Kernighan 和 D. M. Ritchie（合称 K&R）合著了影响深远的名著《The C Programming Language》，这本书中介绍的 C 语言成为后来广泛使用的 C 语言版本的基础，它被称为标准 C。1983 年，美国国家标准化协会（American National Standard Institute，ANSI）根据 C 语言问世以来各种版本对 C 的发展和扩充，制定了新的标准，称为 ANSI C。ANSI C 比原来的标准 C 有了很大的发展。K&R 在 1988 年修改了他们的经典著作《The C Programming Language》，按照 ANSI C 的标准重新写了该书。1987 年，ANSI C 又公布了新标准——87 ANSI C。

1989 年，ANSI 又公布了一个新的 C 语言标准—ANSI X3.159–1989（简称 C89）。1990 年，国际标准化组织（International Organization for Standardization，ISO）接纳 C89 为 ISO 国际标准（ISO/IEC 9899:1990），因而有时也称为 C90。ISO C90 与 ANSI C89 基本上是相同的。

1995 年，ISO 对 C90 作了一些修订，称为 C95。1999 年，ISO 又对 C 语言标准进行修订，命名为 ISO/IEC 9899:1999，简称 C99 规范。但到目前为止，各种 C 语言编译系统还没有完成对 C99 规范的完全支持。现在的编译器一般都支持 C89，所以本书基本上以 C89 为基础。

虽然有各种 C 语言标准规范，但这些标准的基本内容都差不多，共性是主要的，因此对于 C 语言的学习以基本内容的学习为主。至于各种版本的差异和新的特征，使用时可参阅有关手册。

## 1.2.2　C 语言的特点

一种语言之所以能存在和发展，并具有生命力，总是有其优于其他语言的特点。C 语言的主要特点如下所述。

（1）语言简洁紧凑，使用方便灵活。

C 语言一共只有 32 个关键字，9 种控制语句，程序书写形式自由，主要用小写字母表示，压缩了一切不必要的成分，语法简练，源程序精悍。

（2）运算符丰富。

C 语言的运算类型极其丰富，表达式类型多样，灵活使用各种运算符可以实现在其他高级语言中难以实现的运算。

（3）数据类型丰富，具有现代语言的各种数据类型。

C 的数据类型有：整型、实型、字符型、指针类型、结构体类型、共用体类型、枚举类型等。尤其是指针数据类型，使用起来灵活多样，能用来实现各种复杂的数据结构（如链表等）。

（4）具有结构化的控制语句。

C 语言有 if 语句、switch 语句、while 语句、do…while 语句、for 语句等流程控制语句，用函数作为程序模块以实现程序的模块化，是理想的结构化语言，符合现代编程风格要求。

（5）语法限制不太严格，程序设计自由度大。

例如，对数组下标越界不作检查，由程序员自己保证程序的正确。对变量的类型使用比较灵活，例如，整型数据、字符型数据以及逻辑型数据可以通用。一般的高级语言语法检查比较严，能检查出几乎所有的语法错误。而 C 语言允许程序员有较大的自由度，因此放宽了语法检查。程序员应当仔细检查程序，保证其正确，而不要过分依赖 C 编译程序去查错。

（6）C 语言兼有高级语言和低级语言的特点。

C 语言能进行位（bit）运算，允许直接访问物理地址，因此 C 语言既具有高级语言的功能，又具有汇编语言的许多功能。C 语言的这种双重性，使它既是成功的系统描述语言，又是通用的程序设计语言。

（7）生成目标代码质量高，程序执行效率高。

（8）与汇编语言比，用 C 语言写的程序可移植性好。

用 C 语言编写的程序基本上不作修改就能用于各种型号的计算机和各种操作系统。

由于 C 语言的这些优点，使 C 语言应用面很广。许多大型软件都用 C 语言编写，这主要是由于 C 语言的可移植性好和硬件控制能力强，表达和运算能力丰富。许多以前只能用汇编语言处理的问题现在可以改用 C 语言来处理了。

当然，C 语言本身也有弱点，由于 C 语言语法限制不太严格，在增强了程序设计灵活性的同时，一定程度上也降低了程序的安全性，这对程序设计人员提出了更高的要求。

1983 年，贝尔实验室的 Bjarne Strou-strup 在 C 语言的基础上，推出了 C++。C++进一步扩充和完善了 C 语言，C 语言的有些不足之处，在 C++里已经得到了改进。C++语言提出了一些更为深入的概念，它支持面向对象的程序设计，易于将问题空间直接映射到程序空间，为程序员提供了一种新的编程方式。当然，C++也增加了语言的复杂性，掌握起来有一定难度。

C 是 C++的基础，C++语言和 C 语言在很多方面是兼容的。在 C++的环境中，许多 C 语言代码可以直接使用。因此，掌握了 C 语言后再学习 C++，就能以一种熟悉的语法来学习面向对象的程序设计语言，从而收到事半功倍的效果。

# 1.3　C 语言程序的基本结构

任何一种程序设计语言，都具有特定的语法规定和一定的表现形式。程序的书写形式和程序的构成规则是程序设计语言表现的一个重要方面。按照规定的格式和构成规则书写程序，不仅使人容易理解，更重要的是，程序输入给计算机时，计算机能够识别，从而能够正确执行它。

## 1.3.1　初识 C 语言程序

为了说明 C 语言源程序结构的特点，先看几个程序。这几个程序由简单到复杂，表现了 C 语言源程序在组成结构上的特点。

【例 1.6】在屏幕上显示一行文字"One World, One Dream."。

程序如下：

```
#include <stdio.h>
void main()
{
```

```
    printf("One World, One Dream.\n");
}
```

这是一个简单的 C 语言程序。程序中 main 是主函数的函数名，表示这是一个主函数。每一个 C 语言程序都必须有且只有一个 main 函数。main 前面的 void 表示此函数返回的值是"空类型"，即执行此函数后不返回函数值。C 语言程序是由函数组成的，每一个函数包括函数首部和函数体两部分，函数首部包括函数返回值的类型、函数名、函数参数等内容。函数都要有函数名。函数体由一对花括号"{}"括起来。本例程序中主函数的函数体只有一个函数调用语句，printf 函数的功能是把双引号内的内容原样送到显示器上显示，其中"\n"是换行符。printf 函数是一个由系统定义的标准函数，可在程序中直接调用。在 main 函数首部之前的一行称为编译预处理命令，编译预处理命令有好几种，这里的#include 命令称为文件包含命令，其意义是把尖括号或双引号内指定的文件包含到本程序中来，成为本程序的一部分。被包含的文件通常是由系统提供的，其扩展名为.h，因此也称为头文件或首部文件。C 语言的头文件包括了各个标准库函数的函数原型。因此，凡是在程序中调用一个库函数时，都必须包含该函数原型所在的头文件。本例使用了输出函数 printf，其头文件为 stdio.h，在主函数前用#include 命令包含了 stdio.h 文件。有关#include 命令的作用及其使用方法，将在第 6 章讲解编译预处理时详细介绍。

【例 1.7】从键盘输入一个数 x，求 x 的平方根，然后输出结果。

程序如下：

```
#include <stdio.h>
#include <math.h>
void main()
{
    double x,s;
    printf("input number: ");
    scanf("%lf",&x);
    s=sqrt(x);
    printf("Square root of %lf is %lf.\n",x,s);
}
```

在本例中，使用了 3 个库函数：输入函数 scanf、平方根函数 sqrt 和输出函数 printf。sqrt 函数是数学函数，其头文件为 math.h 文件，因此在程序的主函数前用#include 命令包含了 math.h。scanf 和 printf 是标准输入/输出函数，其头文件为 stdio.h，在主函数前也用#include 命令包含了 stdio.h 文件。

例题的主函数体中又分为两部分，一个为变量定义部分，另一个为执行部分。C 语言规定，源程序中所有用到的变量都必须先定义，后使用，否则将会出错。这一点是编译型高级语言的一个特点。定义部分是 C 语言程序中很重要的组成部分。本例中使用了两个变量 x，s，用来表示输入的自变量和 sqrt 函数值。由于 sqrt 函数要求这两个量必须是双精度浮点型，故用类型说明符 double 来定义这两个变量。定义部分后的 4 行为执行部分，用以完成程序的功能。执行部分的第 1 行是输出语句，调用 printf 函数在显示器上输出提示字符串，提示输入自变量 x 的值。第 2 行为输入语句，调用 scanf 函数，接受键盘上输入的数并存入变量 x 中。第 3 行是调用 sqrt 函数并把函数值送到变量 s 中。第 4 行是用 printf 函数输出变量 s 的值，即 x 的平方根，程序结束。scanf 函数或 printf 函数中双引号内的内容实际上用于指定输入/输出格式，它包括原样输出的普通字符和用于决定输入/输出格式的格式字符，其中的"%lf"是输入/输出格式符，表示输入/输出时使用双精度浮点数。

运行本程序时，首先在显示器屏幕上显示提示串"input number:"，这是由程序执行部分的第1行完成的。用户在提示串下从键盘上键入一个数，如5，按下回车键，接着在屏幕上显示出以下计算结果：

```
Square root of 5.000000 is 2.236068.
```

【例1.8】由用户输入两个整数，程序执行后输出其中较大的数。

程序如下：

```
#include <stdio.h>
int max(int a,int b);                    /*函数声明*/
void main()                              /*主函数*/
{
    int x,y,z;                           /*变量定义*/
    printf("input two numbers:\n");
    scanf("%d%d",&x,&y);                 /*输入 x 和 y 的值*/
    z=max(x,y);                          /*调用 max 函数*/
    printf("maxima=%d\n",z);             /*输出 z 的值*/
}
int max(int a,int b)                     /*定义 max 函数*/
{
    if(a>b)return a;
    else return b;                       /*把结果返回主调函数*/
}
```

本程序由两个函数组成，主函数和 max 函数。函数之间是并列关系。可从主函数中调用其他函数。max 函数的功能是比较两个数，然后把较大的数返回给主函数。max 函数是一个用户自定义函数。因此在主函数中要给出声明（程序第2行）。可见，在程序的定义部分中，不仅可以有变量定义，还可以有函数声明。关于函数的详细内容将在第6章介绍。在程序的每行后用"/*"和"*/"括起来的内容为注释语句，程序不执行注释语句。

上例中程序的执行过程是，首先在屏幕上显示提示串，提示用户输入两个数，输入两个数（数据间以空格分隔）并回车后由 scanf 函数语句接收这两个数送入变量 x、y 中，然后调用 max 函数，并把 x、y 的值传送给 max 函数的参数 a、b。在 max 函数中比较 a、b 的大小，把大者返回给主函数的变量 z，最后在屏幕上输出 z 的值。

## 1.3.2　C语言程序的结构特点与书写规则

### 1. C语言程序的结构特点

通过以上几个例子，可以看到 C 语言程序的结构特点：

（1）一个 C 语言程序可以由一个或多个函数组成，且任何一个完整的 C 语言程序，都必须包含一个且只能包含一个名为 main 的函数，程序总是从 main 函数开始执行，而不管 main 函数处于程序的什么位置。例1.8中的程序是由名为 main 和 max 的两个函数组成。在组成 C 语言程序的函数中，main 函数也叫作主函数。除主函数之外的函数由程序员命名，如例1.8中的 max 函数。因此函数是 C 语言程序的基本单位。

（2）函数体应由花括号"{}"括起来，函数体一般包括变量定义部分和执行部分，并且所有的变量定义语句应放在一起，且位于函数体的开始。

（3）可以用"/*"和"*/"对 C 语言程序中的任何部分作注释。注释除了能对程序作解释说明，以提高程序的可读性外，还能用于程序调试。在程序调试阶段，有时需要某些语句暂时不执行，这时可以给这些语句加注释符号，相当于对这些语句作逻辑删除，需要执行时，再去掉注释符号即可。

（4）一个 C 语言程序通常由带 # 号的编译预处理命令开始，其作用是将由双引号或尖括号括起来的文件名的内容插入到该命令所在的位置处。例如，在 C 语言中使用输入、输出库函数时，一般需要使用#include 命令将 stdio.h 文件包含到源程序中。

（5）每个语句和变量定义的后面都要有一个分号，但在#include 等预编译命令后面不要加分号，这一点初学者尤其要注意。

**2．C 语言程序的书写规则**

从书写清晰，便于阅读、理解和维护的角度出发，在书写 C 语言程序时应遵循以下规则：

（1）一个语句占一行。从语法上讲，C 语言程序不存在程序行的概念。只要每个语句用分号作为结尾即可，多个语句可以写在一行。但为了层次清楚，一般情况下，一行只写一个语句。

（2）用花括号"{}"括起来的部分，通常表示了程序的某一层次结构。同一层次结构的语句上下对齐。

（3）低一层次的语句或说明可比高一层次的语句或说明缩进若干格后书写，以便使程序更加清晰，增加程序的可读性。

在编程时应力求遵循这些规则，以养成良好的编程风格。

# 1.4　C 语言程序的运行

程序设计是实践性很强的过程，任何程序最终都必须在计算机上运行，以检验程序正确与否。因此在学习程序设计时，一定要重视上机实践环节，通过上机可以加深理解 C 语言的有关概念，以巩固理论知识，另一方面也可以培养程序调试的能力与技巧。

## 1.4.1　C 语言程序的运行步骤与调试

**1．C 语言程序的运行步骤**

C 语言程序在计算机上运行时一般要经过编辑、编译、连接和运行 4 个步骤，如图 1-13 所示。

（1）编辑

编辑就是建立、修改 C 语言源程序。用 C 语言编写的程序称为 C 源程序。源程序是一个文本文件，保存在扩展名为.c 的文件中。源文件的编辑可以用任何文字处理软件完成，一般用编译器本身集成的编辑器进行编辑。

（2）编译

源程序是无法直接被计算机执行的，因为 CPU 只能执行二进制的机器指令。这就需要把源程序先翻译成机器指令，然后 CPU 才能运行翻译好的程序。源程序翻译过程由两个步骤实现：编译与连接。首先对源程序进行编译处理，即把每一条语句用若干条机器指令来实现，以生成由机器指令组成的目标程序，它的扩展名为.obj。

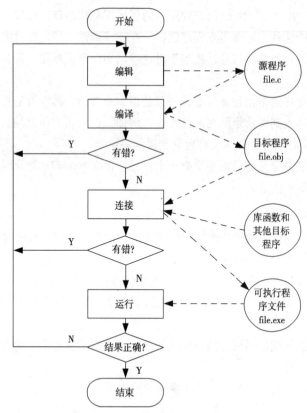

图1-13　C语言程序的运行步骤

编译前一般先要进行预处理，例如进行宏代换、包含其他文件等。

编译过程主要进行词法分析和语法分析，如果源程序中出现错误，编译器一般会指出错误的种类和位置，此时要回到第（1）步修改源程序，然后再进行编译。

（3）连接

编译生成的目标程序还不能在计算机上直接运行，因为在源程序中，输入、输出以及常用函数运算并不是用户自己编写的，而直接调用系统函数库中的库函数。因此，必须把库函数的处理过程连接到经编译生成的目标程序中，生成可执行程序，它的扩展名为.exe。

如果连接出错同样需要返回到第（1）步修改源程序，直至正确为止。

（4）运行

一个C语言源程序经过编译、连接后，生成了可执行文件。要运行这个文件，可通过编译系统下的运行功能或者在Windows系统中运行。

程序运行后，可以根据运行结果判断程序是否还存在其他方面的错误。编译时产生的错误属于语法错误，而运行时出现的错误一般是逻辑错误。出现逻辑错误时需要修改原有算法，重新进行编辑、编译和连接，再运行程序。

### 2. 程序调试

程序运行时，无论是出现编译错误、连接错误，还是运行结果不对（源程序中有语法错误或逻辑错误），都需要修改源程序，并对它重新编译、连接和运行，直至将程序调试正确为止。除了较简单的情况，一般的程序很难一次就能做到完全正确。在上机过程中，根据出错现象找出错误并改正称为程序调试。在学习程序设计过程中，要逐步培养调试程序的能力，这需要在上机过程中不断摸索总结，可以说是一种经验的积累。

程序中的错误大致可分为 3 类：

（1）程序编译时检查出来的语法错误。

（2）连接时出现的错误。

（3）程序运行过程中出现的错误。

编译错误通常是程序违反了 C 语言的语法规则，如关键字输入错误、括号不匹配、语句少分号等。连接错误一般由未定义或未指明要连接的函数，或者函数调用不匹配等因素引起，对系统库函数的调用必须要通过#include 命令说明。对于编译连接错误，C 语言系统会给出错误信息，包括出错位置（行号）、错误代码与错误提示信息。可以根据这些信息，找出相应错误所在。有时系统提示的一大串错误信息，并不表示真的有这么多错误，往往是因为前面的一两个错误带来的。所以当纠正了几个错误后，不妨再编译连接一次，然后根据最新的出错信息继续纠正。有些程序通过了编译连接，并能够在计算机上运行，但得到的结果不正确，这类在程序执行过程中的错误往往最难改正。错误的原因一部分是程序书写错误带来的，例如应该使用变量 x 的地方写成了变量 y，虽然没有语法错误，但意思完全错了；另一部分可能是程序的算法不正确，解题思路不对。还有一些程序有时计算结果正确，有时不正确，这往往是编程时，对各种情况考虑不周所致，如选择结构程序，一个分支正确，另一个分支有错误。解决运行错误的首要步骤就是定位错误，即找到出错的位置，才能予以纠正。通常先设法确定错误的大致位置，然后通过 C 语言提供的调试工具找出真正的错误。

为了确定错误的大致位置，可以先把程序分成几大块，并在每一块的结束位置，手工计算一个或几个阶段性结果，然后用调试方式运行程序，到每一块结束时，检查程序运行的实际结果与手工计算是否一致，通过这些阶段性结果来确定各块是否正确。对于出错的程序块，可逐条仔细检查各语句，找出错误所在。如果出错块程序较长，难以一下子找出错误，可以进一步把该块细分成更小的块，按照上述步骤进一步检查。在确定了大致出错位置后，如果无法直接看出错误，可以通过单步运行相关位置的几条语句，逐条检查，就能找出错误的语句。

当程序出现计算结果有时正确有时不正确的情况时，其原因一般是算法对各种数据处理情况考虑不全面。解决办法最好多选几组典型的输入数据进行测试，除了普通的数据外，还应包含一些边界数据和不正确的数据。比如确定正常的输入数据范围后，分别以最小值、最大值、比最小值小的值和比最大值大的值，多方面运行检查自己的程序。

## 1.4.2　Visual C++ 6.0 集成开发环境

运行 C 语言程序需要相应编译系统的支持。C 语言的编译系统有很多，Turbo C 2.0 是一个常用的、最基本的 C 语言工具，一般简称 TC。它为 C 语言程序开发提供了操作便利的集成环境。源程序的输入、修改、调试及运行都可以在 TC 集成环境下完成，功能齐全，方便有效，TC 一时成为 C 的主流运行环境。但它主要支持 DOS 环境，因此在操作中无法使用鼠标，更多地需要通过键盘操作菜单或快捷键完成，这也为使用 TC 带来不便。

C++语言是在 C 语言的基础上发展而来，它增加了面向对象的编程，成为当今十分流行的一种程序设计语言。Visual C++是 Microsoft 公司开发的、面向 Windows 编程的 C++语言工具。它不仅支持 C++语言的编程，也兼容 C 语言的编程。由于 Visual C++ 6.0 被广泛地用于各种编程，使用面很广，因此，在语言编译系统的选择上，本书使用 Visual C++ 6.0 作为上机环境，目的是让教材内容更加接近软件开发的实际需要，为读者进一步学习和应用 C++打下基础。

### 1. Visual C++ 6.0 的安装

在启动 Visual C++ 6.0 之前，首先要安装 Visual C++ 6.0。Visual C++ 6.0 的安装方法和其他 Windows 应用程序的安装方法类似。将 Visual C++ 6.0 系统安装盘放入光驱，一般情况下系统能自动运行安装程序，否则运行安装盘中的 setup.exe 文件。启动安装程序后，根据屏幕提示依次回答有关内容，便可完成系统安装。

### 2. 启动 Visual C++ 6.0

启动 Visual C++ 6.0 的过程十分简单。常用的方法是，在 Windows 桌面选择"开始"|"程序"|"Microsoft Visual Studio 6.0"|"Microsoft Visual C++ 6.0"，即可启动 Visual C++ 6.0，屏幕上将显示如图 1-14 所示的 Visual C++ 6.0 主窗口。

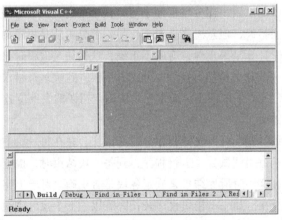

图 1-14　Visual C++ 6.0 主窗口

Visual C++ 6.0 主窗口有标题栏、菜单栏和工具栏。标题栏的内容是 Microsoft Visual C++。菜单栏提供了编辑、运行和调试 Visual C++程序所需要的菜单命令。Visual C++ 6.0 共有 9 个菜单项：File、Edit、View、Insert、Project、Build、Tools、Window 和 Help，每个菜单项都有下拉菜单，单击菜单项将弹出其下拉菜单，下拉菜单中的每个菜单命令实现不同的功能。例如，单击 File 菜单项，会弹出其对应的下拉菜单，在下拉菜单中选择 New 菜单命令，则会新建一个文件或项目等。工具栏是一些菜单命令的快捷按钮。单击工具栏上的按钮，即可执行该按钮所代表的操作。

在 Visual C++ 6.0 主窗口的左侧是项目工作区（Workspace）窗口、右侧是程序编辑窗口、下方是输出（Output）窗口。项目工作区窗口用于显示所设定的工作区的信息，程序编辑窗口用于输入和修改源程序，输出窗口用于显示程序编译、运行和调试过程中出现的状态信息。

### 3. 新建或打开 C 程序文件

在 Visual C++ 6.0 主窗口的菜单栏中选择 File 菜单的 New 菜单项，这时屏幕出现一个 New 对话框，如图 1-15 所示。单击对话框中的 Files 标签，选中 C++ Source File 项，表示要建立新的源程序。在对话框右半部分的 Location 文本框中输入源程序文件的存储路径（如 E:\cp），在 File 文本框中输入源程序文件名（如 test.c）。

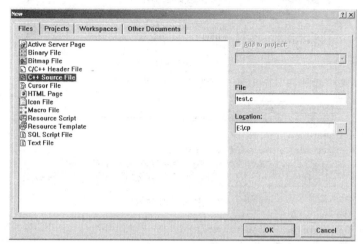

图 1–15　New 对话框

**注意：**

（1）源程序文件的存储路径一定要事先建好。即先要在 E 盘建立文件夹 cp，才能输入上面的存储路径 E:\cp。

（2）输入文件名时，一定要指定扩展名.c，否则系统将按 C++扩展名.cpp 保存。

在单击 OK 按钮后，回到 Visual C++ 6.0 主窗口，可以在编辑窗口中输入或修改源程序。由于完全是 Windows 界面，可以使用鼠标操作，输入和修改都十分方便。

如果源程序文件已经存在，可选择 File 菜单的 Open 菜单项，并在查找范围中找到正确的文件路径，打开指定的程序文件。

文件修改后要进行存盘操作。

**4．程序的编译**

在主窗口菜单栏中选择 Build 菜单的 Compile test.c 菜单项，如果是首次编译，则屏幕出现一个对话框，如图 1-16 所示。编译命令要求建立一个项目工作区，询问用户是否同意建立一个默认的项目工作区。单击"是"按钮，表示同意由系统建立默认的项目工作区，然后开始编译。

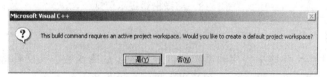

图 1-16　编译过程中屏幕出现的一个对话框

也可以不用菜单操作，而直接按【Ctrl+F7】快捷键来完成编译。

在编译过程中，编译系统检查源程序中有无语法错，然后在输出窗口显示编译信息。如果程序没有语法错误，则生成目标文件 test.obj，并将在输出窗口中显示（见图 1-17）如下信息：

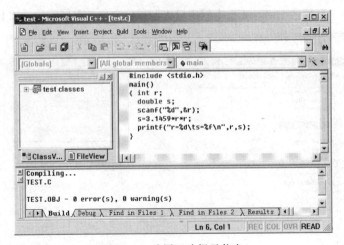

图 1-17　编译正确提示信息

TEST.OBJ - 0 error(s), 0 warning(s)
表示没有任何错误。

有时出现几个警告性信息（warning），不影响程序执行。假如有致命性错误（error），则会指出错误的位置和信息，双击某行出错信息，程序窗口中会指示对应出错位置，根据信息窗口的提示分别予以修改。例如，将上面 test.c 中 printf 函数调用语句后面的分号去掉，重新编译，错误提示如图 1-18 所示。此时要根据错误提示信息分析错误原因并找到位置，对源程序进行修改。

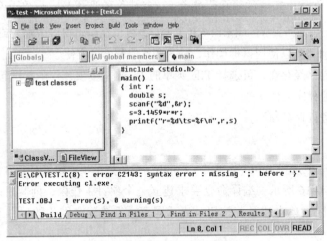

图 1-18　编译出错提示信息

### 5. 程序的连接

在生成目标程序后，还要把程序和系统提供的资源（如库函数、头文件等）连接起来，生成可执行文件后才能运行。此时在主窗口菜单栏选择 Build 菜单中的 Build test.exe 菜单项，表示要求连接并生成一个可执行文件 test.exe。同样，在输出窗口会显示连接信息，如果有错，则要返回去修改源程序。

以上介绍的是分别进行程序的编译和连接，也可以在主窗口菜单栏选择 Build 菜单中的 Build 菜单项（或按【F7】键）一次完成编译与连接。

#### 6．程序的执行

在生成可执行文件后，就可以执行程序了。在主窗口菜单栏选择 Build 菜单中的 Execute test.exe 菜单项（或按【Ctrl+F5】快捷键）执行程序。当程序执行后，Visual C++ 6.0 将自动弹出数据输入 /输出窗口，如图 1-19 所示。第 1 行是执行 scanf 函数时，用户从键盘输入的 r 值，以回车键结束，第 2 行是 printf 函数的输出结果，按任意键将关闭该窗口

#### 7．关闭程序工作区

当一个程序编译连接后，Visual C++ 6.0 系统自动产生相应的工作区，以完成程序的运行和调试。若要执行第 2 个程序，则必须关闭前一个程序的工作区，然后通过新的编译连接，产生第 2 个程序的工作区，否则运行的将一直是前一个程序。File 菜单提供关闭程序工作区功能。执行 Close Workspace 菜单功能，然后在如图 1-20 所示的对话框中单击"否"按钮，将关闭程序工作区。如果单击"是"按钮将同时关闭源程序编辑窗口。

图 1-19　数据输入/输出窗口

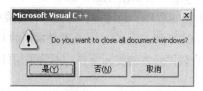

图 1-20　关闭程序工作区提示对话框

# 本 章 小 结

1．程序设计反映了利用计算机解决实际问题的全过程，具体要经过以下 4 个基本步骤：分析问题，确定数学模型或方法；设计算法，画出流程图；选择编程工具，按算法编写程序；调试程序，分析输出结果。

2．为解决一个问题而采取的方法和步骤，就称为算法。算法是程序设计的核心。

算法具有 5 个特性：有穷性、确定性、有效性、要有数据输入、要有结果输出。算法的评价标准包括：正确性、可读性、通用性、高效率。算法效率的度量分为时间度量和空间度量。

描述算法有多种不同的工具，常用的有：流程图、结构化流程图（N-S 图）和伪代码等。使用 N-S 图能帮助培养良好的程序设计风格，提倡用 N-S 图表示算法。

3．程序有 3 种基本结构，分别为顺序结构、选择结构和循环结构。3 种基本程序结构具有共同特点：只有一个入口、只有一个出口、结构中无死语句，即结构内的每一部分都有机会被执行；结构中无死循环。结构化定理表明，任何一个复杂问题的程序，都可以用以上 3 种基本结构组成。

4．结构化程序设计采用自顶向下、逐步求精和模块化的分析方法，从而有效地将一个较复杂的程序分解成许多易于控制和处理的子程序，便于开发和维护。在学习程序设计过程中，要以结构化程序设计方法的原则为指导，注意培养正确的程序设计思维方式和良好的程序设计风格。

5．面向对象程序设计以对象作为程序的主体。对象是数据和操作的"封装体"，封装在对象内的程序通过"消息"来驱动运行。在图形用户界面上，消息可通过键盘或鼠标的某种操作来传递。对象和类是面向对象程序设计的重要概念。类是具有相同属性和方法的一组对象的集合，它为属于

该类的全部对象提供了统一的抽象描述。对象是类的实例。对象和类具有封装性、继承性和多态性。

6. C 语言在其发展过程中形成了许多不同的版本，目前，ANSI 标准 C 具有基础性地位。C 语言程序简洁紧凑，便于按模块化方式组织程序。同时，C 语言的数据类型丰富而有特色，能实现各种复杂的数据结构，完成各种问题的数据描述。除了这些作为高级语言的优点外，C 语言可以直接访问物理地址，进行位一级的操作，能实现汇编语言的许多功能。因此，C 语言兼有高级语言和低级语言的特点。

7. C 语言程序由一个或多个函数构成，每个程序有且只有一个主函数 main()，程序执行由主函数开始和结束，在主函数执行过程中可以调用其他函数。一个函数都由两部分组成：函数头和函数体。函数头即函数的第一行，函数体即函数头后面用花括号"{}"括起来的部分。

8. C 语言程序每个语句和数据定义的最后，以分号表示结束。C 语言程序书写自由，一行可以写几个语句，一个语句可以写在多行上。但为了增强程序的可读性，应遵循人们普遍习惯的书写规则，以培养良好的编程风格。

9. C 语言程序要经过编辑、编译、连接和运行 4 个步骤，这些步骤通常在集成开发环境中完成。Turbo C 2.0 和 Visual C++ 6.0 都是常用的 C 语言开发环境，但考虑到技术发展的要求，Visual C++ 6.0 更符合软件开发的实际需要。不管采用什么样的开发环境，基本的操作步骤是一样的。

# 习　题

一、选择题

1. 一个算法应该具有"确定性"等 5 个特性，下面对另外 4 个特性的描述中错误的是（　　）。

　　A. 有零个或多个输入　　　　　　　　B. 有零个或多个输出

　　C. 有穷性　　　　　　　　　　　　　D. 有效性

2. 以下不是 C 语言的特点的是（　　）。

　　A. C 语言简洁、紧凑　　　　　　　　B. 能够编制出功能复杂的程序

　　C. C 语言可以直接对硬件进行操作　　D. C 语言可移植性好

3. 以下叙述中正确的是（　　）。

　　A. C 语言比其他语言高级

　　B. C 语言可以不用编译就能被计算机识别执行

　　C. C 语言以接近自然语言和数学语言作为语言的表达形式

　　D. C 语言出现得最晚，具有其他高级语言的一切优点

4. 以下叙述正确的是（　　）。

　　A. 在对一个 C 语言程序进行编译的过程中，可发现注释中的拼写错误

　　B. 在 C 语言程序中，main 函数必须位于程序的最前面

　　C. C 语言本身没有输入/输出语句

　　D. C 语言程序的每行只能写一条语句

5. C 语言程序的基本单位是（　　）。

　　A. 语句　　　　　　B. 程序行　　　　　　C. 函数　　　　　　D. 字符

6. 在一个 C 语言程序中（　　　　）。

    A．main 函数必须出现在所有函数之前　　　　B．main 函数可以在任何地方出现

    C．main 函数必须出现在所有函数之后　　　　D．main 函数必须出现在固定位置

7. 以下叙述中正确的是（　　　　）。

    A．C 程序中注释部分可以出现在程序中任意合适的地方

    B．花括号 "{}" 只能作为函数体的定界符

    C．构成 C 程序的基本单位是函数，所有函数名都可以由用户命名

    D．分号是 C 语句之间的分隔符，不是语句的一部分

8. 用 C 语言编写的代码程序（　　　　）。

    A．可立即执行　　　　　　　　　　　　　　B．是一个源程序

    C．经过编译即可执行　　　　　　　　　　　D．经过编译解释才能执行

**二、填空题**

1. 采用结构化程序设计方法进行程序设计时，_____是程序的灵魂。算法的效率通过_____和_____来度量。

2. 应用程序 jisuan.c 中只有一个函数，这个函数的名称是_____。

3. 一个函数由_____和_____两部分组成。

4. 一个 C 语言程序的执行是从_____函数开始，到_____函数结束。

5. C 语言程序的语句结束符是_____。

6. 通过文字编辑建立的源程序文件的扩展名是_____；编译后生成目标程序文件，扩展名是_____；连接后生成可执行程序文件，扩展名是_____。

**三、问答题**

1. 什么是算法？它有何特征？

2. 结构化程序设计有哪 3 种基本结构？用 3 种基本结构进行程序设计有何好处？

3. 对下列各题设计算法，并画出 N-S 流程图。

    （1）有两个瓶子 A 和 B，分别装有可口可乐和百事可乐，小明想将它们互换（即 A 瓶原来装可口可乐，现在改装百事可乐；B 瓶正好相反）。

    （2）有 3 个数 a、b、c，按由大到小的顺序排列。

    （3）求 N 个数的平均值。

    （4）求 1 至 100 之间全部奇数之和。

    （5）求 $1+\dfrac{1}{3}+\dfrac{1}{5}+\dfrac{1}{7}+\cdots\dfrac{1}{99}$ 之和。

4. 简述 C 语言程序的特点。

5. 为什么要在程序中加注释？怎样在程序中加注释？加入注释对程序的编译和执行有没有影响？

6. 编写一个简单的 C 语言程序，使其输出以下信息：

```
************************
*   hello, C Program   *
************************
```

# 第 **2** 章　基本数据类型与运算

程序包括数据和施加于数据的操作两方面的内容。数据是指能够输入到计算机中，并能够被计算机识别和加工处理的符号的集合，是程序处理的对象，操作步骤反映了程序的功能。不同类型的数据有不同的操作方式和取值范围，程序设计需要考虑数据如何表示以及操作步骤（即算法）。C 语言具有丰富的数据类型和相关运算。本章介绍 C 语言的基本数据类型和数据的基本运算。

## 2.1　C 语言的数据类型

根据数据描述信息的含义，将数据分为不同的种类，对数据种类的区分规定，称为数据类型。一种高级程序设计语言，它的每个常量、变量或表达式都有一个确定的数据类型。数据类型明显或隐含地规定了程序执行期间变量或表达式所有可能取值的范围，以及在这些值上允许的操作。因此数据类型是一个值的集合和定义在这个值集上的一组操作的总称。

C 语言预先设定了若干种基本数据类型，程序员可以直接使用。为了使程序能描述处理现实世界中各种复杂的数据，C 语言还提供了若干种由基本数据类型构造的复杂数据类型。如图 2-1 所示为 C 语言的数据类型归纳示意图。

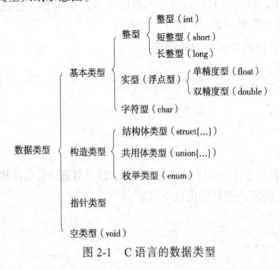

图 2-1　C 语言的数据类型

　　C 语言为每种数据类型定义了一个标识符，通常把它们称为类型名。例如整型用 int 标识，单精度型用 float 标识，字符型用 char 标识，等等。C 语言的数据类型比其他一些高级语言要丰富，它有指针类型，还有构造其他多种数据类型的能力。例如，C 语言还可以构造结构体类型、共用体类型和枚举类型等多种数据类型。基本类型结构比较简单，构造类型一般是由其他的数据类型按照一定的规则构造而成，结构比较复杂。指针类型是 C 语言中使用灵活，颇具特色的一种数据类型。

　　本章主要介绍基本数据类型，一是因为基本数据类型是构造其他类型的基础，二是不希望冗长繁杂的数据类型在这里影响程序设计方法的学习，而一开始把重点放在程序设计能力的培养上。其他各种数据类型将从第 8 章开始陆续详细介绍。

# 2.2　常量与变量

　　计算机所处理的数据存放在内存单元中。机器语言或汇编语言是通过内存单元的地址来访问内存单元，而在高级语言中，无需直接通过内存单元的地址，而只需给内存单元命名，以后通过内存单元的名字来访问内存单元。命了名的内存单元就是常量或变量。对于常量，在程序运行期间，其内存单元中存放的数据始终保持不变。对于变量，在程序运行期间，其内存单元中存放的数据可以根据需要随时改变。

## 2.2.1　常量

　　在程序运行过程中，其值不能改变的数据对象称为常量（Constants）。常量按其值的表示形式区分它的类型。如 715、–8、0 是整型常量，–5.8、3.142、1.0 为实型常量，'5'、'M'、'a' 为字符型常量。

　　在程序中除使用上述字面形式的常量外，还可用标识符表示一个常量，称为符号常量。例如：

```
#define PI 3.14159
#define N 100
```

上面语句定义了两个符号常量 PI 和 N，分别代表常量 3.14159 和 100。#define 是 C 语言的编译预处理命令，详细用法参阅第 6 章。

　　**注意**：符号常量是一个常量，不能当变量使用。

## 2.2.2　变量

### 1. 变量的概念

　　为了便于理解变量的概念，在此有必要讨论一下程序和数据在内存中的存储问题。程序装入内存进行运行时，程序中的变量（数据）和语句（指令）都要占用内存空间。计算机如何找到指令，执行的指令又如何找到它要处理的数据呢？这得从内存地址说起。内存是以字节为单位的一片连续存储空间，为了便于访问，计算机系统给每个字节单元一个唯一的编号，编号从 0 开始，第一字节单元编号为 0，以后各单元按顺序连续编号，这些编号称为内存单元的地址，利用地址来使用具体的内存单元，就像用房间编号来管理一栋大楼的各个房间一样。地址的具体编号方式与计算机体系结构有关，如同大楼房间编号方式与大楼结构和管理方式有关一样。

在高级语言中，变量（Variables）可以看作是一个特定的内存存储区，该存储区由一定字节的内存单元组成，并可以通过变量的名字来访问。在汇编语言和机器语言中，程序员需要知道内存地址，通过地址对内存直接进行操作，但内存地址不好记忆，且管理内存复杂易错。而在高级语言中，可以不用考虑具体的存储单元地址，只需直观地通过变量名来访问内存单元，不仅让内存地址有了直观易记的名字，而且程序员不用直接对内存操作，直观方便，这正是高级语言的优点所在。

C 语言中的变量具有 3 个属性：变量名、变量值和变量地址。变量名只不过是内存地址的名称，所以对变量的操作，等同于对变量所在地址的内存操作。反过来，对指定内存地址的内存单元操作，等同对相应变量的操作。这一点是今后理解指针、函数参数传递等概念的基础。

变量在它存在期间，在内存中占据一定的存储单元，以存放变量的值。变量的内存地址在程序编译时得以确定，不同的变量被分配不同大小的内存单元，也对应不同的内存地址，具体由编译系统来完成。对于程序员而言，变量所对应存储单元的物理地址并不重要，只需要使用变量名来访问相应存储单元即可。

不同的变量具有不同的数据类型，变量的数据类型决定了变量占用连续的多少个字节内存单元。变量必须先定义，才能使用，否则就找不到相应的变量，编译系统将给出变量未定义的错误信息（Undeclared Identifier）。

**2. 标识符**

C 语言的标识符（Identifier）主要用来表示常量、变量、函数和类型等的名字，是只起标识作用的一类符号，标识符由下划线或英文字母构成，它包括 3 类：关键字、预定义标识符和用户自定义标识符。

（1）关键字

所谓关键字，就是 C 语言中事先定义的，具有特定含义的标识符，有时又叫保留字。关键字不允许另作它用，否则编译时会出现语法错误。C 语言的关键字都用小写英文字母表示，ANSI 标准定义共有 32 个关键字，如表 2-1 所示。

表 2-1　C 语言的关键字

| auto | break | case | char | const | continue | default | do |
|------|-------|------|------|-------|----------|---------|-----|
| double | else | enum | extern | float | for | goto | if |
| int | long | register | return | short | signed | sizeof | static |
| struct | switch | typedef | union | unsigned | void | volatile | while |

（2）预定义标识符

除了上述关键字外，还有一类具有特殊含义的标识符，它们被用作库函数名和预编译命令，这类标识符在 C 语言中称为预定义标识符。从语法上讲，C 语言允许把预定义标识符另作它用（如作为用户自定义标识符），但这样将使这些标识符失去原来的含义，容易引起误会，因此一般不要把预定义标识符再作它用。

（3）用户自定义标识符

用户自定义标识符是程序员根据自己的需要定义的一类标识符，用于标识变量、常量、数组、用户自定义函数、类型和文件等程序成分对象。这类标识符主要由英文字母、数字和下划线"_"

构成，但开头字符一定是字母或下划线。下划线起到字母的作用，它还可用于长标识符的描述。如有一个变量，名字为 newstudentloan，这样识别起来就比较困难，如果合理使用下划线，把它写成 new_student_loan，那么，标识符的可读性就大大增强。在 C 语言的标识符中，同一字母的大小写被当作不同字符，因此，sum、SUM、Sum 等是不同的标识符。标识符中不能有汉字，但是字符串和注释中可以有汉字。

　　C 语言没有限制一个标识符的长度（字符个数），但不同的 C 语言编译系统有不同的规定。Turbo C 2.0 中最长可允许 32 个字符，长度超出 32 个字符的标识符，编译系统会忽略超出的那部分字符。也就是说，只要前 32 个字符相同，就是同一个标识符。Visual C++ 6.0 中的标识符最长可允许 247 个字符。显然，所规定的标识符的长度通常是足够了，所以在定义标识符时，不用担心标识符字符数会不会超过编译系统的限制。

　　在 C 语言程序中，标识符用作程序成分对象的名字，在给程序成分对象命名时，一般提倡使用能反映该对象意义的标识符，因为这样的名字对读程序有一定提示作用，有助于提高程序的可读性，尤其是当程序比较大，程序中的标识符比较多时，这一点就显得尤其重要。这就是结构化程序设计所强调的编程风格问题。

　　值得一提的是，不需要死记硬背那些系统预定义标识符和关键字，一般使用具有特定意义的英文单词或拼音字母序列作为标识符。随着学习的不断深入，自然就会避免将系统关键字定义成标识符。学习程序设计，关键在于掌握基本原理、基本方法和技能，单靠死记硬背不能解决问题。

### 3．变量的定义

　　C 语言规定，一个 C 程序中用到的任何变量都必须在使用前定义。定义变量时，一是定义变量的数据类型，二是定义变量的名称，三是说明变量的存储类别。在一个程序中，一个变量只能属于一个类型。定义变量的一般格式为：

　　[存储类别] 类型符 变量名表；

　　其中类型符是类型关键字，表示变量的数据类型；变量名表中可含多个变量名，其间用逗号隔开；存储类别分为寄存器变量（register）、自动变量（auto）、全局变量和静态变量（static），具体意义将在第 6 章中讨论。

　　下面是变量定义的一些例子。

```
int x,y,z;                    /*定义x, y, z为整型变量*/
short int sum;                /*定义sum为短整型变量*/
char ch;                      /*定义ch为字符型变量*/
unsigned unit;                /*定义unit为无符号整型变量*/
float f1,f2;                  /*定义f1, f2为单精度实型变量*/
double profit,cost;           /*定义profit, cost为双精度实型变量*/
```

　　一个定义语句中可以定义多个变量，也可以把多个变量定义写在一行，但是为了保持程序清晰可读，一般不采用这种写法，除非变量定义语句很短，不影响程序阅读和理解。

### 4．变量的初始化

　　变量的初始化，就是在定义变量的同时赋予其与类型一致的初值。例如：

```
int x=10,y=18;
double a,pi=3.1415926;
char c1='a',c2='b',c3='b',c4=c1;
```

其中，第一条定义语句对两个整型变量 x 和 y 赋了不同的初值；第二条定义语句只对变量 pi 赋了初值；第三条定义语句为 4 个字符型变量赋了初值，c1、c2 和 c3 用字符常量赋初值，且 c2 和 c3 赋了相同的初值，c4 则用已赋过初值的变量 c1 赋初值。

注意：变量若未进行初始化，则应该在程序中通过赋值语句或输入语句进行赋值后再使用，否则它们的值有可能是不确定的。如果引用了该变量，则编译时提示下面的警告信息。

```
local variable '××' used without having been initialized
```

意思是使用的局部变量没有被初始化。这时变量的值是不确定的，当然得到的结果也是不确定的、毫无意义的。

## 2.3 基本数据类型

基本数据类型的主要特点是它的值不可以再分解为其他类型，并且基本数据类型是由系统预定义好的。C 语言提供整型、实型和字符型 3 种基本数据类型，程序中可直接使用它们。下面详细说明这些数据类型的特性。

### 2.3.1 整型数据

#### 1. 整型数据的分类

C 语言将整型数据分成 3 种：基本整型、短整型和长整型。其中，基本整型的类型符用 int 标记；短整型的类型符用 short int 标记，简写为 short；长整型的类型符用 long int 标记，简写为 long。

根据这 3 种整型数据在计算机内部表示的最高位是当作符号位还是数值位，又可分别分成带符号整数和无符号整数两类。

以上给出的 3 种类型符标记带符号的整型数据。若分别在它们之前冠以 unsigned，即 unsigned int、unsigned short、unsigned long，就标记无符号基本整型、无符号短整型和无符号长整型。无符号整型表示一个整数的存储单元中的全部二进制位都用作存放数本身，而没有符号位。

C 语言本身未规定以上各类整型数据应占的字节数，只要求 long 型数据的字节数不少于 int 型数据的字节数，short 型数据的字节数不多于 int 型数据的字节数。具体如何实现，由各编译系统自行决定。在 Turbo C 2.0 中，int 型和 short 型数据都是 2 个字节，long 型数据是 4 个字。而 Visual C++ 6.0 则给 short 型数据分配 2 个字节，int 和 long 型数据都是 4 字节。

计算机只能表示整数的一个子集。如用 2 个字节表示一个整型数据，则它的数值范围是 $-32768 \sim 32767$（即 $-2^{15} \sim 2^{15}-1$），而表示一个无符号整型数据的数值范围是 $0 \sim 65535$（即 $0 \sim 2^{16}-1$）。若用 4 个字节表示一个整型数据，则带符号整数和不带符号整数的数值范围分别是 $-2\ 147\ 483\ 648 \sim 2\ 147\ 483\ 647$（即 $-2^{31} \sim 2^{31}-1$）和 $0 \sim 4\ 294\ 967\ 295$（即 $0 \sim 2^{32}-1$），所以 long 型数据范围更大。

各种数据类型所占的二进制位数不同，可以用 sizeof 运算符测试所用环境下的各种数据类型所占的字节数。sizeof 的操作数可以是类型名、变量名和表达式，结果代表操作数所占的字节数。例如：

```
printf("%dB,%dB,%dB\n",sizeof(char),sizeof(int),sizeof(long));
```

该语句在 Visual C++ 6.0 环境下的输出为：

1B,4B,4B

即 Visual C++ 6.0 给 char, int 和 long 型数据分配的字节数分别是 1 个字节、4 个字节、4 个字节。

### 2. 整型常量的表示形式

C 语言的整型常量有 3 种表示形式：

（1）十进制整数。如 120、0、–374 等。

（2）八进制整数。八进制整数是以数字 0 开头并由数字 0～7 组成的数字序列。如 0127 表示一个八进制整数，其值等于十进制数 87。

（3）十六进制整数。十六进制整数是以 0x（或 0X）开头，后接 0～9 和 A、B、C、D、E、F（或用小写字母）等字符的整数。例如 0x127 表示一个十六进制整数，其值等于十进制数 295。0xabc 也表示一个十六进制整数，其值等于十进制数 2 748。

整型常量也有相应的类型之分。一个整型常量之后加一个字母 L（或 l），则指明该常量是 long 型的，例如 0L、2652L 等。这种表示方法多数用于函数调用中，如果函数的形参为 long 型，则要求实参也为 long 型，此时，若以整型常量作实参，可在整型常量后接 L，以确保提供 long 型实参。一个整型常量之后加字母 U（或 u），则指明该常量是 unsigned 型的，例如 10U、539U 等。在整型常量之后同时加上字母 U 和 L，则指明该常量是 unsigned long 型的，例如 84UL、935UL 等。

### 3. 整数在计算机内部的表示方法

任何数据在计算机内部都是以二进制形式存放的，下面主要介绍整数在计算机内部的表示方法。为了区分正整数和负整数，通常约定一个数的最高位（最左边的一位）为符号位，如果符号位为 0，则表示正整数，符号位为 1，表示负整数。在此约定下，有两种常用方法可以表示一个整数，它们分别是原码表示法和补码表示法。

假设一个整数在计算机中用 16 个二进制位（即 2 个字节）来表示。一个整数的原码的最高位是这个数的符号位，其余位是这个数绝对值的二进制形式。例如 5 的原码是 0000 0000 0000 0101，即 0x0005；–5 的原码是 1000 0000 0000 0101，即 0x8005。

一个正整数的补码与它的原码相同，一个负整数的补码则是把它的原码的各位（符号位除外）求反，即 0 变成 1，1 变成 0，然后在末位加 1。–5 的原码是 1000 0000 0000 0101，–5 的补码是在 1111 1111 1111 1010 的末位加 1，等于 1111 1111 1111 1011，即 0xfffb。

补码在计算机中应用十分广泛，计算机中的带符号整数都是用补码形式表示的。

对于无符号数，将该数转化为二进制数，并考虑数据类型的长度即可。例如考虑到两字节整型数据，无符号数 65 535$=2^{16}-1$ 的机内表示为：1111 1111 1111 1111。

## 2.3.2　实型数据

### 1. 实型数据的分类

C 语言的实型数据分为单精度、双精度和长双精度实型，分别用 float、double 和 long double 标记，其中长双精度实型是 ANSI C 新增加的。例如：

```
float a,b;
double ave;
long double sum;
```

分别定义了两个单精度实型变量 a 和 b、双精度实型变量 ave 和长双精度实型变量 sum。

计算机只能表示有限位的实数，C 语言中的实型数据是实数的有限子集。在大多数 C 系统中，一个 float 型数据在内存中占用 4 个字节，一个 double 型数据占用 8 个字节，long double 型数据占用 16 个字节。

早先的 C 系统中，实型常量不分 float 型和 double 型。ANSI C 引入两个后缀字符 f（或 F）和 l（或 L），分别用于标识 float 型常量和 long double 型常量，无后缀符的常量被认为是 double 型常量。

### 2. 实型常量的表示形式

在 C 语言中，实型常量有两种表示形式：

（1）十进制小数形式。它由数字和小数点组成。如 3.23、34.0、0.0 等。

（2）指数形式。用字母 e（或 E）表示以 10 为底的指数，e 之前为数字部分，之后为指数部分，且两部分必须同时出现，指数必须为整数。如 45e-4、9.34e2 等是合法的实型常量，分别代表 $45×10^{-4}$、$9.34×10^{2}$，而 e4、3.4e4.5、34e 等是非法的实型常量。

### 3. 实型数据在计算中的误差问题

计算机中表示数据的位数总是有限的，因此能表示数据的有效数字也是有限的，而在实际应用中数据的有效位数并无限制，这种矛盾，势必带来计算机计算时数据有截断误差。看下面的例子。

【例 2.1】实型数据的截断误差分析。

程序如下：

```
#include <stdio.h>
void main()
{
    float x,y,z;
    x=123.123457;
    y=123.123456;
    z=x-y;
    if (z==0) printf("Zero!\n");
    printf("x=%f,y=%f,z=%f\n",x,y,z);
}
```

程序运行结果如下：

```
Zero!
x=123.123459,y=123.123459,z=0.000000
```

程序给单精度变量 x 和 y 分别赋值，将 x-y 的值赋给单精度变量 z，显然 z 的理论结果应该是 0.000001≠0，但运行该程序，实际输出结果是由于 z=0，所以输出 "Zero!"。z 的结果是由于 x 和 y 的误差造成的。

由于程序中变量 x 和 y 均为单精度型，只有 7 位有效数字，所以输出的前 7 位是准确的，第 8 位以后的数字 "59" 是无意义的。由此可见，由于机器存储数据时采用存储位数的限制，使用实型数据会产生一些误差，运算次数愈多，误差积累就愈大，所以要注意实型数据的有效位，合理使用不同的类型，避免误差带来计算错误。

由于实型常量也是有类型的，不同类型的数据按不同方式存储，且 C 编译系统把浮点型常量当作双精度来处理。当把一个浮点型常量赋给单精度变量或整型变量时，可能会损失精度。例如，上面例子中给 x 和 y 赋值的两个语句行，编译系统都会给出警告（warning）信息：

```
truncation from 'const double' to 'float'
```

其含义是把一个双精度常量（double）赋给单精度变量（float），会产生截断误差。警告信息虽不影响程序的运行，但要谨慎考虑警告中的问题会不会影响程序的运行结果。如果不想把浮点型常量默认当作双精度来处理，可以在常量后边加字母 f 或 F，这样编译系统把常量按单精度处理。

当把一个浮点型常量赋给整型变量或字符型变量时，需取整后再赋值，所以也会产生误差。例如：

```
int k;
k=12.12345;
```

在编译时，编译系统会给出警告信息：

```
conversion from 'const double ' to 'int ', possible loss of data
```

意思是将双精度常量转换为整型（int），可能会丢失数据。所以，在进行各种数据计算时，要选择合适的数据类型，以避免计算误差带来结果错误。

### 2.3.3　字符型数据

字符型数据的类型符为 char。在 C 语言中，字符型数据由一个字符组成，在计算机内部的表示是该字符的 ASCII 码（二进制形式）。

#### 1. 字符型常量

字符型常量是用单引号括起来的一个字符。如 'a'、'A'、'4'、'+'、'?' 等都是合法的字符型常量。

**注意：**

（1）在 C 语言中，字符型常量只能用单引号括起来，不能用双引号或其他括号。

（2）在 C 语言中，字符常量只能是单个字符，不能是字符串。

（3）字符可以是字符集中的任意字符，但数字被定义为字符型之后就不再是原来的数值了。例如，'5'和 5 是不同的量，'5'是字符型常量，而 5 是整型常量。同样，'0'和 0 是不相等的。

#### 2. 转义字符

除了以上形式的字符型常量外，C 语言还允许用一种特殊形式的字符常量，即转义字符。转义字符以反斜杠"\"开头，后跟一个或几个字符。转义字符具有特定的含义，不同于字符原有的意义，故称转义字符。例如，在 printf 函数的格式串中用到的"\n"就是一个转义字符，其意义是回车换行。转义字符主要用来表示那些用一般字符不便于表示的控制代码。常用的转义字符及其含义如表 2-2 所示。

**表 2-2　C 语言中的转义字符**

| 转 义 字 符 | 含 义 | 十进制 ASCII 代码值 | 说 明 |
| --- | --- | --- | --- |
| \0 | NUL | 0 | 空字符（即无字符） |
| \a | BELL | 7 | 产生响铃声 |
| \b | BS | 8 | 退格符（Backspace） |
| \f | FF | 12 | 走纸换页 |
| \n | NL(LF) | 10 | 换行符 |
| \r | CR | 13 | 回车符 |
| \t | HT | 9 | 水平制表符（Tab） |

| 转 义 字 符 | 含　义 | 十进制 ASCII 代码值 | 说　明 |
|---|---|---|---|
| \v | VT | 11 | 垂直制表符 |
| \\ | \ | 92 | 反斜杠 |
| \' | ' | 44 | 单引号 |
| \" | " | 34 | 双引号 |
| \ddd | — | — | 1 ~ 3 位八进制数表示的 ASCII 码所代表的字符 |
| \xhh | — | — | 1 ~ 2 位十六进制数表示的 ASCII 码所代表的字符 |

注意："\b"表示往回退一格。"\n"表示以后的输出从下一行开始。"\r"表示对当前行作重叠输出（只回车，不换行）。字符"\t"是制表符，其作用是使当前输出位置横向跳格至一个输出区的第一列。系统一般设定每个输出区占 8 列（设定值可以改变），这样，各输出区的起始位置依次为 1、9、17、…各列。如当前输出位置在 1 至 8 列任一位置上，则遇"\t"都使当前输出位置移到第 9 列上。

【例 2.2】控制输出格式的转义字符的用法。

程序如下：

```c
#include <stdio.h>
void main()
{
    printf("**ab*c\t*de***\ttg**\n");
    printf("h\nn***k\n");
}
```

程序运行结果如下：

**ab*c□□*de***□□tg**
h
n***k

其中□表示一个空格。

程序中的第 1 个 printf 函数先在第 1 行左端开始输出**ab*c，然后遇到"\t"，它的作用是跳格，跳到下一制表位置，从第 9 列开始，故在第 9 ~ 14 列上输出*de***。下面再遇到"\t"，它使当前输出位置移到第 17 列，输出 tg**。下面是"\n"，作用是回车换行。第 2 个 ptintf 函数先在第 1 列输出字符 h，后面的"\n"再一次回车换行，使当前输出位置跳到下一行第 1 列，接着输出字符 n***k。

广义地讲，C 语言字符集（包括英文字母、数字、下划线以及其他一些符号）中的任何一个字符均可用转义字符来表示。表 2-2 中的\ddd 和\xhh 正是为此而提出的。ddd 和 hh 分别为八进制和十六进制表示的 ASCII 码。如'\101'表示 ASCII 码为八进制数 101 的字符，即为字母 A。与此类似，'\134'表示反斜杠"\"，'\x0A'表示换行即'\n'，'\x7'表示响铃等。

### 3. 字符型数据和整型数据的相互通用

在计算机内部，以一个字节来存放一个字符，或者说一个字符型数据在内存中占一个字节。由于字符型数据以 ASCII 码值的二进制形式存储，它与整型数据的存储形式相类似，因此，在 C 语言中，字符型数据和整型数据之间可以相互通用，对字符数据也能进行算术运算，这给字符处理带来很大的灵活性。

一个字符型数据可以以字符格式输出（格式说明用%c），显示字符本身，也可以以整数形式输出（格式说明用%d），显示字符的 ASCII 码值。

【例 2.3】字符型数据与整型数据相互通用示例。

程序如下：

```c
#include <stdio.h>
void main()
{
    char c1,c2;                  /*定义两个字符型变量*/
    c1=100;                      /*100 为 d 的 ASCII 码值*/
    c2=100-('a'-'A');            /*字符型数据可以参与算术运算*/
    printf("c1=%c,c2=%c\n",c1,c2);
    printf("%c's ASCII code=%d\n",c2,c2);
}
```

程序输出结果如下：

```
c1=d,c2=D
D's ASCII code=68
```

#### 4．字符串常量

如前所述，字符型常量是用单引号括起来的单个字符。C 语言除了允许使用字符常量外，还允许使用字符串常量。字符串常量是用双引号括起来的字符序列。例如，"a"、"123.45"、"Central South University"、"中部崛起"等都是字符串常量。

可以原样输出一个字符串，例如：

```c
printf("How do you do.");
```

将在屏幕上输出：

```
How do you do.
```

**注意**：不要将字符型常量与字符串常量混为一谈。'a'是字符型常量，而"a"是字符串常量，两者有本质的区别。设有定义：

```c
char c;
```

则语句 c='a';是正确的，而 c="a";是错误的。不能把一个字符串常量赋给一个字符型变量。

C 编译系统自动在每一个字符串常量的末尾加一个字符串结束标志，系统据此判断字符串是否结束。字符串结束标志是一个 ASCII 码值为 0 的字符，即 "\0"。从 ASCII 码表中可以看到 ASCII 码为 0 的字符是空操作字符，它不引起任何控制动作，也不是一个可显示的字符。如果有一个字符串"CHINA"，则它在内存中占 6 个字节，最后一个字符为 '\0'，但在输出时不输出，所以字符串"CHINA"有效的字符个数是 5。

在 C 语言中没有专门的字符串变量，字符串如果需要存放在变量中，需要用字符数组，即用一个字符数组来存放一个字符串，这将在第 7 章中介绍。

## 2.4　常用数学库函数

库函数是由编译系统根据一般用户的需要编制并提供给用户使用的一组程序，也称为系统函数或内部函数。每一种 C 编译系统都提供了一批库函数，不同的编译系统所提供的库函数的数目和函数名以及函数功能不完全相同。考虑到书写表达式的需要，表 2-3 列出了常用数学库函数，其他库函数见附录 C。

表2-3　常用数学库函数

| 库函数原型 | 数学含义 | 举　例 |
|---|---|---|
| double sqrt(double x); | $\sqrt{x}$ | $\sqrt{7} \rightarrow$ sqrt(7) |
| double exp(double x); | $e^x$ | $e^{1.5} \rightarrow$ exp(1.5) |
| double pow(double x,double y); | $x^y$ | $2.17^{3.25} \rightarrow$ pow(2.17,3.25) |
| double log(double x); | lnx | lnl2.7 $\rightarrow$ log(2.7) |
| double log10(double x); | lgx | lg2.7 $\rightarrow$ log10(2.7) |
| int abs(int n); | \|n\| | \|-2\| $\rightarrow$ abs(-2) |
| long int labs(long int n); | \|n\| | \|-77659\| $\rightarrow$ labs(-77659) |
| double fabs(double x); | \|x\| | \|-27.6\| $\rightarrow$ fabs(-27.6) |
| double sin(double x); | sinx | sin1.97 $\rightarrow$ sin(1.97) |
| double cos(double x); | cosx | cos1.97 $\rightarrow$ cos(1.97) |
| double tan(double x); | tanx | tan0.5 $\rightarrow$ tan(0.5) |
| double atan(double x); | arctanx | arctan0.5 $\rightarrow$ atan(0.5) |
| double atan2(double x, double y); | arctan(x/y) | arctan(0.5/0.7) $\rightarrow$ atan2(0.5,0.7) |
| double ceil(double x); | — | 求不小于 x 的最小整数 |
| double floor(double x); | — | 求不大于 x 的最大整数 |
| int rand(void); | — | 产生 0 ~ 32 767 之间的随机整数 |
| void srand(unsigned int seed); | — | 初始化随机数发生器 |

调用库函数应注意以下几点。

（1）应用数学库函数时，必须包含库函数的头文件：#include <math.h>或#include "math.h"。

（2）函数一般带有一个或多个自变量，在程序设计中称为参数。调用函数时，需要给这些参数提供值，函数对这些参数加以处理后，返回一个计算结果，称为函数值。函数的一般调用格式为：

　函数名([参数表])

其中有些函数也可以没有参数。

调用库函数时，参数类型、个数、顺序应与函数定义时的要求一致。表 2-3 中 x、y 的类型为 double，当它们获得的值不是 double 类型时，C 自动将它们转换成 double 类型。函数值有确定的类型，由函数返回值类型决定。

（3）三角函数的参数为弧度，如果输入的是角度值，则必须转换为弧度后求其三角函数值。例如求 30°的正弦值的表达式为：sin(3.141592*30/180)。

（4）ceil()和 floor()是两个用于取整的函数，ceil()求不小于 x 的最小整数，而 floor()求不大于 x 的最大整数，函数返回的结果是一个双精度数据。例如，ceil(3.14)、ceil(-3.14)、floor(3.14)、floor(-3.14)的值分别为 4、-3、3、-4。

（5）rand()函数产生 1 ~ 32 767 之间的随机整数，它在文件 stdlib.h 中定义。在程序的开头添加命令#include <stdlib.h>或#include "stdlib.h"，就可以在程序中使用该函数。调用 rand()函数之前，使用 srand()函数可产生不相同的随机数数列。

利用 rand()函数构造合适的表达式可以产生任意区间的随机整数。

# 2.5　基本运算与表达式

C语言的运算符非常丰富，每种运算符有不同的优先级和结合性。优先级是指表达式求值时，各运算符运算的先后次序。如人们所熟悉的"先乘除后加减"。结合性是指运算分量对运算符的结合方向。结合性确定了在相同优先级运算符连续出现的情况下的计算顺序。如算术运算符的结合性是从左至右，但有些运算符的结合性是从右到左。

## 2.5.1　C 的运算与表达式简介

运算（即操作）是对数据的加工。对于最基本的运算形式，常常可以用一些简洁的符号记述，这些符号称为运算符或操作符，被运算的对象（数据）称为运算量或操作数。C 语言中的数据运算主要是通过对表达式的计算完成的。表达式（Expression）是将运算量用运算符连接起来组成的式子，其中的运算量可以是常量、变量或函数。由于运算量可以为不同的数据类型，每一种数据类型都规定了自己特有的运算或操作，这就形成了对应于不同数据类型的运算符集合。C 语言提供了很多数据类型，运算符也相当丰富，共有 14 类，如表 2-4 所示。

**表 2-4　C 语言运算符分类**

| 功　　能 | 运　算　符 | 运算量类型 |
|---|---|---|
| 算术运算 | +　-　*　/　%　++　-- | 数值型、指针、字符型 |
| 关系运算 | >　<　>=　<=　==　!= | 数值型、字符型、成员 |
| 逻辑运算 | !　&&　\|\| | 数值型、指针、字符型 |
| 赋值运算 | =　+=　-=　*=　/=　%=<br><<=　>>=　&=　^=　\|= | 数值型、指针、字符型、结构体、共用体 |
| 条件运算 | ?: | 数值型、指针、结构体、共用体 |
| 位运算 | <<　>>　~　\|　^　& | 整型 |
| 求字节运算 | sizeof | 类型说明符、表达式 |
| 下标运算 | [] | 数组、指针 |
| 指针运算 | *　& | 指针、地址 |
| 取成员运算 | .　-> | 结构体、共用体 |
| 逗号运算 | , | 表达式 |
| 括号运算 | () | 表达式 |
| 强制类型转换运算符 | 类型符 | 表达式 |
| 其他 | 如函数调用运算符() | — |

在学习运算符时应注意以下几点：

（1）运算符的功能。有些运算符的含义和数学中的含义一致，如加、减、乘、除等。有些运算符则是 C 语言中特有的，如++、--等。

（2）对运算量的要求。一是对运算量个数的要求。例如，有的运算符要求有两个运算量参加运算（如+、-、*、/），称为双目（或双元）运算符；而有的运算符（如负号运算符、地址运算符&）只允许有一个运算量，称为单目（或一元）运算符。二是对运算量类型的要求。如+、-、*、/的运算对象可以是整型或实型数据，而求余运算符%要求参加运算的两个运算量都必须为整型数据。

（3）运算的优先级。如果不同的运算符同时出现在表达式中时，先执行优先级高的运算。例如，乘除运算优先于加减运算。

（4）结合方向，即结合性。在一个表达式中，有的是按从左到右的顺序运算，有的是按从右到左的顺序运算。如果在一个运算量的两侧有两个相同优先级的运算符，则按结合性处理。例如 3*5/6，在 5 的两侧分别为*和/，根据"先左后右"的原则，5 先和其左面的运算符结合，这就称为"自左至右的结合方向（或称左结合性）"。在 C 语言中，并非都采取自左至右的结合方向，有些运算符的结合方向是"自右至左"的，即"右结合性"。例如，赋值运算符的结合方向就是"自右至左"的，因此对赋值表达式 a=b=c=5，根据自右至左的原则，它相当于 a=(b=(c=5))。附录 B 列出了所有运算符的优先级和结合性。

（5）注意所得结果的类型，即表达式值的类型，尤其当两个不同类型数据进行运算时，特别要注意结果值的类型。

下面先介绍算术运算和逗号运算，其他运算符将在后续章节中陆续介绍。

## 2.5.2　算术运算

### 1．基本的算术运算

基本的算术运算符有：

+（加）、–（减）、*（乘）、/（除）、%（求余）、+（取正）、–（取负）

其中+、–和*三种运算符与平常使用的习惯完全一致，这里不再赘述。下面着重介绍其余各种运算符。

除法运算要特别注意：两个整数相除结果为整数，如 7/4 的结果为 1。在书写表达式时，要注意防止由于两个整数相除而丢掉小数部分，使运算误差过大，如 5*4/2 与 5/2*4 在数学上是等价的，但在 C 语言中其值是不相等的，前者结果是 10，后者结果是 8。但有时利用两个整数相除又能达到自动取整的效果，如设 m、n 均为整型变量（n≠0），则 m-m/n*n 可得到 m 除以 n 的余数。如果除数与被除数异号，则舍入的方向是因系统而异的。如-7/4 在有的系统中结果为-1，而有的系统可能为-2。

求余运算符要求参与运算的两个运算量均为整型数据，其结果为两个数相除的余数，如 5%3 的值为 2。一般情况下，求余运算所得结果与被除数的符号相同。如-5%3 的值为-2，而 5%-3 的值为 2。

加、减、乘、除和求余运算都是双目运算符，它们的结合性都是从左至右。

取正和取负这两个运算符是单目运算符，它们的结合性从右至左，优先级高于+、–、*、/、%等双目运算符。

书写 C 语言表达式应遵循以下规则：

（1）表达式中所有的字符必须写在同一水平线上，每个字符占一格。

（2）表达式中常量的表示、变量的命名以及函数的调用要符合 C 语言的规定。

（3）要根据运算符的优先顺序，合理地加括号，以保证运算顺序的正确性。特别是分式中的分子分母有加减运算时，或分母有乘法运算，要加括号表示分子分母的起始范围。

例如，数学式 $g\dfrac{m_1 m_2}{r^2}$ 所对应的 C 语言表达式可写成：

`g*m1*m2/(r*r)` 或 `g*m1*m2/r/r` 或 `g*m1*m2/pow(r,2)`

其中 pow()是 C 语言的库函数，可直接调用。

又如，利用 rand()函数产生[a,b]区间的随机正整数的表达式为：

`rand()%(b-a+1)+a`

例如，rand()%90+10 产生[10,99]区间的随机正整数。

### 2．自增、自减运算

自增（++）和自减（--）运算符，是 C 语言所特有的，使用频率很高。按它们出现在运算量之前或之后，分为两种不同情况。

（1）前缀++：++变量。前缀++使变量的值加 1，并以增加后的值作为运算结果。这里限制变量的数据类型为整型或某种指针类型。

（2）前缀--：与前缀++相似，不同的只是前缀--使运算对象的值减 1。

（3）后缀++：变量++。后缀++作用于变量时，运算结果是该变量原来的值，在确定结果之后，使变量的值加 1。

前缀++和后缀++都能使变量的值增加 1，但是它们所代表的表达式的值却不相同。例如，设 x、y 为整型变量，且 x 的值为 4，则：

`y=++x;`

使 y 的值为 5，而：

`y=x++;`

使 y 的值为 4。

（4）后缀--：变量--。后缀--作用于变量，以该变量的值为结果，即先取变量的值，然后使变量的值减 1。

后缀--与前缀--的区别类似于后缀++与前缀++的区别。

使用自增和自减运算符时，其运算量仅适用于变量，不能是常量或表达式。如++5 或(x+y)--都是非法的。另外，自增和自减运算符的结合方向是自右向左，如表达式-x++等价于-(x++)。

++和--是带有副作用的运算符。建议读者不要在一个表达式中对同一变量多次使用这样的运算符，以免发生意想不到的结果。如 x 的值为 4，对表达式(x++)+(x++)，可能认为它的值为 9（4+5），然而在 Turbo C 2.0 和 Visual C++ 6.0 系统中，它的值为 8。而表达式(++x)+(++x)的值为 12。这是因为系统在处理 x++时，先使用 x 的原值计算整个表达式，然后再让 x 连续两次自增。处理++x 时，在计算表达式值之前，先对 x 执行两次自增 1，然后才计算表达式。故前一个表达式的值为 8，后一个表达式的值为 12。其实遇到这种情况不必过分死抠细节，而应以上机的结果为准，并分析系统的处理方法。

类似情况还有在函数调用中，多个实参表达式的求值顺序，因从左到右与从右到左的顺序不同，也会产生不同的结果。例如，设 x 的值为 4，对函数调用语句：

`printf("%d,%d\n",x,x++);`

如参数表的求值顺序从左到右，则输出：

`4,4`

反之，将输出：

`5,4`

因+与++（–与--类似）是两个不同运算符，对于类似表达式 x+++y 会有不同的理解：(x++)+y 或 x+(++y)。C 编译系统的处理方法是从左至右让尽可能多的字符组成一个合法的句法单位（如标识符、数字、运算符等）。因此，x+++y 被解释成(x++)+y，而不是 x+(++y)。

自增和自减运算符是 C 语言很有特色的两个运算符，为加深理解，请读者分析下列表达式的结果，并上机验证。

（1）设 i 的值为 2，表达式 i++-1 的值是多少？表达式执行以后，i 的值是多少？

（2）设 i 的值为 3，j 的值为 2，表达式–i+++++j 的值是多少？表达式执行以后，i 和 j 的值分别是多少？

（3）设 i 的值为 5，表达式 i/i++ 和 i++/++i 的值分别是多少？表达式执行以后，i 的值分别是多少？

### 2.5.3  逗号运算

用逗号运算符将若干表达式连接起来，就是逗号运算表达式。它的一般格式为：

表达式1,表达式2,…,表达式n

逗号运算的计算顺序是从左到右逐一计算各表达式，并以表达式 n 的值为逗号运算表达式的结果。例如逗号运算表达式：

i=3,i*2

第一个表达式的值等于 3，第二个表达式的值等于 6，整个表达式的值也等于 6。

**注意**：逗号运算的优先级是最低的。所以，x=i=3,i*2 与 x=(i=3,i*2)是不等价的。前者是逗号运算表达式，其中第一个表达式是赋值表达式，第二个表达式是算术表达式。后者是赋值表达式，即将一个逗号运算表达式的值赋给变量 x。

其实，逗号运算只是把多个表达式连接起来，在许多情况下，使用逗号运算的目的只是想分别计算各个表达式的值，而并非想使用逗号运算中最后那个表达式的值。逗号运算常用于 for 循环语句，用于给多个变量置初值，或用于对多个变量的值进行修正等。

# 2.6  混合运算时数据类型的转换

在 C 语言中，同一个表达式允许不同类型的数据参加运算，这就要求在运算之前，先将这些不同类型的数据转换成同一类型，然后进行运算。这里主要讨论算术运算时的数据类型转换。

### 2.6.1  隐式类型转换

算术表达式的数据类型就是该表达式的值的类型。因不同类型的数据其内部表示形式不同，某些运算符能根据运算对象的情况，将运算对象的值从一种类型转换成另一种类型，这种类型转换是自动进行的，称作隐式类型转换。

对单目运算符而言，因为只有一个运算量，故表达式的类型就是运算量的类型。

对双目运算符而言，有两个运算量参加运算，则表达式的类型确定方法如下：

（1）若两个整型（int）运算量参加运算，则结果也是整型的。注意两个整型数相除，其值也是整型数（即商的整数部分）。

（2）若不是两个整型的运算量参加运算，则 C 编译系统自动对它们进行转换，一般规则是把精度低的类型转换为精度高的类型，以保证不丢失精度。图 2-2 表示了类型自动转换的规则。

图 2-2 中横向向左的箭头表示必定发生的转换，所有的 char 型和 short 型都转换成 int 型，所有的 float 型都转换成 double 型。图 2-2 中纵向的箭头表示当运算对象为不同的类型时转换的方向。具体遵循规则为：如果其中的高精度数是 unsigned 型，则另一个操作数转换成 unsigned 型；如果其中的高精度数是 long 型，则另一个操作数转换成 long 型；如果其中的高精度数是 double 型，则另一个操作数转换成 double 型。

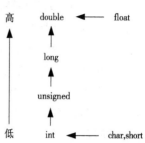

图 2-2　类型转换的规则

假设 k 已指定为整型变量，x 为单精度实型变量，y 为双精度实型变量，z 为长整型变量，有下面的表达式：

10+'a'+k*x-y/z

运算次序为：进行 10+'a' 的运算，先将 'a' 转换成整数 97，运算结果为 107；进行 k*x 的运算，先将 k 和 x 都转换成双精度型，运算结果为双精度型；整数 107 和 k*x 的结果相加，先将整数 107 转换成双精度型（107.000 000），运算结果为双精度型；进行 y/z 的运算，先将 z 转换成双精度型，运算结果为双精度型。将 10+'a'+k*x 的结果与 y/z 的结果相减，结果为双精度型。这些类型转换是由系统自动进行的。

图 2-2 中箭头方向只表示数据类型级别的高低，由低向高转换。不要理解为 int 型先转成 unsigned 型，再转成 long 型，再转成 double 型。如果一个 int 型数据与一个 double 型数据运算，是直接将 int 型转成双精度 double 型。同理，一个 int 型数据与一个 long 型数据运算，先将 int 型转成 long 型。

## 2.6.2　显式类型转换

当算术表达式中需要违反自动类型转换规则，或者说自动类型转换规则达不到目的时，可以使用强制类型转换，或叫显式类型转换，一般形式为：

(类型标识符) 表达式

显式类型转换也是一种单目运算符，且与其他单目运算符具有相同的优先级，它的功能是将指定的表达式强制转换成指定的类型。例如：

```
(int)(x+y)              /*强制将表达式(x+y)转换成 int 型*/
(int)x+y               /*强制将变量 x 转换成 int 型，然后与 y 相加*/
(double)total          /*强制将变量 total 转换成 double 型*/
```

显式类型转换有时非常有用。例如，若 i 为整型变量，表达式 i/2 只能得到整数，而用(float)i/2 就能得到小数。又如，设 x 是 float 型变量，则表达式 x%3 是错误的，而用(int)x%3 就正确了。第 7 章将要介绍的数组，当用 float 型或 double 型变量作下标时，也需要使用强制类型转换。还有，C 编译系统提供的数学函数大多数是 double 型的并且要求参数为 double 型，在调用这些函数时，可以用显式转换方法进行参数的类型转换或将函数值转换成需要的类型。例如，cos((double)m)、fabs((double)(m+n))、sqrt((double)(y*z−x))、exp((double)2)等。

使用显式类型转换应注意以下几点：

（1）在进行显式类型转换时，类型关键字必须用括号括住。例如，(int)x 不能写成 int x。

（2）在对一个表达式进行显式类型转换时，整个表达式应该用括号括住。例如，(float)(a+b)若写成(float)a+b，就只对变量 a 进行显式类型转换。

（3）在对变量或表达式进行了显式类型转换后，并不改变原变量或表达式的类型。例如，设 x 为 float 型，y 为 double 型，则(int)(x+y)为 int 型，而 x+y 仍然是 double 型。

（4）将 float 型或 double 型强制转换成 int 型时，对小数部分是四舍五入还是简单地截断，取决于具体的系统。Visual C++ 6.0 和 Turbo C 2.0 采用的均是截断小数的办法。

【例 2.4】显式类型转换运算符的使用。

程序如下：

```c
#include <stdio.h>
void main()
{
    float x=4.0f;
    double y=3.3;
    printf("%d    %f\n",(int)(x*y),x*y);
}
```

程序运行结果如下：

```
13      13.200000
```

# 本 章 小 结

1. C 语言数据类型有：基本类型（整型、字符型、实型）、构造类型（结构体类型、共用体类型、枚举类型）、指针类型和空类型。

整型又分为短整型（short）、基本整型（int）和长整型（long）3 种。整型还可以分为有符号型（signed）和无符号型（unsigned）。实型分为单精度型（float）和双精度型（double）。

C 语言并不规定各种类型的数据占用多大的存储空间，具体实现由编译系统自行决定。Turbo C 2.0 给 short 型数据分配 2 个字节，int 型数据分配 2 个字节，long 型数据分配 4 个字节。Visual C++ 6.0 给 short 型数据分配 2 个字节，int 型数据分配 4 个字节，long 型数据分配 4 个字节。字符型数据都是 1 个字节。对于浮点数一般都是 float 型 4 个字节，double 型 8 个字节。为了确定某一种类型数据的长度，可以利用运算符 sizeof，其功能是给出相应数据类型的数据所占用的内存字节数。

2. 变量是一个用于存放数值的内存存储区，根据变量的类型不同，该存储区被分配不同字节的内存单元。变量用标识符命名。变量名必须符合 C 标识符的命名规则，不能使用系统已有定义的关键字作为标识符，也不要使用系统预定义的标识符作为标识符。C 程序中用到的任何变量都必须在使用前进行定义。变量定义的一般格式为：

［存储类别］类型符 变量名表；

在定义变量的同时，可以给它赋初值。

3. 整型常量可以用十进制、八进制和十六进制来表示。C 语言规定，以 1～9 开头的数字表示十进制数；以 0 开头的数字，表示八进制数；以 0x 开头的数字表示十六进制数。实型常量只能用十进制，可以用小数形式或指数形式表示。

　　字符常量以单引号定界，占 1 个字节存储单元，在内存中以相应的 ASCII 代码存放；字符串常量以双引号定界，占用一段连续的存储单元。要注意字符和字符串的区别。'a' 是一个字符，"a" 是一个字符串，它包括 'a' 和 '\0' 两个字符。

　　符号常量是用一个标识符代表的常量。符号常量名常用大写，以区别变量。符号常量的定义格式如下：

　　#define 符号常量 表达式

　　**注意**：#define 命令最后没有分号。

　　4. 转义字符占 1 个字节，分为以下 3 类：

　　（1）控制输出格式的转义字符：\n、\t、\b、\r、\f 等。

　　（2）控制 3 个特殊符号输出的转义字符：\\、\'、\"。

　　（3）表示任何可输出的字母字符、专用字符、图形字符和控制字符。\ddd 表示 1～3 位八进制数（ASCII 码）所代表的字符，\xhh 表示 1～2 位十六进制数（ASCII 码）所代表的字符。

　　5. C 语言的运算符很丰富，在学习运算符时应注意运算符的功能、运算量的要求、运算的优先级别、结合性以及表达式值的类型。

　　（1）基本的算术运算符有：+、−、*、/、%。先乘除、求余，后加减；对于 / 运算，两个整数相除，结果仍为整数；% 运算符只对整型数据有效。

　　（2）逗号运算符的运算规则：从左向右依次运算每一个表达式，逗号表达式的结果就是最后一个表达式的值。

　　6. ++ 或 -- 可以写在变量之前（称为前缀），也可以写在变量之后（称为后缀）。如果单独对一个变量施加前缀或后缀运算，其运算结果是相同的；如果对变量施加了前缀或后缀运算，并参与其他运算，则前缀运算是先改变变量的值再参与运算，而后缀运算是先参与运算后改变变量的值。自增和自减运算符的运算对象只能是变量，而不能是表达式或常量。

　　7. 当表达式中含有不同类型的数据时，运算的数据类型默认按隐式类型转换，即从精度低的类型自动转换成精度高的类型；也可以按显式类型转换，一般形式为：

　　(类型标识符) 表达式

# 习　　题

**一、选择题**

1. 以下选项中属于 C 语言的数据类型是（　　　）。

　　A. 复数型　　　　　　　　　　　　　　　　B. 逻辑型

　　C. 双精度型　　　　　　　　　　　　　　　D. 集合型

2. 在 C 语言中，不正确的 int 类型的常数是（　　　）。

　　A. 32768　　　　　　　B. 0　　　　　　　　　C. 037　　　　　　　　　D. 0xAF

3. 下面 4 个选项中，均是不合法的转义字符的选项是（　　　）。

　　A. '\"'　　　'\\'　　　'\xf'　　　　　　　B. '\1011'　　　　'\'　　　'\a'

　　C. '\011'　　　'\f'　　　'\}'　　　　　　　D. '\abc'　　　'\101'　　　'\x1f'

4. 在 C 语言中，char 型数据在内存中的存储形式是（　　　　）。

    A. 补码               B. 反码               C. 原码               D. ASCII 码

5. 以下不正确的叙述是（　　　　）。

    A. 在 C 程序中，逗号运算符的优先级最低

    B. 在 C 程序中，count 和 Count 是两个不同的变量

    C. 在定义变量时，必须给变量赋初值

    D. 表达式 1/3+1/3+1/3 的结果为 0

6. 下列关于 C 语言用户标识符的叙述中，正确的是（　　　　）。

    A. 用户标识符中可以出现下划线和减号

    B. 在 C 程序中，可以把 for 定义为用户标识符，但不能把 define 定义为用户标识符

    C. 用户标识符中可以出现下划线，但不能放在用户标识符的开头

    D. 用户标识符中可以出现数字，但不能放在用户标识符的开头

7. 设变量 a 是整型，f 是实型，i 是双精度型，则表达式 a+'a'+i*f 值的数据类型为（　　　　）。

    A. int               B. float               C. double               D. char

8. 若有代数式 $\sqrt{|y^x+\lg y|}$，则正确的 C 语言表达式是（　　　　）。

    A. sqrt(fabs(pow(y,x)+log(y)))

    B. sqrt(abs(pow(y,x)+log10(y)))

    C. sqrt(fabs(pow(x,y)+log(y)))

    D. sqrt(abs(pow(x,y)+log10(y)))

9. 在以下选项中，与 k=n++ 完全等价的表达式是（　　　　）。

    A. k=n,n=n+1           B. n=n+1,k=n           C. k=++n           D. k+=n+1

10. 设变量 n 为 float 类型，m 为 int 类型，则以下能实现将 n 中的数值保留小数点后两位，第 3 位进行四舍五入运算的表达式是（　　　　）。

    A. n=(n*100+0.5)/100.0                    B. m=n*100+0.5, n=m/100.0

    C. n=n*100+0.5/100.0                       D. n=(n/100+0.5)*100.0

11. 表达式 (1,2,3,4) 的结果是（　　　　）。

    A. 1               B. 2               C. 3               D. 4

## 二、填空题

1. 在 C 语言中，数据有常量和变量之分。用一个标识符代表一个常量，称为_____常量。对变量必须做到先_____，后使用。

2. 在 C 语言中，字符型数据和_____数据之间可以通用。

3. 设有如下语句：

```
int n=10;
```
则 n++ 的结果是_____，n 的结果是_____。

4. 表达式 18/4*sqrt(4.0)/8 的值的数据类型是_____，其值是_____。

5. 设 a=2，b=3，x=3.5，y=2.5，则 (float)(a+b)/2+(int)x%(int)y 的值为_____。设 x=2.5，a=7，y=4.7，则 x+a%3*(int)(x+y)%2/4 的值为_____。

6. 执行下列语句后，a 的值是_____。

```
int a=12;
a+=a-=a*a;
```

7. 有如下语句：

```
int x,y;
```

则执行 y=(x=1,++x,x+2);语句后，y 的值是_____。

8. 与 m%n 等价的 C 语言表达式为_____。

9. 若 a、b 和 c 均是 int 型变量，则计算表达式 a=(b=4)+(c=2)后，a 的值为_____，b 的值为_____，c 的值为_____。

10. 若有如下定义：

```
char c='\010';
```

则变量 c 中包含的字符个数为_____个。

## 三、问答题

1. C 语言中设置符号常量有何意义？符号常量和变量有何区别？

2. 字符常量和字符串常量有何区别？

3. 设有定义"int a=3,b=4,c=5;"，求下列表达式的值。在表达式执行后，a、b、c 的值分别是多少？

　（1）a%b+b/a　　　　　　　　　　（2）a/b+c++

　（3）-b++-c　　　　　　　　　　　（4）(a,b,c),a++,--c

4. 写出下列代数式对应的 C 语言表达式。

　（1）$\dfrac{a+b+c}{\sin\theta+\sqrt{a^2+b^2}}+\sqrt[3]{a^3+b^3+c^3}$　　　　（2）$e^{2x}+\dfrac{x^2}{2!}-\dfrac{x^3}{3!}$

　（3）$\dfrac{\cos(x^2+y^2)+10^{-5}}{\ln(xy)t+\sqrt{|x^2-4y|}}$　　　　　　（4）$|x_1-x_2|+1.27\sin78°+10^{1.2}$

5. 按要求写出 C 语言表达式。

　（1）将整数 k 转换成实数。

　（2）求实数 x 的小数部分。

　（3）求自然数 m 的十位数字。

　（4）将 ch 中的大写字母转换成相应的小写字母。

　（5）将 d 中的一位十进制数字转换成对应的数字字符。

# 第 **3** 章    顺序结构程序设计

　　顺序结构是结构化程序设计3种基本结构中最简单的一种结构，它只需按照处理顺序，依次写出相应的语句即可。学习程序设计，首先从顺序结构开始。通常，一个程序包括输入、处理和输出3个基本步骤，其中输入输出反映了程序的交互性，处理是指要进行的操作与运算。本章首先介绍 C 的语句，然后介绍赋值和输入输出操作，从而帮助读者学会编写最简单的 C 程序。

## 3.1　C 的 语 句

　　C程序的基本组成单位是函数，而函数由语句构成，所以语句是 C 程序的基本组成成分。语句能完成特定操作，语句的有机组合能实现指定的计算处理功能。C 语句最后必须有一个分号，分号是 C 语句的组成部分。

　　C语言中语句的分类如图3-1所示。

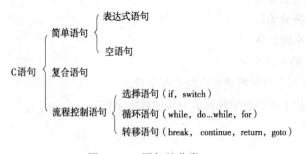

图 3-1　C 语句的分类

### 3.1.1　简单语句

#### 1. 表达式语句

　　在表达式之后加上分号就构成表达式语句。表达式也能构成语句，这是 C 语言的一个重要特点。表达式语句的一般形式为：

　　表达式；

最典型的表达式语句是由赋值表达式构成的语句。例如：

```
m+=x;
i=j=k=5;
```

都是由赋值表达式构成的表达式语句。由赋值表达式构成的语句习惯称为赋值语句。

其他表达式加分号也构成了语句。例如：

```
x+y-z;
```

也是一个语句。不过从语义上讲，该语句没有实际意义。因为求表达式 x+y-z 的值之后，没有保留，对变量 x、y、z 的值也没有影响。

另一种典型的表达式语句是函数调用之后加分号，一般形式为：

```
函数调用;
```

该表达式语句未保留函数调用的返回值。但该表达式语句中的函数调用引起实参与形参的信息传递和函数体的执行，将使许多变量的值被设定或完成某种特定的处理。如调用输入函数使指定的变量获得输入数据，调用输出函数使输出项输出等。例如：

```
scanf("%f",&x);          /*输入函数调用语句，输入实型变量 x 的值*/
printf("%f",x);          /*输出函数调用语句，输出实型变量 x 的值*/
```

### 2. 空语句

空语句是什么也不做的语句，它只有一个分号。C 语言引入空语句是出于两个实用上的考虑：一是为了构造特殊控制的需要。如循环控制结构需要一个语句作为循环体，当需循环执行的动作已全部由循环控制部分完成时，就需要一个空语句的循环体；二是在复合语句的末尾设置一个空语句，以便能用 goto 语句将控制转移到复合语句的末尾。另外，C 语言引入空语句使程序中连续出现多个分号不再是错误，编译系统遇到这种情况，就认为后继的分号都是空语句。

## 3.1.2　复合语句

用花括号将若干个语句括起来就构成了复合语句。它将若干个语句变成一个顺序执行的整体，从逻辑上讲它相当于一个语句，能用作其他控制结构的成分语句。例如交换两个整型变量 a、b 的值，作为一个复合语句写成：

```
{
    int t;
    t=a;
    a=b;
    b=t;
}
```

在构造复合语句时，为完成复合语句所要完成的操作，可能需要临时工作单元。如上面例子中的变量 t。在 C 语言的复合语句中，在语句序列之前可以插入变量定义，引入只在复合语句内部才可使用的临时单元。

**注意**：复合语句的 "}" 后面不能出现分号，而 "}" 前复合语句中最后一条语句的分号不能省略。

例如：

```
{
    t=a;
    a=b;
    b=t;
};
```

和
```
{
    t=a;
    a=b;
    b=t
}
```

第一个复合语句语句后面加了分号，实际上构成了一个空语句，即相当于写了两个语句，一个是复合语句，另一个是空语句。第二个复合语句中的第三个语句没有分号，因此是错误的复合语句。

### 3.1.3 流程控制语句

C 语言中控制程序流程的语句有 3 类，共 9 种语句。

#### 1．选择语句

选择语句有 if 语句和 switch 语句两种。if 语句根据实现选择分支的多少又有多种格式，包括单分支、双分支和多分支 if 语句。switch 语句能实现多个分支流程。

#### 2．循环语句

循环语句有 while、do...while 和 for 语句 3 种。当循环语句的循环控制条件为真时，反复执行指定操作，是 C 语言中专门用来构造循环结构的语句。

#### 3．转移语句

转移语句有 break、continue、return 和 goto 共 4 种。它们都能改变程序原来的执行顺序并转移到其他位置继续执行。例如，循环语句中 break 语句终止该循环语句的执行，而循环语句中的 continue 语句只结束本次循环并开始下次循环，return 语句用来从被调函数返回到主调函数并带回函数的运算结果，goto 语句可以无条件转向任何指定的位置执行。

## 3.2 赋值运算与赋值语句

赋值语句是高级语言中用来实现运算的一个重要语句，而且赋值语句可以将运算结果存起来。C 语言将赋值也看作一种运算，赋值运算构成赋值表达式，赋值表达式后面加上分号就构成了赋值语句。

### 3.2.1 赋值运算

#### 1．赋值运算的一般形式

在 C 语言中，通常把 "=" 称为赋值号，也叫赋值运算符。它是一个双目运算符，需要连接两个运算量：左边必须是变量，右边则是表达式。赋值运算的一般形式为：

变量=表达式

赋值运算的意义是先计算表达式的值，然后将该值传送到变量所对应的存储单元中。即计算表达式的值，并将该值赋给变量。赋值表达式的值即是被赋值变量的值。例如：

x=67.2

将常量 67.2 赋给 x，赋值表达式的值是 67.2。

赋值运算实际上代表一种传送操作（Move），即将赋值号右边表达式的值传送到左边变量所对应的存储单元中。在这里，变量与确定的内存单元相联系，既具有值属性，也具有地址属性，它可以出现在赋值运算符的左边，故称为左值（Left Value）表达式。将常量、变量、函数等运算对象用运算符连接起来的表达式，只有值属性而无地址属性，它只能出现在赋值运算符的右边，故称为右值（Right Value）表达式。

**注意**：赋值运算符左边一定要求是左值表达式，它代表一定的内存单元，显然只有内存单元才能存放表达式的值。赋值右边可以是任何表达式。

### 2．复合赋值运算

在程序设计中，经常遇到在变量已有值的基础上作某种修正的运算。如 x=x+5.0。这类运算的特点是：变量既是运算对象，又是赋值对象。为避免对同一存储对象的地址重复计算，C 语言还提供了 10 种复合赋值运算符：

+=、-=、*=、/=、%=、<<=、>>=、&=、|=、^=

其中，前 5 种是常用的算术运算，后 5 种是关于位运算的复合赋值运算符。下面举例说明复合赋值运算的意义。

```
x+=5.0                 /*等价于x=x+5.0*/
x*=u+v                 /*等价于x=x*(u+v)*/
a+=a-=b+2              /*等价于a=a+(a=a-(b+2))*/
```

一般地，记 θ 为一个双目运算符，复合赋值运算的格式为：

xθ=e

其等价的表达式为：

x=xθ(e)

**注意**：当 e 是一个复杂表达式时，等价表达式的括号是必需的。即 e 表示表达式，使用复合赋值运算符连接两个运算量时，要把右边的运算量视为一个整体。例如，x*=y+5 表示 x=x*(y+5)，而不是 x=x*y+5。

自增运算符++和自减运算符--是复合赋值运算符中的特殊情况，它们分别相当于+=和-=。例如，x++包含有赋值运算 x+=1，--k 包含有赋值运算 k-=1。

### 3．赋值运算的优先级

各种赋值运算符都属于同一优先级，且优先级仅比逗号运算符高，比其他所有运算符都低。例如：

x=13<y,7+(y=8)

表达式中有算术运算符、关系运算符、赋值运算符和逗号运算符，运算顺序依次是 y=8→7+(y=8)→13<y→x=13<y→x=13<y,7+(y=8)，运算完成后 x 的值为 0，y 的值为 8，整个表达式是一个逗号表达式，表达式的值为 15。如果将表达式改成：

x=(13<y,7+(y=8))

则整个表达式变成了一个赋值表达式，将右边逗号表达式的值赋给左边变量 x。

赋值表达式的结合性为从右到左。例如：

x=y=17/2

运算时先计算 17/2，结果为 8，将 8 赋给 y，即赋值表达式 y=17/2 的值为 8，再将该赋值表达式的值赋给 x。整个运算按照自右至左的顺序计算。

**4．赋值运算的副作用**

C 语言允许在一个表达式中使用一个以上的赋值类运算符（包括赋值运算符、复合赋值运算符、自增运算符、自减运算符等），使程序简洁，但同时也造成了阅读与理解程序的困难，所以用户应该有限制地使用复合赋值运算符或者用圆括号加以说明。

赋值运算所引起的副作用表现在不易理解和结果不确定两个方面。

（1）不易理解。例如，表达式 k=i+++j 应理解为 k=(i++)+j 还是 k=i+(++j)呢，碰到类似的问题，一个最好的办法当然是上机试验，通过实验来总结有关规律。一般编译系统都理解为 k=(i++)+j，也就是说一个变量与尽可能多的运算符结合。为了消除副作用，可以在书写表达式时加上一些括号，以明确表示运算的优先顺序，例如将表达式 k=i+++j 写成 k=(i++)+j。还可以用更明确的表示形式，例如将表达式 k=i+++j 分解为 k=i+j,i++。

（2）结果不确定。在数学中，a+b 和 b+a 是一样的，(a+b)+(c+d)也可以写成(c+d)+(a+b)，换言之，(a+b)+(c+d)的求值顺序不影响结果，可以先求 a+b，也可以先求 c+d。但在 C 语言中，由于运算符种类多，尤其是赋值类运算符的影响，使交换律不再适用于 C 语言中的运算，因为赋值运算的先后会使得参与运算的值不一样，从而影响计算结果。在符合优先级和结合性的前提下，C 语言对表达式的求值顺序（方向）无统一规定，而是由各个 C 编译系统自行决定，这就造成了同一程序在不同计算机系统中运行时会得到不同的结果。例如：

```
int x=2,y=5,z;
z=x*y+(++x)+(y=10);
```

在表达式 x*y+(++x)+(y=10)的 3 个同级"+"运算中，是先计算 x*y，还是++x，还是 y=10 呢，其次再计算哪一个呢，显然求值次序不同将导致结果不同。不同的编译系统规定的求值次序不同，对于 Visual C++，按照从左至右的顺序进行，语句执行后 z 的值为 23。而有的编译系统是从右至左进行计算，语句执行后 z 的值为 43。在这种情况下，在求表达式 y=10 时改变了变量 y 的值，进而影响到 x*y 的值，因此这种复合表达式，交换律不一定成立。

为了提高程序的可移植性，应当将表达式分解，使之在任何机器上运行都能得到同一结果。因此上面语句按照从左至右的计算顺序可改为：

```
z=x*y;++x;y=10;z=z+x+y;
```

或按照从右至左进行计算的次序写成：

```
y=10;++x;z=x*y+x+y;
```

## 3.2.2 赋值语句

用赋值运算符连接两个运算量就得到赋值表达式,在赋值表达式后面加分号就构成赋值语句。赋值语句的一般形式为：

变量=表达式;

执行赋值语句将实现一个赋值操作，即先计算表达式的值，然后将该值传送到变量所对应的存储单元中。赋值语句与赋值表达式不一样，赋值语句可以作为程序中一个独立的程序行，而赋值表达式是作为一个运算量，可以出现在表达式中。当然，在进行赋值运算时，也实现了一个赋值操作。

【例 3.1】当 $x=\sqrt{1+\pi}$ 时，求 $y=\dfrac{|x-5|+\cos 47°}{2\ln x+e^2}$ 的值。

分析：这是一个求表达式值的问题，已知 $x$ 的值，求 $y$ 的值。这里 $x$ 是一个表达式，不是一个常量，所以它不能从键盘输入，而要用赋值语句求得。$y$ 的值由一个表达式的值得到，要注意表达式的书写规则。

程序如下：

```
#include <stdio.h>
#include <math.h>
#define pi 3.14159                                      /*定义符号常量*/
void main()
{
    double x,y;
    x=sqrt(1+pi);
    y=(fabs(x-5)+cos(47*pi/180))/(2*log(x)+exp(2));    /*计算表达式的值*/
    printf("y=%f\n",y);
}
```

程序运行结果如下：

```
y=0.413945
```

### 3.2.3　赋值时的数据类型转换

赋值表达式的类型就是被赋值变量的类型。当赋值运算符两边的数据类型不一致时，C 编译系统自动将赋值运算符右边表达式的数据类型转换成与左边变量相同的类型。转换的基本原则是：

（1）将整型数据赋给单、双精度变量时，数值不变，但以浮点数形式存储到变量中。

（2）将实型数据（包括单、双精度）赋给整型变量时，先舍去实数的小数部分，然后赋给整型变量。如 a 为整型变量，则执行 a=3.145 后，a 的值为 3。

（3）将一个 double 型数据赋给 float 变量时，截取其前面 7 位有效数字，存放到 float 变量的存储单元（4 个字节）中，但应注意数值范围不能溢出。将一个 float 型数据赋给 double 变量时，数值不变，有效位数扩展到 16 位，在内存中以 8 个字节存储。

（4）字符型数据赋给整型变量时，将字符的 ASCII 码值赋给整型变量。

（5）将一个占字节多的整型数据赋给一个占字节少的整型变量或字符变量（如把一个 4 字节的 long 型数据赋给一个 2 字节的 short 型变量，或将一个 2 字节或 4 字节的 int 型数据赋给 1 字节的 char 型变量），只将其低字节原封不动地送到该变量（即发生截断）。例如：

```
int i=8808;
char ch;
ch=i;
printf("%d   %c\n",i,ch);
```

程序段运行结果如下：

```
8808  h
```

在 Turbo C 2.0 中 int 型变量 i 占 2 个字节，其中存放整型数据 8808，二进制存储格式为：

| 0 | 0 | 1 | 0 | 0 | 0 | 0 | 1 | 0 | 0 | 1 | 1 | 0 | 1 | 0 | 0 | 0 |
|---|---|---|---|---|---|---|---|---|---|---|---|---|---|---|---|---|

截去高 8 位后，余下的低 8 位的值是 104，它代表字符 h。在 Visual C++6.0 中 int 型变量 i 占 4 个字节，存储整型数据 8808 的两个高位字节为 0，两个低位字节与 Turbo C 2.0 相同。

（6）将有符号整数赋值给长度相同的无符号整型变量时，按字节原样连原有的符号位也作为数值一起赋值。例如：

```
int a=-1;
```

```
unsigned int b;
b=a;
printf("%d,%u\n",a,b);
```

在 Turbo C 2.0 环境中，int 型变量占 2 个字节，a 为负数时，按补码存储，其二进制存储格式为 16 个 1，将它转换成 unsigned int 型后，将最高位的符号位也视为数值位，所以其值为 65 535（$2^{16}$−1）。由于 b 是无符号整型变量，因此，不能用 %d 输出格式符，而要用输出无符号数的 %u 格式符。在 Turbo C 2.0 环境下程序段的运行结果为：

```
-1,65535
```

在 Visual C++ 6.0 环境中，int 型变量占 4 个字节，a 为负数时，按补码存储，其二进制存储格式为 32 个 1，将它转换成 unsigned int 型后，将最高位的符号位也视为数值位，所以其值为 4 294 967 295（$2^{16}$−1）。在 Visual C++ 6.0 环境下程序段的运行结果为：

```
-1,4294967295
```

（7）将无符号整数赋值给长度相同的有符号整型变量时，应使符号位有效，但注意不要超出有符号整型变量的数值范围，否则会出错。例如：

```
unsigned a;
int b;
a=65535;
b=a;
printf("%d\n",b);
```

在 Turbo C 2.0 环境下执行 b=a 时，将 a 的 2 个字节（全为 1）原样赋给 b，由于 b 的数值范围为−32 768 ~ 32 767，显然不能正确反映 65 535，对一个有符号的整型数据来说，第 1 个二进位是 1 表示此数是一个负数，16 位全为 1 是−1 的补码。

在 Turbo C 2.0 环境下运行，以上程序的输出结果为−1。如果在 Visual C++ 6.0 环境下运行，将 a=65535 改为 4294967295，输出结果也是−1。

以上的赋值规则比较复杂，涉及到数据在计算机内部的表示方法。在刚开始学习时，不必深究转换细则，只要知道基本的概念即可。

# 3.3 数据输入/输出

一般 C 程序可以分成 3 部分：输入原始数据部分、计算处理部分和输出结果部分。其他高级语言均提供了输入和输出语句，而 C 语言无输入输出语句。为了实现输入和输出功能，在 C 的库函数中提供了一组输入输出函数，其中 scanf 和 printf 函数是针对标准输入输出设备（键盘和显示器）进行格式化输入输出的函数。由于它们在头文件"stdio.h"中定义，所以要使用它们，应使用编译预处理命令 #include <stdio.h> 或 #include "stdio.h" 将该文件包含到程序文件中。

## 3.3.1 格式输入/输出

### 1. 格式输出函数 printf

（1）printf 函数的调用形式

printf 函数的作用是将输出项按指定的格式输出。一般调用形式为：

```
printf(格式控制字符串,输出项表)
```

其中，格式控制字符串用来确定输出项的输出格式和需要原样输出的字符。输出项可以是常量、变量或表达式，输出项表中的各输出项之间要用逗号分隔。

**注意：**

① 输出项表中的每一个输出项必须有一个与之对应的格式说明。每个格式说明均以%开头，以一个格式符结束。输出项与格式符必须按照从左到右的顺序在类型上一一匹配。例如：

```
int x=10;
float y=12.7;
printf("x=%d,y=%f\n",x,y);
```

printf 函数的第一个输出项是 int 型变量 x，对应的格式说明为%d，第二个输出项为 float 型变量 y，对应的格式说明为%f。格式控制字符串中还有非格式说明的普通字符，它们原样输出。该 printf 函数调用的输出形式为：

```
x=10,y=12.700000
```

② 当格式符个数少于输出项时，多余的输出项不予输出。若格式符多于输出项时，各个系统的处理不同。Turbo C 和 Visual C++对于缺少的项都输出不定值。

③ 用户可以根据需要，指定输出项的字段宽度，对于实型数据还可指定小数部分的位数。当指定的域宽大于输出项的宽度时，输出采取右对齐方式，左边填空格。若字段宽度前加一个 – 号，则输出采取左对齐方式。

④ 格式控制字符串可以包含转义字符，如\n、\t 等。

⑤ 如果想输出字符%，则应在格式控制字符串中用连续的两个百分号（即%%）表示。

⑥ 每次调用 printf 函数后，函数将得到一个整型函数值，该值等于正常输出的字符个数。

（2）格式说明

格式说明以字符%开头，格式符结束，中间可以插入附加格式说明符。格式说明的一般形式为：

```
%[-][+][][#][w][.p][h/l/L]格式符
```
其中用方括号括住的内容可以缺省。

① 附加格式说明符

● w：字段宽度说明。w 是一个十进制数，表示输出字段的宽度（字符个数）。若输出项需要的字符个数比给出的宽度 w 多，则以实际需要为准；若输出项需要的字符数比 w 少，就在左边用填充字符补足。若给出左边对齐标志 –，则在右边补填充字符。通常用空格作填充字符，若 w 之前有前导 0（此 0 不表示八进制数），则以字符 0 填充字符。例如"printf("%06d",1234);"，输出结果为 001234。字符宽度说明也可以是一个字符 *，这时字段宽度大小由下一个整数参数的值给出，若该值为负值，相当于有左对齐标志 –。例如"printf("%*d",iw,123);"，显示占用的字段宽度由整型变量 iw 给出。

● –：左对齐标志。输出项字符个数少于 w 时，在 w 所限定的字段宽度内，输出项左对齐，右边补填充符。缺省时，右对齐，左边补填充符。

● +：适用于带符号的数值数据输出，根据数值的正、负，在输出项之前加上符号+或 –。缺省时，只对负数输出负号 –。

● 空格：若对应输出的数值数据是一个正数，符号用空格代替。若+和空格同时出现，空格附加格式说明被略去。

● #：适用于八进制数、十六进制数和浮点数格式输出。当八进制或十六进制数输出时，前面加 0（八进制数）或加 0x（十六进制数）。缺省时，不加 0 或 0x。对浮点数输出（e，f， g）总显示小数点，即使小数点后没有数字。当用 g 格式输出时，无意义的小数点和小数部分的无意义的 0 根据精度的要求输出；缺省时，无意义的小数点和 0 不输出。

- .p：小数点和 p，其中 p 为十进数。对于 g 或 e 格式输出，p 指明输出精度（有效数字位数），缺省时，p=6。对于 f 格式输出，p 指出输出项小数点之后的数字个数，缺省时，p=6。对于 s 格式输出，p 指明最多输出字符串的前 p 个字符，多余截断，缺省时，字符串的内容全部输出。对于 d、i、o、u、x，表示至少出现的数字个数。同字段宽度说明一样，p 也可以是一个字符 *，而实际值由后面一个整数参数的值给出，若该值为负值，相当于没有给出 p。

- h/l/L：长度修正符 h 用于格式符 d、i、o、u、x，表示对应的输出项是短整型（short）或无符号短整型（unsigned short）。长度修正符 l 用于格式符 d、i、o、u、x，表示对应的输出项是长整型或无符号长整型。长度修正符 L 用于格式符 e、f、g，表示对应的输出项是 long double 型。

② 格式符

- d 格式符和 i 格式符：将输出项作为带符号整型数据，并以十进制形式输出。此外，对于 long 型数据输出，必须在格式符之前插入 l 附加格式说明符。

- o 格式符：将输出项作为无符号整型数据，并以八进制形式输出。由于将内存单元中的各位值（0 或 1）按八进制形式输出，输出的数值不带符号，符号位也一起作为八进制数的一部分输出。

- x 格式符：将输出项作为无符号整型数据，并以十六进制形式输出。与 o 格式符一样，符号作为十六进制数的一部分输出。

- u 格式符：将输出项作为无符号整型数据，以十进制形式输出。

【例 3.2】整型数据的输出格式示例。

程序如下：

```
#include <stdio.h>
void main()
{
    unsigned int x=65535;
    int y=-2;
    printf("x=%d,%o,%x,%u\n",x,x,x,x);
    printf("y=%d,%o,%x,%u\n",y,y,y,y);
}
```

在 Turbo C 2.0 环境下程序的运行结果如下：

```
x=-1,177777,ffff,65535
y=-2,177776,fffe,65534
```

为了便于分析上述程序的运行结果，需要理解数据在计算机内部的二进制表现形式。Turbo C 2.0 为 int 型数据分配 2 个字节，无符号数 65 535 在计算机内表示为 1111 1111 1111 1111。

对于有符号数，在机器内部以补码形式存放。-2 的原码为 1000 0000 0000 0010，补码是 1111 1111 1111 1110。

一个二进制数从不同使用角度可以作出不同解释。如二进制数 1111 1111 1111 1111，当看作无符号数时表示 65 535，当看作有符号数时表示-1。

在 Visual C++ 6.0 环境下程序的运行结果如下：

```
x=65535,177777,ffff,65535
y=-2,37777777776,fffffffe,4294967294
```

主要区别是 Visual C++ 6.0 为 int 型数据分配 4 个字节，请读者自行分析运行结果。

- c 格式符：将输出项作为字符，以字符形式输出。一个整型数据，只要它的值在 0 ~ 255 范围内，可以用字符形式输出，输出以该整数为 ASCII 码值的字符，反之，一个字符数据也可以用整数形式输出，输出该字符的 ASCII 码值。
- s 格式符：用于输出一个字符串。

【例 3.3】字符型数据和字符串输出格式示例。

程序如下：

```c
#include <stdio.h>
void main()
{
    char c='a';
    int i=97;
    printf("%c,%d\n",c,c);
    printf("%c,%d\n",i,i);
    printf("%s\n","ABCDE");
}
```

程序运行结果如下：

```
a,97
a,97
ABCDE
```

- f 格式符：以小数形式输出实型数据。小数点后的数字个数为 p 个，p 的默认值为 6。若 p 为 0，不显示小数点。格式转换时有四舍五入处理。

注意实型数据的有效位数，不要以为凡是打印（显示）的数字都是准确的。一般地，float 型有 7 位有效数字，double 型有 15 位有效数字。实际上，因计算过程中的误差积累，通常不能达到所说的有效位数。

【例 3.4】实型数据输出精度测试。

程序如下：

```c
#include <stdio.h>
void main()
{
    float x=1234.789012f;
    double y=123456789012.123456;
    printf("x=%f,y=%f\n",x,y);
}
```

程序运行结果如下：

```
x=1234.789063,y=123456789012.123460
```

由于 x 是单精度变量，可以保证 7 位有效数字的精度，输出 x 的前 7 位是准确的，以后的数字"063"是没有意义的。y 是双精度变量，有 15 位有效数字，所以 y 的值前 15 位是准确的，后面的数字"460"是没有意义的。按 %f 输出时，输出 6 位小数。

- e 格式符：以指数形式输出实型数据。指数形式如下。

```
[-]x.xxxxxe±xx
```

小数点前有 1 位非零数字，小数点后的数字个数为 p-1 个，p 的默认值为 6。若 p 为 0，不显示小数点。格式转换时有四舍五入处理。字符 e 之后是指数，指数部分至少包含 2 位数字。若输出值的绝对值不少于 1E+100，则指数部分多于 2 位数字。

- g格式符：用于输出实型数据，g格式能自动使用%f和%e表示中的较精确者来表示实数。另外，选择这种输出形式时，有无附加格式说明符#也对输出形式有影响。如#缺省，输出时，小数部分无意义的0及小数点不输出；如有#，则无意义的0及小数点照常输出。

【例3.5】实型数据输出格式示例。

程序如下：

```
#include <stdio.h>
void main()
{
    float x=123.456;
    printf("%f,%10.2f,%10.4f\n",x,x,x);
    printf("%e,%10.2e,%10.4e\n",x,x,x);
}
```

程序运行结果如下：

```
123.456001,    123.46,    123.4560
1.234560e+002, 1.23e+002, 1.2346e+002
```

### 2. 格式输入函数 scanf

scanf函数的作用是把从键盘上输入的数据传送给对应的变量。一般调用形式为：

scanf(格式控制字符串,输入项地址表)

其中，格式控制字符串的含义同 printf 函数。输入项地址表是由若干个地址组成，代表每一个变量在内存中的地址。

格式控制字符串通常包含格式说明，它直接用于解释输入字符序列。控制字符串可以包含：

① 空格、制表符或换行，它们使输入读到下一个非空格类字符。

② 普通字符（不包括%），它们应与输入串中下一个非空格符相匹配。

③ 格式说明，以%开头至格式符结束的字符序列组成。格式说明引导对下一输入字段进行转换。例如，设变量i、j、k为整型变量，scanf 函数调用形式如下：

scanf("%d%d%d",&i,&j,&k)

以上语句为变量i、j、k输入数据。其中&i、&j、&k分别表示变量i、j、k的存储单元地址。

格式说明的一般形式为：

%[*][w][h/l/L]格式符

其中用方括号括住的内容可以缺省，下面来说明它们的意义。

① *：赋值抑制符，对应的输入项读入后不赋予相应的变量，即跳过该输入值。带星号的格式说明不对应输入项存储地址，用它来跳过一个输入数据项。

② w：字段宽度说明，表示输入数据项的字段宽度。若实际输入字段宽度小于w，取实际宽度。除格式符c外，输入字段定义为从下一个非空格字符起（因此可能跳过若干个空格符、制表符或换行符），到一个与所解释类型相矛盾的字符，或到由字段宽度说明的长度为止。

③ h/l/L：h修饰格式符 d、i、o、u、x，表示读入的整数转换成短整型存储；l修饰格式符 d、i、o、u、x 时，表示读入的整数转换成长整型存储；l修饰格式符 e、f、g 时，表示读入的实数是按 double 型存储。L 修饰格式符 e、f、g 时，表示读入的实数是按 long double 型存储。

函数 scanf()的格式符很多，下面详细介绍常用的输入格式符。

① d格式符：用来输入整型数据。将输入数据作为十进制形式的整型数据。将其转换成二进制形式后，存储到对应数据存储地址中。例如：

scanf("%3d%*4d%d",&i,&j)

如输入行为：

```
123456 78
```

将使变量 i=123，j=78。其中数据 456 因赋值抑制符 "*" 的作用被跳过。

一般从键盘读入数据，不指定输入数据项的字段宽度，数据项与数据项之间用空格符、制表符或回车分隔。

② i 格式符：与 d 格式符一样，用来输入整型数据。当输入的数据以 0 开头时，则将输入数据作为八进制整数；若以 0x 开头时，则为十六进制整数；否则，将输入数据作为十进制整数。

③ o 格式符：除将输入数据作为八进制形式的整型数据外，其作用与 d 格式相同。例如：

```
scanf("%3o%o",&i,&j)
```

如输入行为：

```
12323
```

将使变量 i=83（即八进制数 123），j=19（即八进制数 23）。

④ x 格式符：与 o 格式符类似，不过将输入数据作为十六进制形式的整型数据。例如：

```
scanf("%x%x",&i,&j);
```

如输入行为：

```
12 34
```

将使变量 i=18，j=52。

⑤ u 格式符：用来输入整型数据，将输入数据作为无符号整型数据。

用以上格式为整型变量输入整数时，若变量类型为短整型，则必须在格式符之前加长度修饰符 h；若变量类型为长整型，则必须在格式符之前加长度修饰符 l。

⑥ c 格式符：用来输入单个字符。对应的输入项存储地址必须为字符存储地址，把下一个输入字符存于所指的位置。此时，不再有输入整型数据那样自动跳过空格符的处理，任何输入字符都能被 c 格式读入。

⑦ s 格式符：用来输入字符串，对应的输入项存储地址为字符序列（数组）首地址，该数组必须大到足以容纳可能输入的最长字符串。在输入字符串中，以非空格符（非空格、非制表符和非回车）开始，以后随的第一个空格符结束的非空格符字符序列作为一个字符串。scanf() 函数在输入的字符序列之后自动添加字符串结束标志符 "\0"。注意 c 格式符和 s 格式符的区别。

例如：

```
scanf("%4c",&c)
```

和：

```
scanf("%4s",&s[0])
```

它们都读入 4 个字符，但 %4s 要跳过开头的空格符，而 %4c 则不跳过。变量 c 中存储的是输入的第 4 个字符，而字符数组 s 至多输入了 4 个非空格字符，另外在输入的字符序列之后还有字符 "\0"。要读入下一个非空格字符，可以用格式 %ls 或 %c。

⑧ e、f、g 格式符：用来输入实数，对应的输入项存储地址为实型变量存储地址。如格式说明中含有长度修饰符 l，则为 double 型变量地址；含有长度修饰符 L，则为 long double 型变量地址；否则，为 float 型变量地址。输入数据的格式是由正负号（可省略）、十进制数字串、带小数点的小数部分（可省略）、以 e 或 E 开头的指数部分（可省略）组成。即：

```
[±]ddd[.ddd][e[±]ddd]
```

其中 ddd 表示 1 个或多个数字组成的数字串；±表示+（正号）或-（负号）；[]表示其中的内容可省略。

注意：

① 格式符的个数必须与输入项的个数相等，类型必须从左至右一一对应。

② 用户可以指定输入数据的宽度，系统将自动按此宽度截取所读入的数据。但输入实型数据时，用户不能规定小数点后的位数。

③ 输入实型数据时，可以不带小数点，即按整数方式输入。

④ 在输入数值数据时，遇到下述情况时系统认为该项数据结束：

遇到空格、回车符或制表符，可用它们作为数值数据之间的分隔符。

遇到宽度结束，如%4d 表示只取输入数据的前 4 列。

遇到非法输入。例如，假设 a 为整型变量，ch 为字符型变量，对于语句：

scanf("%d%c",&a,&ch);

若输入 246a，则第一个输入数据对应%d 格式，输入 246 后遇字符 a，字符 a 对于格式符%d 显然为非法输入，因此认为第一个数据到此结束，即 a 的值为 246，ch 的值为 a。

⑤ 在使用%c 格式符时，输入的数据之间不需要分隔符，空格、回车符都将作为有效字符读入。

⑥ 如果格式控制字符串中除了格式说明符之外，还包含其他字符，则输入数据时，在与之对应的位置上也必须输入与这些字符相同的字符。

例如，scanf("%d%d%d",&x,&y,&z)表示要按十进制整数的形式输入 3 个数据，分别存入整型变量 x、y、z 所对应的存储单元。要注意的是，输入数据时，在两个数据之间要以空格分隔，而不能以逗号分隔。即输入：

6 7 30↙

是合法的，而输入：

6,7,30↙

是非法的。

但是，对于输入函数调用 scanf("%d,%d,%d",&x,&y,&z)，在输入数据时，两个数据之间要以逗号分隔，而不能以空格或其他字符分隔。即输入：

6,7,30↙

是合法的。数据之间的逗号与 scanf 函数格式控制字符串中的逗号相对应。而输入：

6 7 30↙

是非法的。

⑦ 格式说明%*表示跳过对应的输入数据项不予读入。

⑧ 每次调用 scanf 函数后，函数将得到一个整型函数值，此值等于正常输入数据的个数。

【例 3.6】从键盘输入一个 3 位整数 n，输出其逆序数 m。例如，输入 n=127，则 m=721。

分析：程序分为以下 3 步。

（1）输入一个 3 位整数 n。

（2）求逆序数 m。

（3）输出逆序数 m。

关键在第 2 步。先假设 3 位整数的各位数字已取出，分别存入不同的变量中，设个位数存入 a，十位数存入 b，百位数存入 c，则 m=a×100+b×10+c。关键是如何取出这个 3 位整数的各位数字。取出各位数字的方法，可用取余运算符 % 和整除运算符 / 实现。例如，n%10 取出 n 的个位数；n=n/10 去掉 n 的个位数，再用 n%10 取出原来 n 的十位数，依此类推。

程序如下：

```
#include <stdio.h>
void main()
{
    int n,m,a,b,c;
    scanf("%d",&n);
    a=n%10;                      /*求 n 的个位数字*/
    b=n/10%10;                   /*求 n 的十位数字*/
    c=n/100;                     /*求 n 的百位数字*/
    m=a*100+b*10+c;
    printf("%d reversed is %d\n",n,m);
}
```

## 3.3.2　字符输入/输出

### 1. 字符输出函数 putchar

putchar 函数的作用是把一个字符输出到标准输出设备上。一般调用形式为：

putchar(ch)

其中 ch 可以是字符型或整型数据。

【例 3.7】putchar()函数应用示例。

程序如下：

```
#include <stdio.h>
void main()
{
    char c='A';
    int i;
    i=c+1;
    putchar(c);                  /*输出字符 A*/
    putchar(i);                  /*以字符形式输出整型变量的值*/
    putchar('\n');               /*换行*/
    putchar('\141');             /*输出字符 a，a 的 ASII 码为 97，八进制为 141*/
}
```

程序运行结果如下：

```
AB
a
```

本例说明了 putchar()函数的使用方法，其参数可以是字符型常量（包括控制字符和转义字符）、字符型变量、整型变量。

### 2. 字符输入函数 getchar

getchar 函数的作用是从标准输入设备上读入一个字符。一般调用形式为：

getchar()

getchar 函数本身没有参数，其函数值就是从输入设备得到的字符。

【例 3.8】getchar()函数应用示例。

程序如下：

```
#include <stdio.h>
void main()
{
```

```
    char c1,c2;
    c1=getchar();                           /*输入一个字符*/
    c2=getchar();                           /*再输入一个字符*/
    printf("code1=%d,code2=%d\n",c1,c2);
}
```

该程序输入两个字符，并将输入字符以整数形式输出。如果该程序运行时，输入字符 A 和回车符，则程序输出：

```
code1=65,code2=10
```

其中 65 和 10 分别为字符 A 和回车的 ASCII 码值。程序说明输入的第一个字符被读入并存于变量 c1，接着输入的回车符也作为字符被读入并存于变量 c2。

函数调用 getchar()只能接收一个字符，得到的是字符的 ASCII 代码，可以赋给一个字符型变量，也可赋给一个整型变量，也可以不赋给任何变量，或返回值作为表达式的一部分。例如：

```
putchar(getchar())
```

就是以输入字符为参数调用字符输出函数。

注意：如果在程序中调用了 putchar 或 getchar 函数，应该在程序开头使用编译预处理命令#include <stdio.h>或#include "stdio.h"。

# 3.4  顺序结构程序举例

通过前面的学习，读者应对 C 程序的结构特征有了更深的理解。一个简单的 C 程序首先是编译预处理命令，如用#include 命令将程序中要用到的库函数的头文件包含进来，接下来是函数，一个 C 语言程序有且只有一个 main 函数。在函数体中，首先是变量的定义部分，然后是函数功能描述部分，这一部分体现了编程思想和方法。它一般包括输入原始数据、对原始数据进行处理和输出处理结果 3 个部分。显然关键在于如何对原始数据进行处理。对于顺序结构而言，程序是按语句出现的先后顺序依次执行的。下面看几个例子，虽然不难，但对形成清晰的编程思路是有帮助的。

【例 3.9】输入一个正实数 x，分别输出 x 的整数部分和小数部分。

分析：程序分以下 3 步实现。

（1）输入 x 的值，可用库函数 scanf 实现。

（2）求 x 的整数部分 k 和小数部分 y。求整数部分要用到取整的技巧，方法很多：强制类型转换、取整函数、赋值转换等。小数部分 y=x-k。

（3）输出 x，k 和 y 的值，可用库函数 printf 实现。

程序如下：

```
#include <stdio.h>
#include <math.h>
void main()
{
    float x,y;
    int k;
    scanf("%f",&x);
    k=floor(x);                             /*求整数部分*/
    y=x-k;                                  /*求小数部分*/
    printf("%f=%d+%f\n",x,k,y);
}
```

程序中用到了取整函数 floor，这是一个数学函数，所以要加#include <math.h>或#include "stdio.h"命令。也可以用 k=x 或 k=(int)x 实现取整。

【例 3.10】输入整数 a 和 b，交换 a 和 b 后输出。

分析：程序分以下 3 步实现。

（1）输入 a 和 b 的值，可用库函数 scanf 实现。

（2）交换 a 和 b 的值。

（3）输出 a 和 b 的值，可用库函数 printf 实现。

显然，关键在第 2 步。通常要交换 a 和 b 两整型变量的值，可以定义一个中间变量 t，用于临时存放相应的数据。具体方法为：先将 a 存入 temp，再将 b 存入 a，最后将 temp 存入 b。这一过程可用图 3-2 表示。

程序如下：

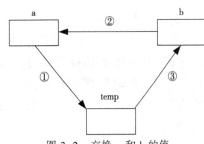

图 3-2　交换 a 和 b 的值

```
#include <stdio.h>
void main()
{
    int a,b,temp;
    printf("输入整数 a,b?");
    scanf("%d%d",&a,&b);
    temp=a;
    a=b;
    b=temp;
    printf("a=%d  b=%d\n",a,b);
}
```

程序运行结果如下：

```
输入整数 a,b?100 200✓
a=200  b=100
```

将整型变量 a 和 b 的值交换也可以不引入中间变量，程序如下：

```
#include <stdio.h>
void main()
{
    int a,b,temp;
    printf("输入整数 a,b? ");
    scanf("%d %d",&a,&b);
    a=a+b;
    b=a-b;
    a=a-b;
    printf("a=%d  b=%d\n",a,b);
}
```

【例 3.11】输入一个字符，输出其前驱字符和后继字符，并按 ASCII 码值从大到小的顺序输出这 3 个字符及其对应的 ASCII 码值。

分析：程序分以下 3 步实现。

（1）输入一个字符，存入字符变量 ch，可用库函数 getchar 实现。

（2）前驱字符 ch1 和后继字符 ch2：ch1=ch-1，ch2=ch+1。

（3）按要求分别输出 ch、ch1、ch2 的值及其 ASCII 码值，可用库函数 putchar 和 printf 实现。

程序如下：

```
#include <stdio.h>
```

```
void main()
{
    char ch,ch1,ch2;
    ch=getchar();
    ch1=ch-1;                        /*求前驱字符*/
    ch2=ch+1;                        /*求后继字符*/
    putchar(ch1);
    putchar('\t');
    putchar(ch);
    putchar('\t');
    putchar(ch2);
    putchar('\n');
    printf("%d\t%d\t%d\n",ch1,ch,ch2);
}
```

【例 3.12】已知北京与纽约的时差关系，当北京时间中午 12 时，纽约为前一天的 23 时，编程实现根据键盘输入的北京时间自动转换为纽约时间。

分析：用变量 BeiJing_Time 表示北京时间，用变量 NewYork_Time 表示纽约时间，则根据北京时间计算纽约时间的计算公式可写成：NewYork_Time=(BeiJing_Time-13+24)%24，为了避免时间出现负数，将两者时间差+24 转换为正常的时间表示，又因为 24 点即零点，所以要再取除以 24 的余数。

程序如下：

```
#include <stdio.h>
void main()
{
    int BeiJing_Time,NewYork_Time;
    printf("Please input the BeiJing_Time:");
    scanf("%d",&BeiJing_Time);
    NewYork_Time=(BeiJing_Time-13+24)%24;
    printf("t*************************\n");
    printf("%-15s%3d clock\n","BeiJing_Time",BeiJing_Time);
    printf("%-15s%3d clock\n","NewYork_Time",NewYork_Time);
    printf("*************************\n");
}
```

程序运行结果如下：

```
Please input the BeiJing_Time: 9✓
*************************
BeiJing_Time   9 clock
NewYork_Time  20 clock
*************************
```

上面 4 个例题的求解都是从分析问题着手，先集中精力分析编程思路即设计算法，然后再编写程序。编写程序就像用自然语言写文章一样，有了提纲和素材，文章就能一气呵成。分析问题、提出数学模型和设计算法是搜集素材和编写大纲的过程，有了算法，编写程序就不难了。以上 4 个例题虽然简单，但说明了程序设计的基本过程，即在解决一个问题时，如何分析问题，进而提出数学模型和设计算法，这是应用计算机求解问题的基本步骤和方法。若不将问题分析清楚，缺乏编程的思路和方法，就急于编写程序，只能是事倍功半，甚至是徒劳无益。

# 本 章 小 结

1. C 语言的语句主要有简单语句、复合语句和流程控制语句 3 类。简单语句包括表达式语句和空语句。表达式语句由各种表达式后面加分号组成；空语句由一个分号构成，常用在那些语法上需要一条语句，而实际上并不需要任何操作的场合。复合语句是用花括号括起来的语句，它在语法上可以看作一条语句。流程控制语句又分为选择语句、循环语句和控制转移语句。

2. C 语言程序中使用频率最高、也是最基本的语句是赋值语句，它是一种表达式语句。应当注意的是，赋值运算符 " = " 左侧一定代表内存中某存储单元，通常是变量。

3. C 语言中没有提供输入输出语句，在其库函数中提供了一组输入输出函数，C 语言的输入输出是调用函数来实现的。其中对标准输入输出设备进行格式化输入输出的函数是 scanf 和 printf。

4. 输入函数 scanf() 的功能是接收键盘输入的数据给变量，输出函数 printf() 的功能是将数据以一定格式显示输出。

输出函数的一般形式为：

`printf("格式控制字符串",输出项表)`

其中格式控制字符串由格式说明符、转义序列和普通字符组成。其中普通字符（包括转义符序列）将被简单地复制显示。而一个格式说明符将引起一个输出参数项的转换与显示。格式说明符是由 % 引出并以一个类型描述符结束的字符串，中间是一些可选的附加说明项。

输入函数的一般形式为：

`scanf("格式控制字符串",输入项表)`

其中格式控制字符串与 printf() 函数中的类似，不过一般只含简单的格式说明符；输入项表至少有一个输入项，且必须是变量的地址（用变量名前加&表示）。

printf() 和 scanf() 都要求格式转换说明符与输入项在个数、顺序、类型上一一对应。

5. putchar() 函数的功能是将字符型变量 c 中的字符输出到标准输出设备上。一般形式为：

`putchar()`

其中形式参数 c 是一个字符型常量或变量，或者是取值不大于 255 的整型常量或变量。

getchar() 函数的功能是从标准输入设备上读入一个字符。一般形式为：

`getchar()`

6. 本章介绍的语句和函数可以进行顺序结构程序设计。顺序结构的特点是结构中的语句按其先后顺序执行。若要改变这种执行顺序，需要设计选择结构和循环结构。

# 习　　题

**一、选择题**

1. 已知 x，y 为整型，z 为实型，c 为字符型，则下列表达式中合法的是（　　　）。

　A．z=(y+x)++ 　　　　　B．x+y=z 　　　　　C．y=c+x 　　　　　D．y=z%x

2. 若有定义 "int x;"，则经过表达式 x=(float)2/3 运算后，x 的值为（　　　）。

　A．2.0 　　　　　　　　B．0 　　　　　　　　C．2 　　　　　　　　D．1

3. 下列程序执行后的输出结果是（　　　）。

   A. G　　　　　　　　　B. H　　　　　　　　　C. I　　　　　　　　　D. J

```
#include <stdio.h>
void main()
{
    int x='f';
    printf("%c \n",'A'+(x-'a'+1));
}
```

4. 若变量 a 是 int 类型，并执行了语句 "a='A'+1.6;"，则正确的叙述是（　　　）。

   A. a 的值是字符　　　　　　　　　　　　　　B. a 的值是浮点型

   C. 不允许字符型和浮点型相加　　　　　　　　D. a 的值是字符 A 的 ASCII 值加上 1。

5. 以下非法的赋值语句是（　　　）。

   A. n=(i=2,++i);　　　　B. j++;　　　　C. ++(i+1);　　　　D. x/=j+6;

6. 已知 i、j、k 为 int 型变量，若从键盘输入 1,2,3↙，使 i 的值为 1，j 的值为 2，k 的值为 3，以下选项中正确的输入语句是（　　　）。

   A. scanf("%2d%2d%2d",&i,&j,&k);

   B. scanf("%d %d %d",&i,&j,&k);

   C. scanf("%d,%d,%d",&i,&j,&k);

   D. scanf("i=%d,j=%d,k=%d",&i,&j,&k);

7. 设有定义 "long x=-123456L;"，则以下能够正确输出变量 x 值的语句是（　　　）。

   A. printf("x=%d\n",x);　　　　　　　　　B. printf("x=%1d\n",x);

   C. printf("x=%8dL\n",x);　　　　　　　　D. printf("x=%LD\n",x);

8. 若有以下程序：

```
#include <stdio.h>
void main()
{
    int k=2,i=2,m;
    m=(k+=i*=k);
    printf("%d,%d\n",m,i);
}
```

   程序运行后的输出结果是（　　　）。

   A. 8,6　　　　　　　　　B. 8,3　　　　　　　　　C. 6,4　　　　　　　　　D. 7,4

9. 有以下程序：

```
#include <stdio.h>
void main()
{
    int a;
    char c=10;
    float f=100.0;
    double x;
    a=f/=c*=(x=6.5);
    printf("%d %d %3.1f %3.1f\n",a,c,f,x);
}
```

   程序运行后的输出结果是（　　　）。

   A. 1　65　1　6.5　　　　　　　　　　　B. 1　　65　　1.5　　6.5

   C. 1　65　1.0　6.5　　　　　　　　　　D. 2　　65　　1.5　　6.5

10. 设有如下程序段：

```
int x=2002,y=2003;
printf("%d\n",(x,y));
```

则以下叙述中正确的是（　　　）。

 A. 输出语句中格式说明符的个数少于输出项的个数，不能正确输出

 B. 运行时产生出错信息

 C. 输出值为 2002

 D. 输出值为 2003

11. 已定义 c 为字符型变量，则下列语句中正确的是（　　　）。

 A. c='97';    B. c="97";    C. c=97;    D. c="a";

12. 以下选项中不是 C 语句的是（　　　）。

 A. {int i;　i++;　printf("%d\n",i);}   B. ;

 C. a=5,c=10        D. {;}

13. 若变量已正确定义为 int 类型，要给 a，b，c 输入数据，以下正确的输入语句是（　　　）。

 A. read(a,b,c);      B. scanf("%d%d%d",a,b,c);

 C. scanf("%D%D%D",&a,%b,%c);  D. scanf("%d%d%d",&a,&b,&c);

14. 以下语句的输出是（　　　）。

```
printf("|%10.5f|\n",12345.678);
```

 A. |2345.67800|  B. |12345.6780|  C. |12345.67800|  D. |12345.678|

## 二、填空题

1. 复合语句是用＿＿＿＿＿＿＿＿括起来的语句，在语法上被认为是＿＿＿＿＿＿＿＿条语句。

2. 使用 C 语言库函数时，要用预编译命令＿＿＿＿＿＿＿＿将有关的头文件包括到用户源文件中。使用标准输入输出库函数时，程序的开头要有预处理命令＿＿＿＿＿＿＿＿。

3. 若有程序：

```
#include <stdio.h>
void main()
{
    int i,j;
    scanf("i=%d,j=%d";&i,&j);
    printf("i=%d,j=%d\n",i,j);
}
```

要求给 i 赋 10，给 j 赋 20，则应该从键盘输入＿＿＿＿＿＿＿＿。

4. 以下程序的输出结果是＿＿＿＿＿＿＿＿。

```
#include <stdio.h>
void main()
{
    unsigned short a=65536;
    int b;
    printf("%d\n",b=a);
}
```

5. 执行下列语句后，变量 b 的值是＿＿＿＿＿＿＿＿。

```
int a=10,b=9,c=8;
c=(a-=(b-5));
c=(a%11)+(b+3);
```

6. 以下程序的输出结果是_____。

```c
#include <stdio.h>
void main()
{
    int a=1,b=2;
    a=a+b;
    b=a-b;
    a=a-b;
    printf("%d,%d\n",a,b);
}
```

7. 以下程序的输出结果是_____。

```c
#include <stdio.h>
void main()
{
    int a=177;
    printf("%o\n",a);
}
```

8. 以下程序的输出结果是_____。

```c
#include <stdio.h>
void main()
{
    int a=0;
    a+=(a=8);
    printf("%d\n",a);
}
```

9. 若有语句：

```c
int i=-19,j=i%4;
printf("%d\n",j);
```

则输出结果是_____。

10. 以下程序的输出结果是_____。

```c
#include <stdio.h>
void main()
{
    char m;
    m='B'+32;
    printf("%c\n",m);
}
```

## 三、问答题

1. C 语言中的语句有哪几类？顺序结构的语句有哪些？

2. 怎样区分表达式和表达式语句？什么时候用表达式，什么时候用表达式语句？

3. C 语言的输入输出功能是表达式语句吗？为什么？

4. 先将 x 的值加 1，然后把 x 和 y 的差赋给 z。若用一条 C 语句完成操作，写出相应的语句。

5. 设有定义语句：

```c
int k=-1;
```

则用%u 和%d 分别输出 k 的值时，输出结果分别是什么？为什么？

**四、编写程序题**

1. 输入两个整数 1 500 和 350，求出它们的商和余数并进行输出。

2. 读入 3 个双精度型浮点数，求它们的平均值并保留 1 位小数，对小数点后第 2 位数进行四舍五入，最后输出结果。

3. 读入 3 个整型数给 a、b、c，然后交换它们的值：把 a 中原来的值给 b，把 b 中原来的值给 c，把 c 中原来的值给 a。

4. 将 3 位整数的十位数的数字变为 0。例如，输入 3 位整数为 738，输出为 708。

5. 计算如图 3-3 所示圆周图形阴影部分的面积。其中圆半径为 $r$，正方形边长 $a=2r/3$。

6. 输入一个小写字母，输出其对应的大写字母。

7. 从键盘输入一个字符，在屏幕上显示出其前后相连的 3 个字符。

8. 已知 $x=1+\dfrac{1}{2!}+\dfrac{1}{3!}+\dfrac{1}{4!}$，$y=e^{\frac{\pi}{2}x}$，计算 $z=\dfrac{\ln(x^2+y)}{\sin^2(xy)+1}+32$。

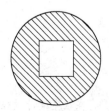

图 3-3　圆周图形

# 第 4 章　选择结构程序设计

在程序设计过程中，经常会遇到需要计算机进行逻辑判断的情况。例如，比较两个数的大小并输出判断结果；一元二次方程的求根问题，要根据判别式小于零或大于等于零的情况，采用不同的公式进行计算。对于这类问题，如果用顺序结构编程，显然力不从心，此时可以借助选择结构。C 语言有 if 选择结构语句和 switch 选择结构语句。本章介绍选择结构的程序设计方法。

## 4.1　条件的描述

选择结构又称为分支结构，它根据给定的条件是否成立，决定程序的运行路线，在不同的条件下，执行不同的操作。对于这类问题，首先涉及到如何表示条件。C 语言提供了关系运算和逻辑运算，用来构造程序控制中的条件，实现程序的选择结构和循环结构控制。

### 4.1.1　关系运算

**1. 关系运算符**

C 语言的关系运算符有：

<（小于）、<=（小于等于）、>（大于）、>=（大于等于）、==（等于）、!=（不等于）

关系运算符用于两个量的比较判断，表示一个条件。例如表达式 x>=7.8，如果 x 的值为 13.14，则 x>=7.8 条件满足；如果 x 的值为 0.0，则 x>=7.8 条件不满足。关系表达式的值是一个逻辑值：真或假。习惯称条件满足时，表达式值为真，条件不满足时表达式值为假。在 C 语言中，约定以 1（非 0）表示真，以 0 表示假。由于 C 语言中没有逻辑型数据，因此 C 语言规定用整型数据来表示逻辑值，即用整数值 1 表示逻辑真，用整数值 0 表示逻辑假。在 C 语言中，将非 0 视为真。

在上述 6 种关系运算符中前 4 种（<、<=、>、>=）的优先级高于后两种（==、!=）。另外，关系运算符的优先级低于算术运算符的优先级。例如：

```
a<b+c                          /*等价于 a<(b+c)*/
i!=j>=k                        /*等价于 i!=(j>=k)*/
```

**2. 关系表达式**

关系表达式是由关系运算符将两个表达式连接起来的式子。一般格式为：

表达式 1　关系运算符　表达式 2

关系表达式的结果为 1（真）或 0（假）。设有 i=1，j=2，k=3，则 i>j 的值为 0，i==k>j 的值为 1（先计算 k>j，其值为 1，等于 i 的值），i+j<=k 的值为 1。

在表达式中连续使用关系运算符时，要注意正确表达运算的含义，注意运算优先级和结合性。例如，变量 x 的取值范围为 0≤x≤20 时，不能写成 0<=x<=20，因为关系表达式 0<=x<=20 的运算过程是：按照优先级，先求出 0<=x 的结果，再将结果 1 或 0 作<=20 的判断，这样无论 x 取何值，最后表达式一定成立，结果一定为 1。这显然违背了原来的含义。此时，就要运用下面介绍的逻辑运算符进行连接，即应写为：

x>=0 && x<=20

## 4.1.2 逻辑运算

### 1. 逻辑运算符

C 语言的逻辑运算符有：

&&(逻辑与)、||(逻辑或)、!(逻辑非)

其中运算符 && 和 || 是双目运算符，要求有两个运算分量，用于连接多个条件，构成更复杂的条件。运算符!是单目运算符，用于对给定条件取非。逻辑运算产生的结果也是一个逻辑量：真或假，分别用 1 或 0 表示。

逻辑运算符中，!的优先级最高，其次是 &&，||的优先级最低。另外，&& 和 || 的优先级低于关系运算的优先级，!的优先级高于算术运算符的优先级。

### 2. 逻辑表达式

逻辑表达式是用逻辑运算符将逻辑量连接起来的式子。除!以外，&& 和 || 构成的逻辑表达式一般形式为：

p1 逻辑运算符 p2

其中 p1，p2 是两个逻辑量。

若逻辑运算符为 &&，则当连接的两个逻辑量全为真时，逻辑表达式取值为真，只要有一个为假，便取假值。若逻辑运算符为 ||，则当连接的两个逻辑量中只要有一个为真，逻辑表达式的值为真，只有两个逻辑量同时为假时，才产生假值。!是一个单目运算符，只作用于后面的一个逻辑量。它对后面的逻辑量取非，如果逻辑量为假，便产生真值，如果逻辑量为真，便产生假值。逻辑运算的功能可用如表 4-1 所示的真值表来表示。

**表 4-1 逻辑运算真值表**

| p | q | p&&q | p||q | !p |
|---|---|------|------|-----|
| 0 | 0 | 0 | 0 | 1 |
| 0 | 1 | 0 | 1 | 1 |
| 1 | 0 | 0 | 1 | 0 |
| 1 | 1 | 1 | 1 | 0 |

由于在 C 语言中，以 1（非 0）表示逻辑真，0 表示逻辑假，所以参与逻辑运算的分量也可以是其他类型的数据，以非 0 和 0 判定它们是真还是假。

在一个包含算术、关系、逻辑运算的表达式中，不同位置上出现的数值，应区分哪些是数值运算对象、哪些是关系运算和逻辑运算对象。例如：

```
2>1 && 4 && 7<3+!0
```

该表达式等效于((2>1) && 4) && (7<(3+(!0)))。表达式是从左至右计算：2 和 1 进行关系运算，2>1 的值为 1；接着进行 1 && 4 的逻辑运算，结果亦为 1；再往下进行 1 && 7<3+!0 的计算。根据优先次序，先进行!0 运算，结果为 1；再进行 3+1 运算，结果为 4；再进行 7<4 运算，结果为 0。最后进行 1 && 0 的运算，得到上述表达式的计算结果为 0。

### 3．逻辑运算的重要规则

逻辑与和逻辑或运算分别有如下性质：

（1）a&&b：当 a 为 0 时，不管 b 为何值，结果为 0。

（2）a‖b：当 a 为 1 时，不管 b 为何值，结果为 1。

C 语言利用上述性质，在计算连续的逻辑与运算时，若有运算分量的值为 0，则不再计算后继的逻辑与运算分量，并以 0 作为逻辑与算式的结果；在计算连续的逻辑或运算时，若有运算分量的值为 1，则不再计算后继的逻辑或运算分量，并以 1 作为逻辑或算式的结果。也就是说，对于 a&&b，仅当 a 为非零时，才计算 b；对于 a‖b，仅当 a 为 0 时，才计算 b。

例如，有下面的定义语句和逻辑表达式：

```
int a=0,b=10,c=0,d=0;
a&&b&&(c=a+10,d=100)
```

因为 a 为 0，无论 b&&(c=a+10,d=100)值为 1 或为 0，表达式 a&&b&&(c=a+10,d=100)值一定为 0。所以，b&&(c=a+10,d=100)部分运算不需要计算。该表达式运算完成后，c 和 d 值都不变，保持原值 0。

又如：

```
int a=5,b=10,c=0,d=0;
a&&b&&-(c=b*b,d=a/b)
```

表达式中的-(c=b*b,d=a/b)是第二个&&运算符的右操作数，若加上一对圆括号更清晰。所以，可写成：

```
a&&b&&(-(c=b*b,d=a/b))
```

因为 a、b 均为非 0，该逻辑运算表达式值还不能确定，(-(c=b*b,d=a/b))需要计算。该表达式运算完成后，其值为 0，c 为 100，d 为 0。

对于逻辑或运算，有下面的定义语句和逻辑表达式：

```
int a=1,b=10,c=0,d=0;
a||b||(c=a+10,d=100)
```

因为 a 为非 0，无论 b‖(c=a+10,d=100)值为 0 或为 1，表达式 a‖b‖(c=a+10,d=100)值都为 1。所以，表达式 b‖(c=a+10,d=100)不需要计算。该表达式运算完成后，c 和 d 值不变，保持原值 0。

又如：

```
int a=0,b=0,c=0,d=0;
a||b||(c=a+b,d=100)
```

因为 a、b 均为 0，该逻辑运算表达式值还不能确定，(c=a+b,d=100)需要计算。该表达式运算完成后，其值为 1，c 为 0，d 为 100。

在程序设计中，常用关系表达式和逻辑表达式表示条件。下面将通过具体示例来进行说明。

【例 4.1】写出下列条件：

（1）判断年份 year 是否为闰年。

（2）判断 ch 是否为小写字母。

（3）判断 m 能否被 n 整除。

（4）判断 a 是否为整数。

（5）判断 ch 既不是字母也不是数字字符。

条件 1：

我们知道，每 4 年一个闰年，但每 100 年少一个闰年，每 400 年又增加一个闰年。所以 year
年是闰年的条件可用逻辑表达式描述如下：

```
(year%4==0&&year%100!=0)||year%400==0
```

在 C 语言的逻辑表达式中，对一个数值不等于 0 的判断，可用其值本身代之。对于等于 0 的
判断，可用其值取非代之。上式判断 year 为闰年的逻辑表达式可简写为：

```
(!(year%4)&&year%100)||!(year%400)
```

条件 2：

考虑到字母在 ASCII 码表中是连续排列的，ch 中的字符是小写字母的条件可用逻辑表达式描
述如下：

```
ch>='a' && ch<='z'
```

条件 3：

m 能被 n 整除，即 m 除以 n 的余数为 0，故表示条件的表达式为：

```
m%n==0
```

或

```
m-m/n*n==0
```

条件 4：

a 是整数，即 a 取整后的值仍是 a 的值，故表示条件的表达式为：

```
(int)a==a
```

条件 5：

先写 ch 是字母（包括大写或小写字母）或数字字符的条件，然后将该条件取非，故表示条件
的表达式为：

```
!((ch>='A'&&ch<='Z')||(ch>='a'&&ch<='z')||(ch>='0'&&ch<='9'))
```

# 4.2　if 选择结构

选择结构是根据给定的条件成立或不成立，分别执行不同的语句，可分为单分支、双分支和
多分支选择结构。C 语言提供了实现选择结构的 if 和
switch 语句。本节介绍 if 选择结构程序设计的方法。

## 4.2.1　单分支 if 选择结构

单分支 if 选择结构的一般格式为：

```
if(表达式)
    语句
```

执行过程是：计算表达式的值，若值为非 0，则
执行语句，然后执行 if 语句的后继语句。若值为 0，
则直接执行 if 语句的后继语句。其执行过程如图 4-1
所示。

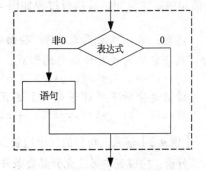

图 4-1　单分支 if 选择结构的执行过程

注意：

（1）if 后面的表达式必须用圆括号括起来。

（2）if 后面的表达式不限于是关系表达式或逻辑表达式，还可以是任意表达式。例如语句：

```
if ('B') printf("%d\n",'B');
```

是合法的，将输出大写字母 B 的 ASCII 码值 66。

【例 4.2】输入两个整数 a 和 b，按从大到小的顺序输出。

分析：前面介绍过交换两个整数 a 和 b 的算法。现在，可应用该算法来编写程序。如果 a<b，交换 a 和 b，否则不交换。

程序如下：

```
#include <stdio.h>
void main()
{
    int a,b,temp;
    printf("输入 a,b:");
    scanf("%d%d",&a,&b);
    if(a<b)                        /*若 a<b，交换 a 和 b。否则不交换*/
    {
        temp=a;
        a=b;
        b=temp;
    }
    printf("a=%d  b=%d\n",a,b);
}
```

程序运行结果如下：

```
输入 a,b:100 200✓
a=200  b=100
```

## 4.2.2 双分支 if 选择结构

双分支 if 选择结构的一般格式为：

```
if(表达式) 语句 1 else 语句 2
```

执行过程是：计算表达式的值，若值为非 0，则执行语句 1，否则执行语句 2，语句 1 或语句 2 执行后再执行 if 语句的后继语句。其执行过程如图 4-2 所示。

注意：表达式后面或 else 后面的语句若包含多个语句，应将它们写成复合语句的形式。例如：

```
if(i%2==1) {x=i/2;y=i*i;} else {x=i;y=i*i*i;}
```

请读者分析下列 if 语句与上述 if 语句的区别：

```
if(i%2==1) x=i/2,y=i*i; else x=i,y=i*i*i;
```

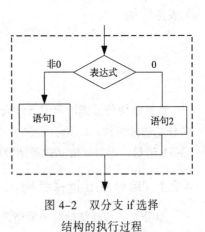

图 4-2　双分支 if 选择
结构的执行过程

【例 4.3】输入三角形的三个边长，求三角形的面积。

分析：构成三角形的充分必要条件是任意两边之和大于第三边，即

a+b>c,b+c>a,c+a>b

其中 a，b，c 是三角形的三个边长。

如果上述条件成立，则可按照海伦公式计算三角形的面积：

$$s=\sqrt{p(p-a)(p-b)(p-c)}$$

其中 $p=(a+b+c)/2$。

程序如下：

```c
#include <stdio.h>
#include <math.h>
void main()
{
    float a,b,c,p,s;
    printf("enter a,b,c:\n");
    scanf("%f,%f,%f",&a,&b,&c);
    if(a+b>c && a+c>b && b+c>a)
    {
        p=(a+b+c)/2;
        s=sqrt(p*(p-a)*(p-b)*(p-c));
        printf("a=%7.2f,b=%7.2f,c=%7.2f\n",a,b,c);
        printf("area=%7.2f\n",s);
    }
    else
    {
        printf("a=%7.2f,b=%7.2f,c=%7.2f\n",a,b,c);
        printf("input data error");
    }
}
```

程序运行结果如下：

```
enter a,b,c:  (第一次运行)
4,5,6↙
a=  4.00,b=  5.00,c=  6.00
area=  9.92
enter a,b,c:  (第二次运行)
3,1,5↙
a=  3.00,b=  1.00,c=  5.00
input dada error
```

程序运行时，选择结构的每一条分支不可能同时被执行，每次只能执行一个分支。所以在检查选择结构程序的正确性时，设计的原始数据应包括每一种情况，保证每一条分支都检查到。如例 4.3 中，第一次运行时，输入三边能构成一个三角形，求出其面积。第二次运行时，输入三边不能构成一个三角形，提示用户输入数据有误。

【例 4.4】输入 $x$，求对应的函数值。

$$y=\begin{cases} \ln\left(\sqrt{x^2+1}\right) & x\leqslant 0 \\ \sin x^3+|x| & x>0 \end{cases}$$

分析：可以看出，这是一个具有两个分支的分段函数，为了求函数值，可以采用双分支结构来实现。

程序如下：

```c
#include <stdio.h>
#include <math.h>
```

```
void main()
{
    float x,y;
    scanf("%f",&x);
    if(x<=0)
        y=log(sqrt(x*x+1));
    else
        y=sin(x*x*x)+fabs(x);
    printf("x=%f,y=%f\n",x,y);
}
```

还可以采用单分支结构来实现，程序如下：

```
#include <stdio.h>
#include <math.h>
void main()
{
    float x,y;
    scanf("%f",&x);
    if(x<=0)  y=log(sqrt(x*x+1));
    if(x>0)  y=sin(x*x*x)+fabs(x);
    printf("x=%f,y=%f\n",x,y);
}
```

第一个 if 语句可以不用，直接求函数值即可，程序可以改写成：

```
#include <stdio.h>
#include <math.h>
void main()
{
    float x,y;
    scanf("%f",&x);
    y=log(sqrt(x*x+1));
    if(x>0)  y=sin(x*x*x)+fabs(x);
    printf("x=%f,y=%f\n",x,y);
}
```

请思考，第二个 if 语句能否不用，即程序能否改写成如下形式，并分析原因。

```
#include <stdio.h>
#include <math.h>
void main()
{
    float x,y;
    scanf("%f",&x);
    if(x<=0)  y=log(sqrt(x*x+1));
    y=sin(x*x*x)+fabs(x);
    printf("x=%f,y=%f\n",x,y);
}
```

## 4.2.3　多分支 if 选择结构

多分支 if 选择结构的一般格式为：

```
if(表达式1)
    语句1
else if(表达式2)
    语句2
```

```
else if(表达式3)
   语句3
   …
else if(表达式m)
   语句m
else
   语句n
```

执行过程是：多分支选择结构的执行过程如图 4-3 所示。当表达式 1 的值为非 0 时，执行语句 1。否则判断表达式 2 的值是否为 0，非 0 时，执行语句 2，否则处理表达式 3，依此类推。若表达式的值都为 0，则执行 else 后面的语句 n。

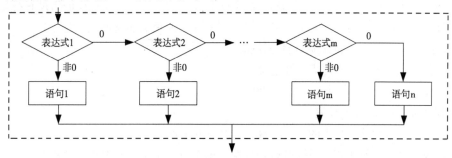

图 4-3　多分支 if 选择结构的执行过程

**注意：**

（1）不管有几个分支，程序执行完一个分支后，其余分支将不再执行。请思考，当表达式 1 和表达式 2 都为非 0 时，语句的执行路线如何？

（2）else if 不能写成 elseif，也就是 else 与 if 之间要有空格。

【例 4.5】输入一个字符，若为大写字母，则输出其后继字符，若为小写字母，则输出其前驱字符，若为其他字符则原样输出。

分析：程序分为 3 个分支，可以用 3 个单分支结构实现，也可以用多分支 if 选择结构实现。多分支结构的程序如下：

```
#include <stdio.h>
void main()
{
   char c;
   c=getchar();
   if(c>='A'&& c<='Z')
      putchar(c+1);              /*输出后继字符*/
   else if(c>='a'&&c<='z')
      putchar(c-1);              /*输出前驱字符*/
   else
      putchar(c);               /*输出原字符*/
}
```

### 4.2.4　if 选择结构的嵌套

if 语句中可以再嵌套 if 语句。C 语言规定，在嵌套的 if 语句中，else 子句总是与前面最近的、不带 else 的 if 相结合。例如，有以下形式的 if 语句：

（1）if(表达式1)
　　　　if(表达式2) 语句 1 else 语句 2

（2）if(表达式1)

　　{ if(表达式2) 语句1 else 语句2 }

（3）if(表达式1)

　　{ if(表达式2) 语句1 }

　else 语句2

（1）和（2）是等价的，else 与第二个 if 配对。（3）将没有 else 对应的内嵌 if 语句写成复合语句，else 与第一个 if 配对。

为了使嵌套层次清晰明了，在程序的书写上常常采用缩排格式，即不同层次的 if...else 出现在不同的缩排级上，但是 if...else 的匹配与缩排格式无关。由于 C 语言的 if 语句没有终端语句，所以在 if 嵌套的情况下要特别注意 else 和 if 的配对关系，避免引起逻辑上的混乱。

【例4.6】硅谷公司员工的工资计算方法如下：

（1）工作时数超过 120 小时者，超过部分加发 15%。

（2）工作时数低于 60 小时者，扣发 700 元。

（3）其余按每小时 84 元计发。

输入员工的工号和该号员工的工作时数，计算应发工资。

分析：为了计算应发工资，首先分两种情况，即工时数小于等于 120 小时和大于 120 小时。工时数超过 120 小时时，实发工资有规定的计算方法。而工时数小于等于 120 小时时，又分为大于 60 和小于等于 60 两种情况，分别有不同的计算方法。所以程序分为 3 个分支，即工时数>120、60<工时数≤120 和工时数≤60，可以用多分支 if 结构实现，也可以用 if 的嵌套实现。

if 嵌套的程序如下：

```c
#include <stdio.h>
void main()
{
    int gh,gs,gz;
    scanf("%d%d",&gh,&gs);
    if (gs>120)
        gz=gs*84+(gs-120)*84*0.15;
    else
        if (gs>60)
            gz=gs*84;
        else
            gz=gs*84-700;
    printf("%d号职工应发工资%d\n",gh,gz);
}
```

【例4.7】根据键盘输入的 3 个数，找出最大数并输出。

分析：在例 1.2 中介绍过求 10 个数中最大数的算法。这里是求 3 个数中的最大数，具体方法是，输入 3 个数到 x、y、z 后，先假定第一个数是最大数，即将 x 送到 max 变量，然后将 max 分别和 y、z 比较，两次比较后，max 的值即为 x、y、z 中的最大数。这里用嵌套的 if 结构来实现，先看下面的程序：

```c
#include <stdio.h>
void main()
{
    float x,y,z,max;
    printf("Enter 3 real numbers x,y,z:\n");
```

```
    scanf("%f,%f,%f",&x,&y,&z);
    max=x;
    if(z>y)
       if(z>x)
          max=z;
    else
       if (y>x)
          max=y;
    printf("The max is %f\n",max);
}
```

程序的一次运行情况为：

```
Enter 3 real numbers x,y,z:
11.7,26.7,23.9✓
The max is 11.700000
```

可以看出程序的运行结果是错的，那么为什么会出现错误结果呢？从书写形式上看，似乎 else 应与第一个 if 配对，即满足如图 4-4（a）所示的逻辑关系。实际上，C 语言规定：当 if 没有与它配对的其他 else 时，else 总是与离自己最近的 if 配对。本程序段中，else 与第二个 if 配对，它所描述的逻辑关系应该是图 4-4（b）。

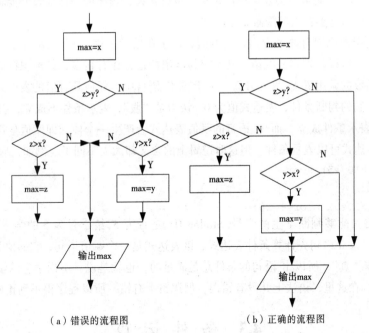

（a）错误的流程图　　　　　　　　　　（b）正确的流程图

图 4-4　嵌套 if 结构算法流程图

正确的程序如下：

```
#include <stdio.h>
void main()
{
    float x,y,z,max;
    printf("Enter 3 real numbers x,y,z:\n");
    scanf("%f,%f,%f",&x,&y,&z);
    max=x;
    if(z>y)
```

```
{                           /*相对于出错程序，这里加了花括号*/
    if(z>x)
        max=z;
}
else
{
    if(y>x)
        max=y;
}
printf("The max is %f\n",max);
}
```

程序中嵌套使用了 if 语句，有的是 if...else 结构形式，有的没有 else。如果一个分支内只是一个 if 语句，有时可以省略表示该分支的花括号，但要特别注意 if 和 else 语句的配对关系。为避免混淆，必要时加上花括号。

### 4.2.5　容易混淆的等于运算符和赋值运算符

这是 C 语言程序设计中极易出错的一个问题，有必要单独提出来讲述。把等于运算符 == 和赋值运算符 = 交换使用，通常不会发生语法错误，也就是说，程序能编译通过并能运行，但运算结果往往不正确，所以这类错误较隐蔽，不易被发现。

出现这种错误的原因有两个方面。一方面，由于在数学上用"="表示等于，这一点许多人已经习以为常了，所以特别容易混淆（其实容易混淆的地方还很多，如标识符的定义、表达式的书写、标准函数的调用等）。另一方面，由于在 C 语言中，任何具有值的表达式都可以作为选择控制或循环控制的判断条件，表达式值为 0，认为是"假"，表示条件不成立，表达式值为非 0，认为是"真"，表示条件成立，而 C 语言的赋值表达式会产生一个值，即赋值运算符左边变量的值，所以赋值表达式可以表示条件。但这时逻辑上的含义却大大不同了。例如，假定把语句：

```
if(StudentID==5) score+=20;
```

不小心写成：

```
if(StudentID=5) score+=20;
```

第一条 if 语句能够判断学生的学号（StudentID）是否为 5，给学号为 5 的学生的成绩（score）加 20 分，而第二条 if 语句先计算条件表达式，该表达式是一个赋值语句，它的值为 5。因为任何非 0 值都被当作"真"，所以 if 语句的条件总是满足的，也就是说，不论学生的学号是多少，他总可以加 20 分。在这里，语法上并没有错误，但逻辑上有错，所以程序得不到正确结果。

## 4.3　条　件　运　算

条件运算是 C 语言中唯一的一个三目运算，有 3 个运算分量。它的一般形式为：

表达式 1?表达式 2:表达式 3

条件运算的运算规则是先求表达式 1 的值，如果表达式 1 的值非 0（真），则求表达式 2，并以表达式 2 的值为条件运算的结果（不再计算表达式 3）。如果表达式 1 的值为 0（假），则求表达式 3，并以表达式 3 的值为条件运算的结果（不再计算表达式 2）。例如：

```
x>y?x:y
```

如果 x>y 条件为真，则条件运算取 x 的值，否则取 y 的值。

条件运算的优先级高于赋值运算，但低于关系运算、逻辑运算和算术运算。例如：

```
max=x>y?x:y+1
```

等价于：

```
max=((x>y)?x:(y+1))
```

条件运算符的结合性为从右至左。当多个条件表达式嵌套使用时，每个后续的"："总与前面最近的、没有配对的"？"相联系。例如：

```
x>y?x:u>v?u:v
```

等价于：

```
x>y?x:(u>v?u:v)
```

使用条件表达式可以使程序简洁明了。例如，赋值语句 z=a>b?a:b 中使用了条件表达式，很简洁地表示了判断变量 a 与 b 的最大值并赋给变量 z 的功能。所以，使用条件表达式可以简化程序。

另外，条件运算的 3 个运算分量的数据类型可以各不相同。例如：

```
i?'a':'A'
```

i 是整型变量，若 i 的值非 0，则条件表达式的值为 a，否则条件表达式的值为 A。又如：

```
i>j?20:31.5
```

当条件运算中，表达式 2 与表达式 3 的类型不一致时，C 语言约定在表达式 2 与表达式 3 中，类型低的向类型高的转换。因此，上式当 i>j 时，条件表达式的值为 20.0，否则为 31.5。

【例 4.8】生成 3 个随机整数，输出其中最大的数。

这里用条件表达式来实现，程序如下：

```
#include <stdio.h>
void main()
{
    float x,y,z,max;
    x=rand();                        /*产生随机整数*/
    y=rand();
    z=rand();
    max=x>y?x:y;
    max=max>z?max:z;
    printf("x=%d,y=%d,z=%d\n",x,y,z);
    printf("max=%d\n",max);
}
```

例 4.7 和例 4.8 中介绍了求 3 个数中的最大数的实现方法，可以选择单分支、多分支、if 结构嵌套和条件表达式来实现，这说明了程序实现方法的多样性，需要不断进行分析和总结，以选择最简洁、效率最高的实现方法。

# 4.4　switch 多分支选择结构

尽管用 if...else if 结构或嵌套的 if 语句可以实现多分支，但当分支较多时，程序在结构上不够精巧。C 语言提供了一个更为方便的实现多分支结构的语句 switch，一般格式为：

```
switch(表达式)
{
    case 常量表达式 1:语句 1;break;
    case 常量表达式 2:语句 2;break;
    …
```

```
case 常量表达式 m:语句 m;break;
    default:语句 n;break;
}
```

其中，switch 后面的表达式和 case 后面的常量表达式一般是整型或字符型。

执行过程是：当表达式的值与某一个 case 后面的常量表达式的值相等时，就执行此 case 后面的语句并继续执行下一个 case 后面的语句，直至 switch 语句结束。若所有 case 中的常量表达式的值都不与表达式的值匹配，则执行 default 后面的语句，如图 4-5 所示。

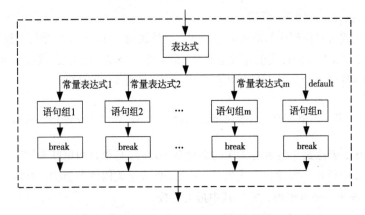

图 4-5　switch 多分支选择结构的执行过程

（1）每一个 case 后的常量表达式的值应当互不相同，但不同的常量表达式可以共用一个语句。例如，有 switch 语句：

```
switch(k)
{
    case 1:
    case 2:printf("AAA\n");break;
    case 3:
    case 4:
    case 5:printf("BBB\n");
}
```

当 k=1 或 2 时，均输出：

```
AAA
```

当 k=3，4，5 时，均输出：

```
BBB
```

（2）为了在执行某个 case 分支后，使流程跳出 switch 结构，即终止 switch 语句的执行，总是将 break 语句与 switch 语句一起使用，即把 break 语句作为每个 case 分支的最后一条语句,当执行到 break 语句时，使流程跳出本条 switch 语句，转去执行 switch 语句的后继语句。如果不使用 break 语句，则一旦进入某个 case 后面的语句，就由此开始顺序执行后面各 case 语句。例如，有 switch 语句：

```
switch (grade)
{
    case 'A':printf("Very good\n");
    case 'B':printf("Good\n");
    case 'C':printf("Bad\n");
    default :printf("Very bad\n");
}
```

执行时，若 grade 的值为'B'，则输出：

Good
Bad
Very bad

（3）switch 语句体中可以不包含 default 分支，而且 default 分支并不限定在最后，但会影响执行结果。例如上述 switch 语句中，若将 default 分支放在 case 'C'分支之前，则 grade 的值为'B'时，将连续输出：

Good
Very bad
Bad
grade 的值为'C'时，将输出：
Bad
grade 的值为'D'时，将输出：
Very bad
Bad

【例 4.9】输入两个运算量和一个运算符，完成加、减、乘、除运算，输出运算结果。

分析：本例利用 switch 语句实现，加、减、乘、除运算有 4 个分支，default 分支提示输入的运算符有误。当进行除法运算时，要注意避免除数为 0 的情况，这时应给出相应的提示。

程序如下：

```
#include <stdio.h>
void main()
{
    float x,y,z;
    char ch;
    printf("Enter an operator(+,-,*,/):\n");
    ch=getchar();
    printf("Enter two numbers:");
    scanf("%f,%f",&x,&y);
    switch(ch)
    {
        case '+':z=x+y;printf("x+y=%f",z);break;
        case '-':z=x-y;printf("x-y=%f",z);break;
        case '*':z=x*y;printf("x*y=%f",z);break;
        case '/':if (y==0) printf("division by zero\n");
            else { z=x/y;printf("x/y=%f",z);} break;
        default:printf("The error operator");
    }
}
```

## 4.5　选择结构程序举例

选择结构是程序设计中很重要的结构，为了加深理解，为后面进一步学习打好基础，下面再举几个例子。

【例 4.10】输入一个整数，判断它是否为水仙花数。所谓水仙花数，是指这样的一些 3 位整数：各位数字的立方和等于该数本身，例如 153。

分析：关键的一步是先分别求 3 位整数个位、十位、百位数字，再根据条件判断该数是否为水仙花数。

程序如下：

```
#include <stdio.h>
void main()
{
    int x,a,b,c;
    scanf("%d",&x);
    a=x%10;                          /*求个位数字*/
    b=(x/10)%10;                     /*求十位数字*/
    c=x/100;                         /*求百位数字*/
    if(x==a*a*a+b*b*b+c*c*c)
        printf("%d 是水仙花数\n",x);
    else
        printf("%d 不是水仙花数\n",x);
}
```

【例 4.11】编写一个菜单程序，用以完成数制转换。

（1）输入 1，将十进制转换为十六进制。

（2）输入 2，将十六进制转换为十进制。

（3）输入 3，将十进制转换为八进制。

（4）输入 4，将八进制转换为十进制。

分析：菜单程序先要显示菜单项，然后提示用户选择不同的菜单项，再根据用户的选择转去执行不同的操作，这里要用到多分支选择结构。

用多分支 if 结构的程序如下：

```
#include <stdio.h>
void main()
{
    int choice,value;
    printf("\n1 to convert decimal into hex\n");
    printf("2 to convert hex into decimal\n");
    printf("3 to convert decimal into octal\n");
    printf("4 to convert octal into decimal\n");
    printf("Please input your choice:");
    scanf("%d",&choice);
    if(choice==1)
    {
        printf("Please input a decimal number:");
        scanf("%d",&value);
        printf("%d be converted into a hex as %x.\n",value,value);
    }
    else if(choice==2)
    {
        printf("Please input a hex number:");
        scanf("%x",&value);
        printf("%x be converteded into a decimal number as %d.\n",value,value);
    }
    else if(choice==3)
    {
        printf("Please input a decimal number:");
```

```
        scanf("%d",&value);
        printf("%d be converted into an octal number as %o.\n",value,value);
    }
    else
    {
        printf("Please input an octal number:");
        scanf("%o",&value);
        printf("%o be converteded into a decimal number as %d.\n",value,value);
    }
}
```

此题的程序用 switch 语句来实现也是十分方便的，程序请读者自行完成。

【例 4.12】求一元二次方程 $ax^2+bx+c=0$ 的根。

分析：一元二次方程根和系数的关系可归纳如下。

（1）当 $a\neq0$ 时，方程有两个根 $root_1$、$root_2$。

① 当 $\Delta=b^2-4ac\geq0$ 时，方程有两个实根。

② 当 $\Delta=b^2-4ac<0$ 时，方程有一对共轭复根。

计算公式：

$$root_{1,2}=\begin{cases}\dfrac{-b\pm\sqrt{\Delta}}{2a}, & \Delta\geq0 \\[2mm] \dfrac{-b\pm\sqrt{-\Delta}i}{2a}, & \Delta<0\end{cases}$$

**注意**：在计算实根时，若 $b^2\gg4ac$，则 $\Delta\approx b^2$，当 $b>0$ 时，$\dfrac{-b+\sqrt{\Delta}}{2a}$ 的值接近于零，而 $\dfrac{-b-\sqrt{\Delta}}{2a}$ 的值的绝对值就大；当 $b<0$ 时，$\dfrac{-b-\sqrt{\Delta}}{2a}$ 的值接近于零，而 $\dfrac{-b+\sqrt{\Delta}}{2a}$ 的值的绝对值就大。在数值计算中，由于两个非常接近的数相减会影响精度，因此接近于零的那个根的精度受到影响，为避免这种情况，可先计算绝对值大的根，然后用下面的公式计算较小的根：

$$较小的根=\dfrac{c}{a\times较大的根}$$

（2）当 $a=0$ 时，若 $b\neq0$，则方程退化为 $bx+c=0$，仅有一个实根 $-c/b$。若 $b=0$，则方程无意义。

程序如下：

```
#include <stdio.h>
#include  <math.h>
void main()
{
    double a,b,c,delta,re,im,root1,root2;
    printf("Input a,b,c\n");
    scanf("%lf%lf%lf",&a,&b,&c);
    if(a!=0.0)                      /*有两个根*/
    {
        delta=b*b-4.0*a*c;          /*求判别式*/
        re=-b/(2.0*a);
```

```
        im=sqrt(fabs(delta))/(2.0*a);
        if(delta>=0.0)                      /*有两个实根, 先求绝对值大的根*/
        {
            root1=re+(b<0.0?im:-im);
            root2=c/(a*root1);
            printf("The roots are: %7.5f,%7.5f\n",root1,root2);
        }
        else                                /*求两个复根*/
            printf("The roots are complex %7.5f+%7.5fi and %7.5f-%7.5fi\n",
            re,fabs(im),re,fabs(im));
    }
    else                                    /*当 a=0.0 时*/
        if(b!=0.0)
            printf("Single root is %7.5f\n",-c/b);
        else
            printf("The equation is defenerate.\n");
}
```

程序运行结果如下:

```
Input a,b,c           (第一次运行)
1 2 1↙
The roots are: -1.00000,-1.00000
Input a,b,c           (第二次运行)
2 6 1↙
The roots are: -2.82288,-0.17712
Input a,b,c           (第三次运行)
1 2 3↙
The roots are complex -1.00000+1.41421i and -1.00000-1.41421i
```

【例 4.13】输入年月, 求该月的天数。

分析: 用 year、month 分别表示年、月, day 表示每月的天数。注意到以下两点。

（1）每年的 1、3、5、7、8、10、12 月, 每月有 31 天; 4、6、9、11 月, 每月有 30 天; 2 月闰年有 29 天, 平年有 28 天。

（2）年份能被 4 整除, 但不能被 100 整除, 或者能被 400 整除的年均是闰年。

程序如下:

```
#include <stdio.h>
void main()
{
    int year,month,day;
    scanf ("%d,%d",&year,&month);
    switch (month)
    {
        case 1:
        case 3:
        case 5:
        case 7:
        case 8:
        case 10:
```

```
        case 12:day=31;break;
        case 4:
        case 6:
        case 9:
        case 11:day=30;break;
        case 2:if((year%4==0&&year%100!=0)||year%400==0)day=29; else day=30;
    }
    printf("%d,%d,%d\n",year,month,day);
}
```

**【例 4.14】** 计算分段函数值。

$$y = \begin{cases} 2x & x < 2 \\ 10 - 3x & 2 \leqslant x \leqslant 20 \\ 1 - \sin x & x > 20 \end{cases}$$

分析：显然可以采用 if 多分支选择结构来编写程序。下面采用 switch 多分支选择结构来实现，关键是如何构造 switch 语句的表达式。

构造表达式如下：

```
1*(x<2)+2*(x>=2&&x<=20)+3*(x>20)
```

由于关系表达式和逻辑表达式的值只能为 1 或 0，所以可以当 $x$ 属于第 1 个分支（即 $x<2$）时，表达式的值为 1；当 $x$ 属于第 2 个分支（即 $2 \leqslant x \leqslant 20$）时，表达式的值为 2；当 $x$ 属于第 3 个分支（即 $x>20$）时，表达式的值为 3。于是以该表达式作为 switch 语句的表达式，用 switch 语句实现多分支结构，程序如下：

```
#include <stdio.h>
#include <math.h>
void main()
{
    float x,y;
    int selection;
    printf("输入 x=");
    scanf("%f",&x);
    selection=(int)(1*(x<2)+2*(x>=2&&x<=20)+3*(x>20));
    switch (selection)
    {
        case 1:y=2*x; break;
        case 2:y=10-3*x; break;
        case 3:y=(float)(1.0-sin(x));
    }
    printf("y=%0.5f\n",y);
}
```

程序运行结果如下：

```
输入 x=-3↙
y=-6.00000
输入 x=10↙
y=-20.00000
输入 x=25↙
y=1.13235
```

# 本 章 小 结

1. 根据某种条件的成立与否而采用不同的程序段进行处理的程序结构称为选择结构。选择结构又可分为单分支、双分支和多分支 3 种情况。一般采用 if 语句实现单分支、双分支或多分支结构程序，用 switch 和 break 语句实现多分支结构程序。虽然用嵌套 if 语句也能实现多分支结构程序，但用 switch 和 break 语句实现的多分支结构程序更加简洁明了。

2. if 语句条件表达式的书写非常灵活，通常用关系表达式或逻辑表达式表示，也可以用一般表达式表示。因为表达式的值非 0 为 "真"，0 为 "假"。所以具有值的表达式均可作 if 语句的控制条件。要特别注意区分赋值运算符 = 和关系等于运算符 == ，不要混淆。请分析以下两个语句的差异：

```
if(x=x%2*2) y=100;
if(x==x%2*2) y=100;
```

3. 逻辑运算表达式可以表示更复杂的条件，在其求值过程中，并不是所有的运算都一一计算，而是当表达式值已能确定时，其右部的运算就不再进行。

（1）a&&b&&c：只有 a 为真（非 0）时，才需要判别 b 的值，只有 a 和 b 都为真的情况下才需要判别 c 的值。对 && 运算符，只有 a 非 0 时，才继续进行右面的运算。

（2）a‖b‖c：只有 a 为假（0）时，才需要判别 b 的值，只有 a 和 b 都为假的情况下才需要判别 c 的值。对 ‖ 运算符，只有 a 为 0 时，才继续进行其右面的运算。

4. if 语句有各种形式，要注意其书写格式，理解其执行过程。表示条件的表达式一定要加括号。当语句 1 或语句 2 含有多个语句时，一定要写成复合语句。

5. 采用嵌套 if 语句还可以实现较为复杂的多分支结构程序。在嵌套 if 语句中，一定要弄清楚 else 与哪个 if 结合。C 语言规定，else 与其前最近的同一复合语句的不带 else 的 if 结合。书写嵌套 if 语句往往采用缩进的阶梯式写法，目的是便于看清 else 与 if 结合的逻辑关系，但这种写法并不能改变 if 语句的逻辑关系。

6. 如果 if 语句的两个分支都是赋值语句，且是给同一个变量赋值的语句，可以用条件运算符来代替 if 语句。条件运算符需要 3 个操作对象。用条件运算符组成的表达式称为条件表达式，其格式为：

表达式 1? 表达式 2：表达式 3

当表达式 1 为非 0 时，以表达式 2 的结果作为条件表达式的结果；当表达式 1 为 0 时，以表达式 3 的结果为条件表达式的结果。条件运算符的结合方向为从右至左。

7. 使用 switch 语句的困难在于构造其中的表达式。switch 后的表达式的类型常用 int 或 char。case 后的常量表达式类型一定与表达式类型匹配；case 后常量表达式的值必须互不相同；case 和 default 出现次序不影响执行结果，default 子句可以省略。

switch 语句只有与 break 语句相结合，才能设计出正确的多分支结构程序。break 语句能终止执行它所在的 switch 语句。虽然用 switch 语句和 break 语句实现的多分支结构程序可读性好，逻辑关系一目了然。

case 子句后如没有 break 语句，将顺序向下执行各 case 子句的语句。

# 习　　题

## 一、选择题

1. 语句 printf("%d",(a=2)&&(b=-2));的输出结果是（　　　）。

  A. 无输出      B. 结果不确定      C. -1        D. 1

2. 当 c 的值不为 0 时，在下列选项中能正确将 c 的值赋给变量 a，b 的是（　　　）。

  A. c=b=a;      B. (a=c) || (b=c);    C. (a=c) && (b=c);    D. a=c=b;

3. 能正确表示 a 和 b 同时为正或同时为负的逻辑表达式是（　　　）。

  A. (a>=0 || b>=0) && (a<0 || b<0)       B. (a>=0&&b>=0) && (a<0 && b<0)

  C. (a+b>0) && (a+b<=0)           D. a*b>0

4. 设有定义"int x=1,y=1;"，表达式(!x||y--)的值是（　　　）。

  A. 0       B. 1        C. 2        D. -1

5. 有如下程序段：

```
int a=14,b=15,x;
char c='A';
x=(a&&b)&&(c<'B');
```

  执行该程序段后，x 的值为（　　　）。

  A. ture      B. false       C. 0        D. 1

6. 设 x、y、t 均为 int 型变量，则执行语句 x=y=3;t=++x||++y;后，y 的值为（　　　）。

  A. 不定值     B. 4        C. 3        D. 1

7. 若变量 c 为 char 类型，能正确判断出 c 为小写字母的表达式是（　　　）。

  A. 'a'<=c<='z'           B. (c>='a')||(c<='z')

  C. ('a'<=c)and('z'>=c)        D. (c>='a')&&(c<='z')

8. 假定 w、x、y、z、m 均为 int 型变量，有如下程序段：

```
w=1; x=2; y=3; z=4;
m=(w<x)?w:x;
m=(m<y)?m:y;
m=(m<z)?m:z;
```

  则该程序运行后，m 的值是（　　　）。

  A. 4       B. 3        C. 2        D. 2

9. 已有定义"int x=3,y=4,z=5;"，则表达式!(x+y)+z-1 && y+z/2 的值是（　　　）。

  A. 6       B. 0        C. 2        D. 1

10. 与 y=(x>0?1:x<0?-1:0);的功能相同的 if 语句是（　　　）。

  A. if (x>0) y=1;          B. if (x)

     else if (x<0) y=-1;          if (x>0) y=1;

     else y=0;              else if (x<0) y=-1;

                     else y=0;

  C. y=-1            D. y=0;

     if (x)             if (x>=0)

      if (x>0) y=1;           if (x>0) y=1;

      else if (x==0) y=0;          else y=-1;

      else y=-1;

11. 以下程序（　　　）。

```
#include <stdio.h>
void main()
{
    int a=5,b=0,c=0;
    if (a=b+c) printf("***\n");
    else printf("$$$\n");
}
```

A. 有语法错不能通过编译

B. 可以通过编译但不能通过连接

C. 输出***

D. 输出$$$

12. 以下 if 语句语法正确的是（　　　）。

A. if (x>0)

　　printf("%f",x)

　　else printf("%f",−x);

B. if (x>0)

　　{ x=x+y; printf("%f",x);}

　　else printf("%f",−x);

C. if (x>0)

　　{ x=x+y; printf("%f",x);};

　　else printf("%f",−x);

D. if (x>0)

　　{ x=x+y; printf("%f",x) }

　　else printf("%f",−x);

13. 若有定义 "float w;int a,b;"，则合法的 switch 语句是（　　　）。

A. switch(w)

　　{

　　　case 1.0: printf("*\n");

　　　case 2.0: printf("**\n");

　　}

B. switch(a);

　　{

　　case 1 printf("*\n");

　　case 2 printf("**\n");

　　}

C. switch(b)

　　{

　　　case 1:printf("*\n");

　　　default:printf("\n");

　　　case 1+2:printf("**\n");

　　}

D. switch(a+b);

　　{

　　case 1:printf("*\n");

　　case 2:printf("**\n");

　　default: printf("\n");

　　}

14. 有以下程序：

```
#include <stdio.h>
void main()
{
    int a=15,b=21,m=0;
    switch(a%3)
    {
        case 0:m++;break;
        case 1:m++;
        switch(b%2)
        {
            default:m++;
            case 0:m++;break;
```

```
        }
    }
    printf("%d\n",m);
}
```
程序运行后的输出结果是（　　　　）。

A. 1　　　　　　　　　B. 2　　　　　　　　　C. 3　　　　　　　　　D. 4

## 二、填空题

1. 条件 20<x<30 或 x<-100 的 C 语言表达式是_____。

2. 若 x 为 int 类型，以最简单的形式写出与逻辑表达式!x 等价的 C 语言关系表达式为_____。

3. 设整型变量 m、n、a、b、c、d 的值均为数值 1，表达式(m=a>b)&&(n=c>b)运算后，m、n 的值分别是_____。

4. 以下程序段运行后，y 的值是_____。
```
int a=0,y=10;
if(a=0) y--;
else if (a>0) y++;
else y+=y;
```

5. 下列程序段的输出结果是_____。
```
int n='c';
switch(n++)
{
    default: printf("error");break;
    case 'a':
    case 'A':
    case 'b':
    case 'B':printf("good");break;
    case 'c':
    case 'C':printf("pass");
    case 'd':
    case 'D':printf("warn");
}
```

6. 若从键盘输入 58，则以下程序输出的结果是_____。
```
#include <stdio.h>
void main()
{
    int a;
    scanf("%d",&a);
    if(a>50) printf("%d",a);
    if(a>40) printf("%d",a);
    if(a>30) printf("%d",a);
}
```

7. 以下程序输出的结果是_____。
```
#include <stdio.h>
void main()
{
    int a=5,b=4,c=3,d;
    d=(a>b>c);
    printf("%d\n",d);
}
```

8. 若有以下程序：

```c
#include <stdio.h>
void main()
{
    int p,a=5;
    if(p=a!=0)
        printf("%d\n",p);
    else
        printf("%d\n",p+2);
}
```

执行后输出结果是＿＿＿＿。

9. 以下程序运行后的输出结果是＿＿＿＿。

```c
#include <stdio.h>
void main()
{
    int p=30;
    printf("%d\n",(p/3>0?p/10:p%3));
}
```

10. 以下程序运行后的输出结果是＿＿＿＿。

```c
#include <stdio.h>
void main()
{
    int a=1,b=3,c=5;
    if(c=a+b)printf("yes\n");
    else printf("no\n");
}
```

## 三、写出程序的运行结果

1. 
```c
#include <stdio.h>
void main()
{
    int a;
    scanf("%d",&a);
    if(a++>5)
        printf("1.a=%d\n",--a);
    else
        printf("2.a=%d\n",a--);
    printf("3. a=%d\n",a);
}
```

输入 a 的值为 4。

2. 
```c
#include <stdio.h>
void main(void)
{
    int x,y=-2,z;
    if((z=y)<0) x=4;
    else if(y==0) x=5;
    else x=6;
    printf("\t%d\t%d\n",x,z);
}
```

```
    if(z=(y==0))  x=5;
    x=4;
    printf("\t%d\t%d\n",x,z);
    if(x=z=y)  x=4;
    printf("\t%d\t%d\n",x,z);
}
```

3. 
```
#include <stdio.h>
void main()
{
    int n,a=0,b=0;
    printf("输入n:");
    scanf("%d",&n);
    switch (n)
    {
        default: a+=n,b-=n;
        case 0:b++;
        case 1:a++;
        case 2:a++,b++;
    }
    printf("a=%d b=%d\n",a,b);
}
```
输入 n 的值为 0，1，2，3。

4. 
```
#include <stdio.h>
void main()
{
    int x=1,y=0,a=3,b=2;
    switch (x)
    {case 1:
        switch(y)
        {
            case 0:a++;break;
            case 1:b++;break;
        }
    case 2:a++;b++;break;
    case 3:a++;b++;
    }
    printf("a=%d,b=%d\n",a,b);
}
```

## 四、编写程序题

1. 输入一个字符，若为数字字符，则输出对应的数值，否则原样输出。

2. 输入一个整数，若为奇数则输出其平方根，否则输出其立方根。

3. 输入整数 $x$、$y$ 和 $z$，若 $x^2+y^2+z^2$ 大于 1000，则输出 $x^2+y^2+z^2$ 千位以上的数字，否则输出 3 数之和。

4. 输入一位学生的生日（y0 表示年份、m0 表示月份、d0 表示日），并输入当前的日期（y1 表示年份、m1 表示月份、d1 表示日），输出该学生的实际年龄。

5. 对 $n$（$n>0$）个学生进行分班，每班 $k$（$k>0$）个人，最后不足 $k$ 人也编一个班，问要编几个班？用条件表达式实现，若 $n\%k$ 为 0，则班数为 $n/k$，否则班数为 $n/k+1$。

6. 某运输公司在计算运费时，按运输距离（s）对运费打一定的折扣（d），其标准如下：

s<250　　　　　　　　没有折扣
250≤s<500　　　　　　2.5%折扣
500≤s<1 000　　　　　4.5%折扣
1 000≤s<2 000　　　　7.5%折扣
2 000≤s<2 500　　　　9.0%折扣
2 500≤s<3 000　　　　12.0%折扣
s≥3 000　　　　　　　15.0%折扣

输入基本运费 price，货物重量 weight，距离 s，计算总运费 freight。总运费的计算公式为：

freight=price*weight*$s$*(1-$d$)

其中 $d$ 为折扣，由距离 s 根据上述标准求得。

# 第 **5** 章　循环结构程序设计

　　循环结构的基本思想是重复，即利用计算机运算速度快以及能进行逻辑控制的特点，重复执行某些语句，以满足大量的计算要求。当然这种重复不是简单机械地重复，每次重复都有其新的内容。也就是说，虽然每次循环执行的语句相同，但语句中一些变量的值是变化的，而且当循环到一定次数或满足条件后能结束循环。循环是计算机解题的一个重要特征，也是程序设计的一种重要技巧。C语言提供了3种用于实现循环结构的语句：while语句、do...while语句和for语句，本节介绍这些语句以及循环结构的程序设计方法。

## 5.1　while 循环结构

　　while 循环结构就是通过判断循环条件是否满足来决定是否继续循环的一种循环结构，也称为条件循环。它的特点是先判断循环条件，条件满足时执行循环。

### 5.1.1　while 语句的格式

　　while 语句的一般格式为：

```
while(表达式)
    语句
```

　　while 语句中的表达式表示循环的条件，可以是任何表达式，常用的是关系表达式和逻辑表达式。表达式必须加圆括号。语句是重复执行的部分，称作循环体。

　　while 语句的执行过程是：先计算表达式的值，如果值为非 0，重复执行循环体语句一次，直到表达式值为 0 才结束循环，执行while 语句的下一语句。执行过程如图 5-1 所示。

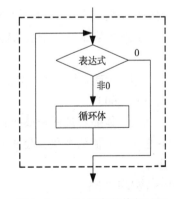

图 5-1　while 语句的执行过程

　　注意：

　　（1）循环体只能是单个语句。当循环体由多个语句构成时，必须用复合语句，否则会产生逻辑错误。例如求 p=5!，用 while 语句描述如下：

```
p=1;
i=1;
while(i<=5)
{
    p*=i;
    i++;
}
```

语句中的花括号是必须的，若去掉花括号，则重复执行的语句只有 p*=i;一句，i++;变成了 while 语句的后继语句，显然是不行的。

（2）在 while 语句前，循环体内的某些变量应赋初值，否则会造成不确定值参加运算。在循环体内必须有修改表达式值的语句，使其值趋向 0，否则会造成死循环。

## 5.1.2  while 循环的应用

学习循环结构，要把算法设计作为重点。要学会如何构造循环体，学会确定终止循环的条件和循环变量的初值。一旦解决了这些问题，就可直接应用循环语句编写循环结构程序了。

【例 5.1】计算 1+2+3+…+100 的值。

分析：这是求若干个数之和的累加问题。定义变量 $s$ 存放累加和，变量 $n$ 存放累加项，累加问题可用递推式来描述：

$$s_i=s_{i-1}+n_i \quad (s_0=0, n_1=1)$$

即第 $i$ 次的累加和 $s$ 等于第 $i-1$ 次的累加和加上第 $i$ 次的累加项 $n$。从循环的角度看即本次循环的累加和 $s$ 等于上次循环的累加和加上本次循环的累加项 $n$，可用赋值语句 s=s+n;来实现。

这里用的方法称为迭代法（Iterate），即设置一个变量（称为迭代变量），其值在原来值的基础上按递推关系计算出来。迭代法就用到了循环的概念，把求若干个数之和的问题转化为求两个数之和（即到目前为止的累加和与新的累加项之和）的重复，这种把复杂计算过程转化为简单过程的多次重复的方法，是计算机解题的一个重要特征。

此例的累加项 $n$ 的递推式为：

$$n_i=n_{i-1}+1$$

即累加项 $n$ 每循环一次在原值的基础上加 1，可用赋值语句 n=n+1;或 n++;来实现（$n$=1，2，3，…，100）。

循环体要实现两种操作：sum+=n;和 n++;，并置 $s$ 初值为 0，$n$ 初值为 1。最后可以跟踪变量 $s$ 和 $n$ 值的变化，验证（或称静态检查）一下是否符合题意。思路清楚后就可以编写程序了。

程序如下：

```
#include <stdio.h>
void main()
{
    int sum=0,n=1;
    while (n<=100)                    /*循环条件*/
    {
        sum+=n;                        /*实现累加求和*/
```

```
    n++;                              /*n 增 1*/
    }
    printf("1+2+3+…+99+100=%d\n",sum);
}
```

思考：如果将循环体语句 sum+=n;和 n++;互换位置，程序应如何修改？

【例 5.2】已知 $y = 1 + \dfrac{1}{3} + \dfrac{1}{5} + \cdots + \dfrac{1}{2n-1}$，求 $y<3$ 时的最大 $n$ 值及对应的 $y$ 值。

分析：这也是一个求若干个数之和的累加问题，终止循环的条件是累加和 $y \geqslant 3$，用 N–S 图表示算法如图 5–2 所示。当退出循环时，$y$ 的值已超过 3，因此要减去最后一项，$n$ 的值相应也要减去 1。又由于最后一项累加到 $y$ 后，$n$ 又增加了 1，故 $n$ 还要减去 1，即累加的项数是 $n$–2。

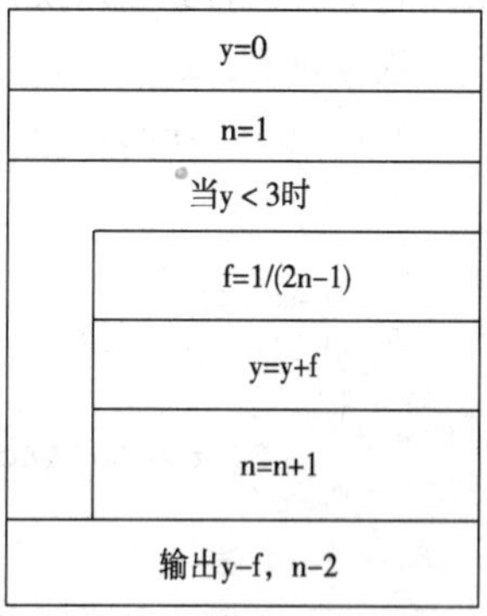

程序如下：

```
#include <stdio.h>
void main()
{
    int n=1;
    float y=0.0,f;
    while(y<3)
    {
        f=1.0/(2*n-1);                /*求累加项*/
        y+=f;                         /*累加*/
        n++;
    }
    printf("y=%f,n=%d\n",y-f,n-2);    /*退出循环时的 y 值和 n 值与待求 y 和 n 不同*/
}
```

图 5-2　求 $y$ 值的算法

程序运行结果如下：

```
y=2.994438,n=56
```

对于循环结构程序，为了验证程序的正确性，往往用某些特殊数据来运行程序，看结果是否正确。对于本题，如果说求 $y<3$ 时的最大 $n$ 值不便推算，但求 $y<1.5$ 时的最大 $n$ 值结果是显而易见的，所以在调试程序时，可先求 $y<1.5$ 的最大 $n$ 值，程序应能得到正确结果。当然，在特殊数据下程序正确，还不能保证程序一定正确，但起码在特殊数据下程序不正确，程序一定不正确。

思考：

（1）求 $y \geqslant 3$ 时的最小 $n$ 值，如何修改程序？

（2）求 $y$ 的值，直到累加项小于 $10^{-6}$ 为止，如何修改程序？

（3）$n$ 取 100，求 $y$ 的值，如何修改程序？

【例 5.3】翻译密文。为使电文保密，往往按一定规律将其转换成密文，收报人再按约定的规律将其译回原文。例如，可以按以下规律将电文变成密文：将字母 A 变成字母 E，a 变成 e，即变成其后的第 4 个字母，W 变成 A，X 变成 B，Y 变成 C，Z 变成 D。字母按上述规律转换，非字母字符不变。如 Windows!转换为 Amrhsaw!。输入一行字符，要求输出其相应的密文。

先考虑一个字符如何译码：先判定它是否大写字母或小写字母，若是，则将其值加 4（变成其后的第 4 个字母），如果加 4 以后字符值大于 Z 或 z，则表示原来的字母在 V（或 v）之后，应将它转换为 A ~ D（或 a ~ d）之一，办法是使它的值减 26。再考虑一行字符如何译码：一行字符由若干字符组成，所以对一行字符进行译码，只要上述处理重复若干次，直到输入换行符为止。算法如图 5-3 所示。

程序如下：

```c
#include <stdio.h>
void main()
{
    char c;
    while((c=getchar())!='\n')
    {
        if((c>='a'&&c<='z')||(c>='A'&&c<='Z'))    /*当 c 是字母时作处理*/
        {
            c=c+4;
            if(c>'Z'&&c<='Z'+4||c>'z') c=c-26;    /*当 c 超过大写 Z 或小写 z 时作处理*/
        }
        printf("%c",c);
    }
}
```

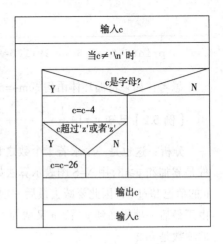

图 5-3  翻译密码的算法

在 while 后面的表达式中，c=getchar()两边要加括号，因为赋值运算的优先级比关系运算低，加括号后保证先做赋值运算，然后再作比较。另外，while 循环中内嵌的 if 语句若写成：

```c
if(c>'Z'||c>'z') c=c-26;
```

则当字母为小写时都满足 c>'Z' 条件，从而也执行 c=c-26;语句，这就会出错。因此必须限制其范围 c>'Z'&&c<='Z'+4，即原字母为 W 到 Z，在此范围以外的不是大写字母 W ~ Z，不应按此规律转换。

思考：为什么对小写字母不按此处理，即写成 c>'z'&&c<='z'+4，而只须写成 c>'z' 即可？

## 5.2  do...while 循环结构

do...while 循环结构也是一种条件循环，它的特点是先执行循环体中的语句，再通过判断表达式的值决定是否继续循环。

### 5.2.1  do...while 语句的格式

do...while 语句的一般格式为：

```c
do
    语句
while(表达式);
```

do...while 语句中的表达式表示循环的条件，可以是任何表达式，常用的是关系表达式和逻辑表达式。表达式必须加圆括号。语句是重复执行的部分，称作循环体。

do...while 语句的执行过程是：先执行循环体语句一次，然后求表达式的值，如果其值为非 0，则重复执行循环体一次，直到表达式值为 0，结束循环，执行 do...while 语句的下一语句。执行过程如图 5-4 所示。

注意：

（1）在 do...while 语句中，循环体内的某些变量应事先赋初值，否则会造成不确定值参加运算。在循环体内必须有修改表达式值的语句，使表达式的值趋向 0，否则会产生死循环。

（2）执行 do...while 语句是先执行循环体一次，然后判断表达式值，确定是否再执行循环体。因此，do...while 语句控制的循环次数至少为一次。

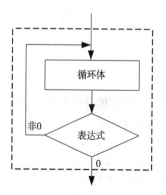

图 5-4　do...while 语句的执行过程

## 5.2.2　do...while 循环的应用

【例 5.4】输入两个整数 m 和 n，求 m ~ n 之间的所有奇数之和。

分析：用 i 作循环控制变量，i 从 m 变化到 n，每循环一次增 1。用 s 作累加变量，s 的初值为 0。循环体中判断 i 是否为奇数，若是将 i 累加到 s。这也属于累加求和问题。

程序如下：

```
#include <stdio.h>
void main()
{
    int i,m,n,s=0;
    scanf("%d%d",&m,&n);
    i=m;
    do
    {
        if(i%2==1) s+=i;          /*i 为奇数时累加*/
        i++;                      /*i 增 1*/
    }while(i<=n);
    printf("s=%d\n",s);
}
```

【例 5.5】求 $\sin x = x - \dfrac{x^3}{3!} + \dfrac{x^5}{5!} - \dfrac{x^7}{7!} + \cdots$，直到最后一项的绝对值小于 $10^{-6}$ 时，停止计算。$x$ 为角度，其值从键盘输入。

分析：显然这是一个累加求和问题，不难得到算法如图 5-5 所示。

关键是如何求累加项，较好的办法是利用前一项来求下一项，即用递推的办法来求累加项。

第 $i$ 项：

图 5-5　求 sin$x$ 值的算法

$$a_i = (-1)^{i-1} \frac{2^{i-1} x}{(2i-1)!}$$

第 $i-1$ 项：

$$a_{i-1} = (-1)^i \frac{2^{i-3} x}{(2i-3)!}$$

所以第 $i$ 项与第 $i-1$ 项之间的递推关系为：

$$a_1 = x$$

$$a_i = -\frac{x^2}{(2i-2)(2i-1)} a_{i-1} \qquad (i=2,3,4,\cdots)$$

即本次循环的累加项 $a$ 可从上一次循环累加项的基础上递推出来。

程序如下：

```c
#include <stdio.h>
#include <math.h>
void main()
{
    int i=1; float x,x1,a,s;
    scanf("%f",&x);
    x1=x*3.14159/180;            /*将角度化为弧度*/
    s=x1;
    a=x1;
    do
    {
        i++;
        a*=(-x1*x1)/(2*i-2)/(2*i-1);   /*求累加项*/
        s+=a;
    }while(fabs(a)>=1e-6);       /*|a|≥1e-6 时继续循环，否则退出循环*/
    printf("x=%f,sinx=%f\n",x,s);
}
```

程序运行结果如下：

```
37□
x=37.000000,sinx=0.601815
```

# 5.3　for 循环结构

　　for 循环结构是 C 语言中最有特色、使用最为灵活的一种循环结构。一般情况下，对于事先能确定循环次数的循环问题，使用 for 循环是比较方便的。for 循环也称为计数循环。但 for 循环并不局限于已知循环次数的循环，它的功能很强，应用非常广泛。

## 5.3.1　for 语句的格式

　　for 语句的一般格式为：

```
for(表达式 1;表达式 2;表达式 3)
    语句
```

for 语句中的 3 个表达式可以是任何 C 语言表达式，语句是重复执行的部分，称作循环体。例如：

```
for(printf("*");scanf("%d",&x),t=x;printf("*"))
    printf("x=%d t=%d\n",x,t);
```

　　在此 for 语句中，表达式 1 和表达式 3 是"printf("*")"，表达式 2 是"scanf("%d",&x),t=x"，这是一个逗号运算表达式，以 $t=x$ 的值作为此表达式的值，因此当给 x 输入 0 时，表达式的值为假，使循环结束。for 语句的循环体部分是函数调用语句"printf("x=%d t=%d\n",x,t);"。

for 语句的执行过程如图 5-6 所示。具体由以下几步完成：

（1）求表达式 1。

（2）求表达式 2，并判定其值为 0 或非 0。若值为非 0，转步骤（3）；否则结束 for 语句。

（3）执行语句，然后求表达式 3。

（4）转向步骤（2）。

由 for 语句的执行流程可知，表达式 1 的作用是为循环控制的有关变量赋初值，表达式 2 是循环控制条件，表达式 3 用于修正有关变量，语句是重复执行部分。for 语句可以用 while 语句描述：

```
表达式 1;
while(表达式 2)
{
    语句;
    表达式 3;
}
```

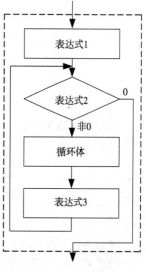

图 5-6　for 语句执行过程

## 5.3.2　for 循环的应用

【例 5.6】Fibonacci 数列定义如下：

$$\begin{cases} f_1 = 1 \\ f_2 = 1 \\ f_n = f_{n-1} + f_{n-2} \qquad n > 2 \end{cases}$$

求 Fibonacci 数列的前 30 项。

分析：设待求项（即 $f_n$）为 f，待求项前面的第 1 项（即 $f_{n-1}$）为 f1，待求项前面的第 2 项（即 $f_{n-2}$）为 f2。首先根据 f1 和 f2 推出 f，再将 f1 作为 f2，f 作为 f1，为求下一项作准备。如此一直递推下去。

```
                 1        1        2        3        5
第一次：     f2   +    f1   →    f
                       ↓         ↓
第二次：              f2   +    f1   →    f
                                ↓         ↓
第三次：                        f2   +    f1   →    f
```

程序如下：

```
#include <stdio.h>
void main()
{
    long f,f1,f2;
    int i;
    f2=1;
    f1=1;
    printf("%12ld%12ld",f2,f1);
    for(i=3;i<=30;i++)
```

```
    {
        f=f2+f1;
        printf("%12ld",f);
        if(i%5==0) printf("\n");          /*控制一行输出 5 个数*/
        f2=f1;                            /*更新 f1，f2，为求下一项作准备*/
        f1=f;
    }
}
```

程序运行结果如下：

```
        1            1           2           3           5
        8           13          21          34          55
       89          144         233         377         610
      987         1597        2584        4181        6765
    10946        17711       28657       46368       75025
   121393       196418      317811      514229      832040
```

通过本例可以知道：

（1）程序中 if 语句用于控制输出格式，使得输出 5 项后换行，每行输出 5 个数。

（2）编写程序时，要注意选择合适的数据类型，否则会得到错误的结果。若将程序中 f、f1、f2 的类型定义为 int 类型（输出时对应的格式说明改为%12d），则在 Turbo C 2.0 环境下运行程序时，前 23 项是对的，从第 24 项开始结果不正确，如第 24 项输出为–19 168。出现错误的原因是从第 24 项起超出了 int 型数据的表示范围。Turbo C 为 int 型数据分配 2 个字节，其表示数据的范围为$-2^{15} \sim 2^{15}-1$，即–32 768 ~ 32 767，而第 24 项已达到 46 368。

为什么 46 368 时输出为–19 168 呢？

46 368 的二进制形式为：

1011 0101 0010 0000

以%d 格式输出，将该数看作一个带符号的数，所以这是一个数的补码表示，其原码是：

1100 1010 1110 0000

对应的十进制数是–19 168。

在 Visual C++ 6.0 环境下，由于给 int 型和 long 型数据均分配 4 个字节，所以将程序中 f、f1、f2 的类型定义为 int 类型时，不会出现上述问题。

【例 5.7】输入 20 个数，求出其中的最大值与最小值。

分析：算法思路可参考例题 1.2。

程序如下：

```
#include <stdio.h>
void main()
{
    float x,max,min;
    int i;
    scanf("%f",&x);
    max=min=x;
    for(i=2;i<=20;i++)                    /*for 循环控制比较 19 次*/
    {
        scanf("%f",&x);
        if(x>max) max=x;
        else if(x<min)  min=x;
```

```
    }
    printf("max=%f,min=%f\n",max,min);
}
```

### 5.3.3　for 语句的各种变形

for 语句使用非常灵活，表达能力极强，主要表现在语句中的 3 个表达式可以部分或全部省略（但分号必须保留），也可以由多个表达式构成一个逗号表达式，从而有各种各样的变形。但也不提倡写怪异的 for 语句，从而破坏程序的可读性。

#### 1．在 for 语句中省略表达式

for 语句中的 3 个表达式可以部分或全部省略，下面给出语句的 4 种基本变形。

（1）表达式 1 移至 for 语句前，但它后面的分号必须保留。这时 for 语句的形式为：

```
表达式1;
for(; 表达式2; 表达式3)
    语句
```

下面以求 p=5!的程序为例说明 for 语句的各种用法。由于该程序非常简单，下面只列出循环结构部分。程序的循环结构一般写为：

```
p=1;
for(i=1;i<=5;i++)
    p*=i;
```

若省略表达式 1，将其放在循环结构之前，则程序段写成：

```
p=1; i=1;
for(;i<=5;i++)
    p*=i;
```

由于表达式 1 在赋初值语句之后执行，所以把它放在赋初值语句之后，for 语句之前。对 for 语句而言，省略了表达式 1。

（2）表达式 3 移至循环体语句之后，但它前面的分号必须保留。for 语句的形式为：

```
for(表达式1; 表达式2;)
{
    语句;
    表达式3;
}
```

对于求 p=5!的程序段，省略表达式 3，将其放在循环体中，则程序段写成：

```
p=1; i=1;
for(;i<=5;)
{
    p*=i;
    i++;
}
```

由于表达式 3 在循环体语句之后执行，所以把它放在循环体语句之后，相当于循环体中多了一个语句。

（3）省略表达式 2，但两个分号必须保留，这时构成无限循环。无限 for 循环，其循环体中必须包含 break 语句，否则会产生死循环。for 语句的形式为：

```
for(表达式1;;表达式2)
    语句;
```

对于求 p=5!的程序段，省略表达式 2，在循环体中使用 if 语句控制执行 break 语句来终止循环，则程序段写成：

```
p=1;
for(i=1;;i++)
{
    p*=i;
    if(i==5) break;
}
```

表达式 2 相当于循环的条件表达式，将其省略后，循环变成一个无休止的循环。为了能正常结束循环，在循环体中使用 if 语句控制执行 break 语句来终止循环。

（4）表达式 1、表达式 2、表达式 3 全部省略，但两个分号必须保留，这是上面 3 种形式的综合。这时 for 语句的形式为：

```
for(;;)
    语句;
```

对于求 p=5!的程序段，将 3 个表达式全部省略，则程序段写成：

```
p=1; i=1;
for(;;)
{
    p*=i;
    if(i==5) break;
    i++;
}
```

### 2．在 for 语句中使用逗号表达式

逗号运算主要应用于 for 语句中。表达式 1 和表达式 3 可以是逗号表达式。可以将 for 语句前的赋初值语句放在表达式 1 中，也可以将循环体中的语句放在表达式 3 中。另外，在有两个循环变量参与循环控制的情况下，逗号表达式也是很有用的。

对于求 p=5!的程序段，将赋初值语句放在表达式 1 中，则程序段写成：

```
for(p=1,i=1;i<=5;i++)
    p*=i;
```

由于赋初值语句在表达式 1 之前执行，所以把它放在表达式 1 的开头，赋初值语句与原来的 i=1 构成逗号表达式，作为循环语句新的表达式 1。

### 3．循环体为空语句

这时 for 语句的形式为：

```
for(表达式1；表达式2；表达式3)
    ;
```

对于求 p=5!的程序段。当循环体为空语句时，程序段可写成：

```
for(p=1,i=1;i<=5;p*=i,i++)
    ;
```

由于循环体在表达式 2 之后、表达式 3 之前执行，所以把循环体语句放在表达式 3 的开头，循环体语句与原来的 i++构成逗号表达式，作为循环语句新的表达式 3，从而也就没有循环体语句了。但从语法上，循环结构必须有循环体语句，否则出现语法错。为此，用空语句作为循环体语句，既满足语法要求，也符合了实际上循环体中什么也不做的现实。

有时，为了产生一段延时，也可以用空语句作为循环体语句。i 循环 60 000 次，但什么也不做，目的就是耗时间，则程序段可写成：

```
for(i=0;i<60000;i++);
```

从以上讨论可知，for 语句书写形式十分灵活，在 for 的一对括号中，允许出现各种表达式，有的甚至与循环控制毫无关系，这在语法上是合法的。但初学者一般不要这样做，因为它使程序杂乱无章，降低了可读性。

## 5.4　与循环有关的控制语句

在循环体内使用 break 语句、continue 语句和 goto 语句，可以改变循环的执行方式。

### 5.4.1　break 语句

break 语句有两个用途：一是在 switch 语句中用来使流程跳出 switch 结构，继续执行 switch 语句后面的语句；二是用在循环体内，迫使所在循环立即终止，即跳出所在循环体，继续执行循环结构后面的语句。

【例 5.8】求两个整数 a 与 b 的最大公约数。

分析：找出 a 与 b 中较小的一个，则最大公约数必在 1 与较小整数的范围内。使用 for 语句，循环变量 i 从较小整数变化到 1。一旦循环控制变量 i 同时整除 a 与 b，则 i 就是最大公约数，然后使用 break 语句强制退出循环。

程序如下：

```
#include <stdio.h>
void main()
{
   int a,b,i;
   scanf("%d,%d",&a,&b);
   if (a>b) {i=b;b=a;a=i;}        /*保证 a 为较小的数*/
   for(i=a;i>=1;i--)
     if(a%i==0&&b%i==0)           /*第 1 次能同时整除 a 和 b 的 i 为最大公约数*/
       {printf("gcd is %d\n",i);break;}
}
```

求两个数的最大公约数还可用辗转相除法，基本步骤是：

（1）求 a/b 的余数 r。

（2）若 r=0，则 b 为最大公约数，否则执行第（3）步。

（3）将 b 的值放在 a 中，r 的值放在 b 中。

（4）转到第（1）步。

请读者自行画出 N–S 图，并编写程序。

### 5.4.2　continue 语句

continue 语句用来结束本次循环，即跳过循环体中尚未执行的语句，在 while 和 do...while 循环中，continue 语句将使控制直接转向条件测试部分，从而决定是否继续执行循环。在 for 循环中，遇到 continue 语句后，首先计算 for 语句中表达式 3 的值，然后再执行条件测试（表达式 2），最后根据测试结果来决定是否继续执行 for 循环。

continue 语句和 break 语句的主要区别在于：continue 语句只结束本次循环，而不是终止整个循环的执行。break 语句则是结束所在循环，跳出所在循环体。

【例 5.9】求 1～100 之间的全部奇数之和。

程序如下：

```
#include <stdio.h>
void main()
{
    int x=0,y=0;
    for(;;)
    {
        x++;
        if(x%2==0) continue;      /*x 为偶数直接进行下一次循环*/
        else if(x>100) break;     /*x>100 时退出循环*/
        else y+=x;                /*实现累加*/
    }
    printf("y=%d\n",y);
}
```

本程序只是为了说明 continue 和 break 两语句的作用。for 语句中的表达式 2 省略，相当于循环条件永远成立。当 x 为偶数时执行 continue 语句直接进行下一次循环。当 x 的值大于 100 时，执行 break 语句跳出循环体。

## 5.4.3　goto 语句

goto 语句可以转向同一函数内任意指定位置执行，称为无条件转向语句。它的一般格式为：

goto 语句标号;

其中语句标号用标识符后跟冒号表示，在程序中，它可以和变量同名。

goto 语句无条件转向语句标号所标识的语句执行，它将改变顺序执行方式。为了说明 goto 语句的用法，例 5.9 的程序可以改写成：

```
#include <stdio.h>
void main()
{
    int x=0,y=0;
    for(;;)
    {
        x++;
        if(x%2==0) goto lg;       /*用 goto 语句结束本次循环*/
        else if(x>100) break;
        else y+=x;
        lg: ;
    }
    printf("y=%d\n",y);
}
```

又如，在输入学生的成绩时，如果输入的是非法成绩，则可用下面带 goto 语句的程序段要求用户重新输入合法成绩：

```
k:scanf("%d",&x);
if(x<0||x>100)
{
    printf("data error! Input again\n");
    goto k;
}
```

　　由于 goto 语句转移的任意性，改变了程序的执行流程，使得程序的可读性变差。所以结构化程序设计中不提倡使用 goto 语句。但在某种场合下，使用 goto 语句可以提高程序的执行效率。例如，在嵌套 switch 语句的内层 switch 语句中，利用 break 语句只能一层一层地退出，若采用 goto 语句，可以一次退出多层 switch 语句。

　　例如，下列程序段要从内层 switch(y==0)语句的 case 1 处退出 switch(x)语句，利用 break 语句先退出 switch(y==0)语句，然后利用 switch(z)语句 case 2 的 break 语句退出 switch(z)语句，再利用 switch(x)语句的 case 0 最后的 break 退出 switch(x)语句。同样处在内层 switch(y==0)语句的 case 0 处的 goto 语句，却能直接转出 switch(x)语句，执行语句标号 flag 处的语句，只需一步就退出 switch(x)语句，其效率不言而喻。

```
switch(x)
{
   case 0: switch(z)
     {
        case 2: switch(y==0)
          {
             case 1: printf ("$*"); break;
             case 0: printf ("$?"); goto flag;
          }
          break;
        case 1: printf ("$$"); break;
        default : printf ("$$$");
     }
     break;
   case 1: printf ("***"); break;
   default: printf ("???");
}
flag:…
```

# 5.5　3 种循环语句的比较

　　C 语言中构成循环结构的有 while、do…while 和 for 循环语句。也可以通过 if 和 goto 语句的结合构造循环结构。从结构化程序设计角度考虑，不提倡使用 if 和 goto 语句构造循环。一般采用 while、do…while 和 for 循环语句。下面对它们进行比较。

　　（1）for 语句和 while 语句先判断循环控制条件，后执行循环体，而 do…while 语句是先执行循环体，后进行循环控制条件的判断。for 语句和 while 语句可能一次也不执行循环体，而 do…while 语句至少执行一次循环体。for 和 while 循环属于当型循环，而 do…while 循环属于直到型循环。

　　（2）do…while 语句和 while 语句多用于循环次数不确定的情况，而对于循环次数确定的情况，使用 for 语句更方便。

　　（3）do…while 语句更适合于第一次循环肯定执行的场合。例如，输入学生成绩，为了保证输入的成绩均在合理范围内，可以用 do…while 语句进行控制。

```
do
scanf("%d",&n);
while(n>100||n<0);
```

　　只要输入的成绩 n 不在[0,100]中（即 n>100‖n<0），就在 do…while 语句的控制下重新输入，直到输入合法成绩为止。这里肯定要先输入成绩，所以采用 do…while 循环较合适。

用 while 语句实现：

```
scanf("%d", &n);
while(n>100||n<0)
    scanf("%d",&n);
```

用 for 语句实现：

```
scanf("%d",&n);
for(;n>100||n<0;)
    scanf("%d",&n);
```

显然，用 for 语句或 while 语句不如用 do...while 语句更自然。

（4）do...while 语句和 while 语句只有一个表达式，用于控制循环是否进行。for 语句有 3 个表达式，不仅可以控制循环是否进行，而且能为循环变量赋初值及不断修改循环变量的值。for 语句比 while 和 do...while 语句功能更强，更灵活。for 语句中 3 个表达式可以是任何合法的 C 语言表达式，而且可以部分省略或全部省略，但其中的两个分号不能省略。

（5）虽然针对不同情况可以选择不同的循环语句，以使编程方便、程序简洁，但从功能上讲，3 种循环语句可处理同一个问题，它们可以相互替代。下面通过例子来说明。

【例 5.10】输入一个整数 m，判断是否为素数。

分析：素数是大于 1，且除了 1 和它本身以外，不能被其他任何整数所整除的整数。为了判断整数 M 是否为素数，一个最简单的办法用 2、3、4、5、…、M-1 这些数逐个去除 M，看能否整除，如果全都不能整除，则 M 是素数，否则，只要其中一个数能整除，则 M 不是素数。当 M 较大时，用这种方法，除的次数太多，可以有许多改进办法，以减少除的次数，提高运行效率。其中一种方法是用 2、3、4、…、$\sqrt{M}$ 去除，如果都不能整除，则 M 是素数，这是因为如果小于等于 $\sqrt{M}$ 的数都不能整除 M，则大于 $\sqrt{M}$ 的数也不能整除 M。

用反证法证明。设有大于 $\sqrt{M}$ 的数 J 能整除 M，则它的商 K 必小于 $\sqrt{M}$，且 K 能整除 M（商为 J）。这与原命题矛盾，假设不成立。

下面用 3 种不同的循环语句来编写程序。

程序 1：用 while 语句实现。

```
#include <stdio.h>
#include <math.h>
void main()
{
    int m,i,j;
    scanf("%d",&m);
    j=sqrt(m);
    i=2;
    while(i<=j)
    {
        if (m%i==0) break;          /*不是素数时退出循环，此时 i≤j*/
        i++;
    }
    if (i>j&&m>1)
        printf("%d is a prime number.\n",m);
    else
        printf("%d is not a prime number.\n",m);
}
```

程序 2：用 do...while 语句实现。

```
#include <stdio.h>
#include <math.h>
void main()
{
   int m,i,j;
   scanf("%d",&m);
   j=sqrt(m);
   i=2;
   do
   { if(m%i==0) break;              /*不是素数时退出循环，此时 i≤j*/
      i++;
   }while(i<=j);
   if(i>j&&m>1)
      printf("%d is a prime number.\n",m);
   else
      printf("%d is not a prime number.\n",m);
}
```

程序 3：用 for 语句实现。

```
#include <stdio.h>
#include <math.h>
void main()
{
   int m,i,j;
   scanf("%d",&m);
   j=sqrt(m);
   for(i=2;i<=j;i++)
      if(m%i==0) break;             /*不是素数时退出循环，此时 i≤j*/
   if(i>j&&m>1)
      printf("%d is a prime number\n",m);
   else
      printf("%d is not prime number\n",m);
}
```

从上述比较可以看出，实现循环结构的 3 种语句各具特点，一般情况下，它们也可以相互通用。但在不同情况下，选择不同的语句可能使得编程更方便，程序更简洁，所以在编写程序时要根据实际情况进行选择。

# 5.6　循环的嵌套

如果一个循环结构的循环体又包括一个循环结构，就称为循环的嵌套，或称为多重循环结构。实现多重循环结构仍是可以用前面讲的 3 种循环语句。因为任一循环语句的循环体部分都可以包含另一个循环语句，这种循环语句的嵌套为实现多重循环提供了方便。

多重循环的嵌套层数可以是任意的。可以按照嵌套层数，分别叫作二重循环、三重循环等。处于内部的循环叫作内循环，处于外部的循环叫作外循环。

在设计多重循环时，要特别注意内、外循环之间的关系，以及各语句放置的位置，不要弄错。

【例 5.11】求[100,1000]以内的全部素数。

分析：可分为以下两步。

（1）判断一个数是否为素数，可采用例 5.10 的程序。

（2）将判断一个数是否为素数的程序段，对指定范围内的每一个数都执行一遍，即可求出某个范围内的全部素数。这种方法称为穷举法，也叫枚举法，即首先依据题目的部分条件确定答案的大致范围，然后在此范围内对所有可能的情况逐一验证，直到全部情况验证完。若某个情况经验证符合题目的全部条件，则为本题的一个答案。若全部情况经验证不符合题目的全部条件，则本题无解。穷举法是一种重要的算法设计策略，可以说是计算机解题的一大特点。

程序如下：

```c
#include <stdio.h>
#include <math.h>
void main()
{
   int m,i,j,n=0,flag;
   printf("\n");
   for(m=101;m<=1000;m++,m++)
   {
      flag=1;                        /*flag=1 为素数标志*/
      j=sqrt(m);
      i=1;
      while((++i<=j)&&flag)
         if(m%i==0)  flag=0;         /*m 不为素数时使 flag 为 0*/
      if(flag)
      {
         printf("%5d",m);
         n++;                        /*n 统计素数个数*/
         if(n%10==0)  printf("\n");
      }
   }
}
```

关于本程序再说明 3 点：

（1）注意到大于 2 的素数全为奇数，所以 m 从 101 开始，每循环一次 m 值加 2。

（2）n 的作用是统计素数的个数，控制每行输出 10 个素数。

（3）例中判断一个数是否为素数的程序段较例 5.10 又有了变化。只是想说明，程序的描述方法是千变万化的，为人们发挥创造力，施展聪明才智提供了广阔的空间，或许这正是程序设计的魅力所在。虽然程序的描述方法千变万化，但算法设计的基本思路是共同的，读者应抓住算法的核心，以不变应万变。

【例 5.12】计算 $f_{ij}$，$s_i$ 和 $m$ 各值。

其中 $f_{ij} = \sqrt{x_i^2 + y_j^2}$，$s_i = \sum\limits_{j=1}^{10} f_{ij}$，$m = \prod\limits_{i=1}^{5} s_i$，$x_i = 2,4,6,8,10$，$y_j = 0.1,0.2,0.3,\cdots,1.0$。

分析：该问题要求对 5 个 $x$ 值，10 个 $y$ 值，计算出 50 个 $f$ 值。然后每 10 个 $f$ 相加得到一个 $s$ 值，共得到 5 个 $s$ 值。最后这 5 个 $s$ 相乘，得到一个 $m$ 值。可以用一个二重循环来计算和输出各值。

每个 s 值是由 10 个 f 值累加得到的。累加前 s 要清 0。m 是由 5 个 s 值累乘得到的，累乘前 m 应置 1。x 和 y 都是有规律的值，可以由循环变量 i，j 得到。

程序如下：

```c
#include <stdio.h>
#include <math.h>
void main()
{
    float x,y,f,s,m;
    int i,j;
    m=1.0;
    for(i=1;i<=5;i++)
    {
        x=i*2.0;                       /*求 x*/
        s=0.0;
        for(j=1;j<=10;j++)
        {
            y=j/10.0;                  /*求 y*/
            f=sqrt(x*x+y*y);           /*求 f*/
            printf("%f\t",f);
            if(j%5==0) printf("\n");   /*控制每行输出 5 个 f 值*/
            s+=f;                      /*每 10 个 f 之和求得一个 s*/
        }
        printf("s=%f\n",s);
        m=m*s;                         /*m 是 5 个 s 之积*/
    }
    printf("\nm=%f\n",m);
}
```

请注意该程序中赋初值语句的位置。

# 5.7　循环结构程序举例

至此，已经介绍了结构化程序设计的 3 种基本结构：顺序结构、选择结构和循环结构，这些内容是程序设计的基础。特别是循环结构程序设计方法，对培养程序设计能力非常重要，希望读者能熟练掌握。但学习程序设计没有捷径可走，只有多看、多练、多思考，通过不断编程实践，才能真正掌握好程序设计的思路和方法。下面再介绍一些应用性较强的例子。

【例 5.13】验证哥德巴赫猜想：任何大于 2 的偶数，都可表示为两个素数之和。

分析：哥德巴赫猜想是一个古老而著名的数学难题，迄今未得出最后的理论证明。这里只是对有限范围内的数，用计算机加以验证，不算严格的证明。

读入偶数 n，将它分成 p 和 q，使 n=p+q。p 从 2 开始（每次加 1），q=n-p。若 p、q 均为素数，则输出结果，否则将 p+1 再试。

程序如下：

```c
#include <stdio.h>
#include <math.h>
void main()
```

```
{
    int n,p,q,j,fp,fq;
    scanf("%d",&n);
    p=1;
    do
    {
        p++;
        if(p>n/2) break;
        q=n-p;
        fp=1;                          /*判断 p 是否为素数*/
        for(j=2;j<=(int)sqrt(p);j++)
            if(p%j==0) fp=0;
        fq=1;                          /*判断 q 是否为素数*/
        for(j=2;j<=(int)sqrt(q);j++)
            if(q%j==0) fq=0;
    }while(fp==0||fq==0);
    if(fp&&fq)
        printf("%d=%d+%d\n",n,p,q);
    else
        printf("The try is failed.");
}
```

在程序中，外循环由 do...while 语句实现，其循环的重复次数是不固定的。它依赖于 fp 和 fq 是否同时为 1。fp 和 fq 同时为 1，结束循环，这时验证成功。p 的值大于 n/2 时，退出 do...while 循环，说明验证失败。

在该外循环内包括两个并列的内循环，它们都是由 for 语句实现的，循环的终值分别与 p 和 q 的值有关，也可以说是依赖于外循环的，因为外循环的每次重复，p 和 q 的值也相应改变。

程序还有可以改进的地方。在判断一个数是否为素数时，不一定必须从 2 测试到它的开方。如果中途发现它已被一个数整除，可以立刻结束循环，确定它不是素数。另外，在确定 p 已不是素数时，没有必要再判断 q 是否为素数，可以马上将 p 加 1，再判断。程序的改进留给读者自己完成。

【例 5.14】求 $f(x)$ 在 $[a,b]$ 上的定积分 $\int_a^b f(x)\mathrm{d}x$。

分析：求一个函数 $f(x)$ 在 $[a,b]$ 上的定积分，其几何意义就是求曲线 $y=f(x)$ 与直线 $x=a$，$x=b$，$y=0$ 所围成的图形的面积。

为了求得图形面积，先将区间 $[a,b]$ 分成 $n$ 等分，每个区间的宽度为 $h=(b-a)/n$，对应地将图形分成 $n$ 等分，每个小部分近似一个小曲边梯形。近似求出每个小曲边梯形面积，然后将 $n$ 个小曲边梯形的面积加起来，就得到总面积，即定积分的近似值。$n$ 越大，近似程度越高。这就是函数的数值积分方法。

近似求每个小曲边梯形的面积，常用的方法有：

（1）用小矩形代替小曲边梯形，求出各个小矩形面积，然后累加。此种方法称为矩形法。

（2）用小梯形代替小曲边梯形，此种方法称为梯形法。

（3）用抛物线代替该区间的 $f(x)$，然后求出抛物线与 $x=a+(i-1)h$，$x=a+ih$，$y=0$ 围成的小曲边梯形面积，此种方法称为辛普生法。

以梯形法为例，如图 5-7 所示。

第 1 个小梯形的面积为：$s_1 = \dfrac{f(a)+f(a+h)}{2} \cdot h$

第 2 个小梯形的面积为：$s_2 = \dfrac{f(a+h)+f(a+2h)}{2} \cdot h$

……

第 n 个小梯形的面积为：$s_n = \dfrac{f[a+(n-1) \cdot h]+f(a+n \cdot h)}{2} \cdot h$

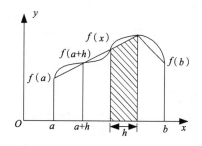

图 5-7　梯形法求定积分

设 $f(x)=\dfrac{1}{1+x}$，程序如下：

```c
#include <stdio.h>
void main()
{
    float a,b,h,x,s=0,f0,f1;
    int n,i;
    scanf("%f,%f,%d",&a,&b,&n);
    h=(b-a)/n;
    x=a;
    f0=1/(1+x);
    for(i=1;i<=n;i++)
    {
        x=x+h;                  /*求 x*/
        f1=1/(1+x);             /*求新的函数值*/
        s=s+(f0+f1)*h/2;        /*求小梯形的面积并累加*/
        f0=f1;                  /*更新函数值*/
    }
    printf("s=%f",s);
}
```

程序运行结果如下：

```
0,2,1000
s=1.098614
```

【例 5.15】用牛顿迭代法求方程 $f(x)=2x^3-4x^2+3x-7=0$ 在 $x=2.5$ 附近的实根，直到满足 $|x_n-x_{n-1}| \leqslant 10^{-6}$ 为止。

分析：迭代法的关键是确定迭代公式、迭代的初始值和精度要求。牛顿切线法是一种高效的迭代法，它的实质是以切线与 x 轴的交点作为曲线与 x 轴交点的近似值以逐步逼近解，如图 5-8 所示。

牛顿迭代公式为：

$$x_n = x_{n-1} - \frac{f(x_{n-1})}{f'(x_{n-1})} \qquad (n=1,2,3\cdots)$$

其中 $f'(x)$ 为 $f(x)$ 的一阶导数。

程序如下：

```c
#include <stdio.h>
#include <math.h>
void main()
```

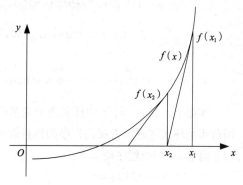

图 5-8　牛顿迭代法

```
{
    double x1,x2,d;
    x2=2.5;
    do
    {
        x1=x2;
        d=(((2.0*x1-4.0)*x1+3.0)*x1-7.0)/((6.0*x1-8.0)*x1+3.0);
        x2=x1-d;
    }while(fabs(d)>1.0e-6);
    printf("The root is %.6f.\n",x2);
}
```

程序运行结果如下:

```
The root is 2.085481.
```

关于迭代初值 $x_0$ 的选取问题,理论上可以证明,只要选取满足条件 $f(x_0)f''(x_0)>0$ 的初始值 $x_0$,就可保证牛顿迭代法收敛。当然迭代初值不同,迭代的次数也就不同。

【例 5.16】将 1 元钱换成 1 分、2 分、5 分的硬币有多少种方法。

分析:设 $x$ 为 1 分硬币数,$y$ 为 2 分硬币数,$z$ 为 5 分硬币数,则有如下方程:

$$x+2y+5z=100$$

可以看出,这是一个不定方程,没有唯一的解。这类问题无法使用解析法求解,只能将所有可能的 $x$、$y$、$z$ 值一个一个地去试,看看是否满足上面的方程,如满足则求得一组解。和前面介绍过的求素数问题一样,程序也是采用穷举法。使用穷举法的关键是正确确定穷举范围。如果穷举的范围过大,则程序的运行效率将降低。分析问题可知,最多可以换出 100 个 1 分硬币,最多可以换出 50 个 2 分硬币,最多可以换出 20 个 5 分硬币。所以 $x$ 的可能取值为 0 ~ 100,$y$ 的可能取值为 0 ~ 50,$z$ 的可能取值为 0 ~ 20。据此可以恰当地确定穷举范围。

使用三重 for 循环,编写程序如下:

```
#include <stdio.h>
void main()
{
    int x,y,z;
    int count=0;
    for(x=0;x<=100;x++)
        for(y=0;y<=50;y++)
            for(z=0;z<=20;z++)
                if((x+2*y+5*z)==100.0)
                {
                    printf("x=%d,y=%d,z=%d\n",x,y,z);
                    count++;
                }
    printf("There are %d methods.\n",count);
}
```

实际上,在 $x$、$y$、$z$ 中任意两个变量的值确定以后,可以直接求出第 3 个变量的值,从而可用两重循环来实现。为提高程序的执行效率,尽量减少循环次数,$y$ 和 $z$ 由循环变量控制,由 $y$ 和 $z$ 确定 $x$。相应程序段如下:

```
for(y=0;y<=50;y++)
    for(z=0;z<=20;z++)
```

```
   {
      x=100-2*y-5*z;
      if(x>=0)
      {
         printf("x=%d,y=%d,z=%d\n",x,y,z);
         count++;
      }
   }
   printf("There are %d methods.\n",count);
```

【例 5.17】甲、乙、丙、丁、戊 5 人在某天夜里合伙去捕鱼，到第二天凌晨时都疲惫不堪，于是各自找地方睡觉。日上三竿，甲第一个醒来，他将鱼分为 5 份，把多余的一条鱼扔掉，拿走自己的一份。乙第二个醒来，也将鱼分为 5 份，把多余的一条鱼扔掉，拿走自己的一份。丙、丁、戊依次醒来，也按同样的方法拿鱼。求出他们合伙至少捕了多少条鱼。

分析：根据题意，总计将所有的鱼进行了 5 次平均分配，每次分配时的策略是相同的，即扔掉一条后剩下的鱼正好分为 5 份，然后拿走自己的一份，余下其他 4 份。假定鱼的总数为 $x$，则 $x$ 可以按照题目的要求进行 5 次分配，$x-1$ 后可被 5 整除，余下的鱼为 $4 \times (x-1) \div 5$。若 $x$ 满足上述要求，则 $x$ 就是问题的解。

这里可以采用试探法。试探法的思路是，按某种顺序从某一满足条件的初始试探解出发，逐步试探生成满足条件的试探解。当发现当前试探解不可能是真正的解时，就选择下一个试探解，并继续试探。在试探法中，放弃当前试探解而寻找下一个试探解的过程称为回溯。所以试探法也称作回溯法。

程序如下：

```
#include <stdio.h>
main()
{
   int n,i,x,flag=1;                    /*flag 为控制标记*/
   for(n=6;flag;n++)                    /*利用试探法，试探值 n 逐步加大*/
   {
      for(x=n,i=1;flag && i<=5;i++)     /*判断是否可按要求进行 5 次分配*/
         if((x-1)%5==0) x=4*(x-1)/5;
         else flag=0;                   /*若不能分配则置 flag=0, 退出分配过程*/
      if(flag) break;                   /*若分配过程正常，找到结果，退出试探的过程*/
      else flag=1;                      /*否则继续试探下一个数*/
   }
   printf("Total number of fish catched is %d.\n", n);
}
```

程序运行结果如下：

```
Total number of fish catched is 3121.
```

试探法与穷举法不同。穷举法按某种顺序枚举出全部可能解。每当枚举出一种可能解之后，便使用给定条件判断该可能解是否符合条件。若符合条件，则输出本解。若不符合条件，则舍弃本解。穷举法的计算量是相当大的。事实上，对于许多问题，多数可能解都不会是问题的解，因而就不必去枚举和检测它们。试探法正是针对这类问题而提出来的比穷举法效率更高的算法。

# 本 章 小 结

1. 循环结构又称为重复结构，它可以控制某些语句重复执行，重复执行的语句称为循环体，而决定循环是否继续执行的是循环条件。循环结构是程序设计中应用最多的结构形式，在 C 语言中，可用 while 语句、do...while 语句和 for 语句来实现循环结构。一般情况下，用某种循环语句写的程序段，也能用另外两种循环语句实现。while 语句和 for 语句属于当型循环，即"先判断，后执行"；而 do...while 语句属于直到型循环，即"先执行，后判断"。在实际应用中，for 语句多用于循环次数明确的问题，而无法确定循环次数的问题采用 while 语句或 do...while 语句比较自然。

注意：

（1）while 语句和 do...while 语句中的条件表达式一定要加括号。

（2）当循环体部分不止一个语句时，一定要加{}组成复合语句。如果不加花括号，循环体的范围只有一个语句。请分析下列程序段的区别。

```
① n=1;
   while(n<=100)
   {
       sum+=n;
       n++;
   }
② n=1;
   while(n<=100)
       sum+=n;
       n++;
```

（3）for 语句的 3 个表达有多种变化，例如省略部分表达式或全部表达式，甚至把循环体也写进表达式 3 中，循环体为空语句，以满足循环语句的语法要求。但在使用各种变形 for 语句时，要考虑程序的可读性，不提倡使用不符合大众习惯的 for 语句。

2. 有时候需要用到多重循环，又称为循环嵌套，即在循环语句的循环体内又包含另一个完整的循环结构。注意循环嵌套不允许交叉。

3. 为了避免出现无终止的循环，要注意循环结束条件的使用，也就是说在循环执行中，要修改循环变量，还要注意循环的初始条件。分析循环第一次和最后一次执行时的情况有助于写出正确程序。如果程序执行时出现了死循环而无法正常结束，可以按【Ctrl+C】组合键或【Ctrl+Break】组合键强行退出。

4. 出现在循环体中的 break 语句和 continue 语句能改变循环的执行流程。它们的区别在于：break 语句能终止整个循环语句的执行，而 continue 语句只能结束本次循环，跳过其后的语句直接转去判断循环条件，开始下次循环。break 语句还能出现在 switch 语句中，而 continue 语句只能出现在循环语句中。

这两个语句可以使循环的执行和退出更为灵活，但不符合结构化的程序设计思想，建议少用。

5. goto 语句可以方便快速地转到指定的任意位置继续执行（注意 goto 语句与语句标号必须在同一函数中）。正是它的任意性破坏了程序的自上而下的流程，可读性差，可维护性差，因而结构化程序设计中不提倡使用 goto 语句，甚至有人主张在程序设计语言中完全去掉 goto 语句。然而，在某些场合适当使用 goto 语句能提高程序的效率。

6. 对典型的循环问题，如累加求和、解不定方程、解一元方程、求定积分等，在设计算法时，要先找出问题的规律，有了基本思路后，再去编写程序。本章涉及的算法设计策略有递推法、迭代法、穷举法和试探法。这些策略无一例外地利用了循环的思想。

递推法是利用问题本身所具有的递推关系求问题解的一种方法，其基本思想是在规定的初始条件下，借助于已知项逐项推出未知项。递推的例子很多，例如求数列的第 n 项、累加问题等。递推过程可以利用数组来实现，一个数组元素存放一个递推项（关于数组将在第 7 章介绍）。

迭代法是设定一个迭代变量，由旧值算出变量新值。构造迭代算法的关键就是确定迭代变量并建立迭代关系。可以用递推法建立迭代关系，例如累加问题可用 s=s+n;语句来实现，在这里 s 即是迭代变量。应当说明，递推与迭代是既有联系又有区别的两个概念。递推不一定采取迭代，例如，利用数组实现递推，每次递推出不同的数组元素，这里不存在用一个新值去代替变量的原值，因此，不属于迭代。但递推常常采用迭代方法处理。迭代法在数值计算方面有十分广泛的应用。

穷举法也叫枚举法，它的基本思路是对众多可能解按某种顺序进行逐一枚举和检验，并从中找出那些符合要求的可能解作为问题的解。穷举的计算量是相当大的。

试探法也称作回溯法，其思路是按某种顺序从某一满足条件的初始试探解出发，逐步试探生成满足条件的试探解。当发现当前试探解不可能是解时，就选择下一个试探解，并继续试探。试探法是比穷举法效率更高的算法。

# 习　题

**一、选择题**

1. C 语言中 while 和 do…while 循环的主要区别是（　　）。

    A. do…while 的循环体至少无条件执行一次

    B. while 的循环控制条件比 do…while 的循环控制条件严格

    C. do…while 允许从外部转到循环体内

    D. do…while 的循环体不能是复合语句

2. 设有程序段：

```
int k=10;
while(k) k=k-1;
```

    则下面描述中正确的是（　　）。

    A. while 循环执行 10 次　　　　　　B. 循环是无限循环

    C. 循环体语句一次也不执行　　　　D. 循环体语句执行一次

3. 下列循环语句中有语法错误的是（　　）。

    A. while(x=y) 5;　　　　　　　　　B. while(0);

    C. do 2; while(x==b);　　　　　　　D. do x++ while(x==10);

4. 下面有关 for 循环的正确描述是（　　）。

    A. for 循环只能用于循环次数已经确定的情况

    B. for 循环是先执行循环体语句，后判断表达式

    C. 在 for 循环中，不能用 break 语句跳出循环体

    D. for 循环的循环体语句中，可以包含多条语句，但必须用花括号括起来

5. 对 for(表达式 1;;表达式 3)可理解为 ( )。

    A. for(表达式 1;0;表达式 3)           B. for(表达式 1;1;表达式 3)

    C. for(表达式 1;表达式 1;表达式 3)     D. for(表达式 1;表达式 3;表达式 3)

6. 下列说法中正确的是 ( )。

    A. break 用在 switch 语句中，而 continue 用在循环语句中

    B. break 用在循环语句中，而 continue 用在 switch 语句中

    C. break 能结束循环，而 continue 只能结束本次循环

    D. continue 能结束循环，而 break 只能结束本次循环

7. 以下程序的输出结果是 ( )。

    A. 编译不通过，无输出           B. aceg

    C. acegi                    D. abcdefghi

```c
#include <stdio.h>
void main()
{
    int i;
    for(i='A';i<'I';i++,i++) printf("%c",i+32);
    printf("\n");
}
```

8. 有如下程序：

```c
#include <stdio.h>
void main()
{
    int i,sum;
    for(i=1;i<=3;sum++) sum+=i;
        printf("%d\n",sum);
}
```

    该程序的执行结果是 ( )。

    A. 6              B. 3             C. 出现死循环        D. 0

9. 有下面的循环结构：

```c
int k=0;
while(k=1)
{ … }
```

    则以下叙述中正确的是 ( )。

    A. 循环控制表达式的值为 0        B. 循环控制表达式的值为 1

    C. 循环控制表达式不合法        D. 以上说法都不对

10. 以下程序的输出结果是 ( )。

```c
#include <stdio.h>
void main()
{
    int a,b;
    for(a=1, b=1;a<=100;a++)
    {
        if(b>=10) break;
        if(b%3==1) {b+=3;continue;}
    }
```

```
        printf("%d\n",a);
    }
```

A. 101            B. 6            C. 5            D. 4

11. 以下程序中, while 循环的循环次数是 (        )。

```
#include <stdio.h>
void main()
{
    int i=0;
    while(i<10)
    {
        if(i<1) continue;
        if(i==5) break;
        i++;
    }
}
```

A. 1                              B. 10

C. 6                              D. 死循环, 不能确定

12. 有以下程序段

```
int n=0,p;
do
{
    scanf("%d",&p);
    n++;
}while(p!=12345&&n<3);
```

此处 do…while 循环的结束条件是 (        )。

A. p 的值不等于 12345 并且 n 的值小于 3          B. p 的值等于 12345 并且 n 的值大于等于 3

C. p 的值不等于 12345 或者 n 的值小于 3          D. p 的值等于 12345 或者 n 的值大于等于 3

13. 有以下程序:

```
#include <stdio.h>
void main()
{
    int i=0,s=0;
    do
    {
        if(i%2){i++;continue;}
        i++;
        s+=i;
    }while(i<7);
    printf("%d\n",s);
}
```

执行后输出结果是 (        )。

A. 16            B. 12            C. 28            D. 21

14. 若有如下程序段, 其中 s, a, b, c 均已定义为整型变量, 且 a, c 均已赋值 ( c 大于 0 )。

```
s=a;
for(b=1;b<=c;b++) s=s+1;
```

则与上述程序段功能等价的赋值语句是 (        )。

A. s=a+b;            B. s=a+c;            C. s=s+c;            D. s=b+c;

15. 要求以下程序的功能是计算 $s=1+\dfrac{1}{2}+\dfrac{1}{3}+\cdots+\dfrac{1}{10}$。

```c
#include <stdio.h>
void main()
{
    int n;
    float s;
    s=1.0;
    for(n=10;n>1;n--)
    s=s+1/n;
    printf("%6.4f\n",s);
}
```

程序运行后输出结果错误，导致错误结果的程序行是（　　　　）。

A. s=1.0;

B. for(n=10;n>1;n--)

C. s=s+1/n;

D. printf("%6.4f/n",s);

## 二、填空题

1. 执行下面程序段后，k 值是_____。

```c
k=1;
n=263;
do
{
    k*=n%10;
    n/=10;
}while(n);
```

2. 若 i 为整型变量，则以下 for 循环的执行次数是_____。

```c
for(i=2;i==0;) printf("%d",i--);
```

3. 以下 while 循环的执行次数是_____。

```c
char c='z';
int k=10;
while('0')
{ c=c-1;
    k--;
    if (k==5) break;
}
```

4. 执行语句 for(i=1;i++<4;);后，变量 i 的值是_____。

5. 要使以下程序段输出 10 个整数，请填入一个整数。

```c
for(i=0;i<=_____;printf("%d\n",i+=2));
```

6. 以下程序运行后的输出结果是_____。

```c
#include <stdio.h>
void main()
{
    int i=10, j=0;
    do
    {
        j=j+i;i--;
    }while(i>2);
    printf("%d\n",j);
}
```

7. 以下程序运行后的输出结果是_____。

```c
#include <stdio.h>
void main()
{
    int x=15;
    while(x>10 && x<50)
    {
        x++;
        if(x/3){x++;break;}
        else continue;
    }
    printf("%d\n",x);
}
```

8. 下面程序的功能是计算 1 到 10 之间奇数之和及偶数之和，请填空。

```c
#include <stdio.h>
void main()
{
    int a, b, c, i;
    a=c=0;
    for(i=0;i<=10;i+=2)
    {
        a+=i;
        _____;
        c+=b;
    }
    printf("偶数之和=%d\n",a);
}
```

## 三、写出程序的运行结果

1.
```c
#include <stdio.h>
void main()
{
    int i,j,k=19;
    while(i=k-1)
    {
        k-=3;
        if(k%5==0) {i++;continue;}
        else if(k<5) break;
        i++;
    }
    printf("i=%d,k=%d\n",i,k);
}
```

2.
```c
#define N 50
#include <stdio.h>
void main()
{
    int b,i,k;
    for(i=3;i<N;i++)
    {
        k=2;
        b=1;
```

```
            while(k<=i/2&&b)
            b=i%k++;
            if(b) printf("%4d",i);
        }
        printf("\n");
    }
```

3. 
```
#include <stdio.h>
void main()
{
    int i,j;
    i=j=3;
    if(i)
    if(j==2) i--,--j,printf("\n%d",i-j);
    else i++,++j,printf("\n%d",i+j);
    if(i)
        for(j=1;j<i-1;j++)
            if(i==j) printf("j=%d",j);else printf("Good");
}
```

4. 
```
#include <stdio.h>
void main()
{
    int i,j;
    char c;
    while(1)
    {
        i=j=0;
        do
        { c=getchar();
            if(c>='a'&&c<='z')
                printf("%c",c-'a'+'A');
            else if(c>='A'&&c<='Z')
                printf("%c",c+'a'-'A');
            else j++;
        }while(c!='\n');
        if(j) break;
    }
}
```
其中输入为：net99NET。

## 四、编写程序题

1. 利用下列公式计算 $\pi$ 的近似值（$n$ 取 1 000）。

$$\frac{\pi}{4} = 1 - \frac{1}{3} + \frac{1}{5} - \frac{1}{7} + \cdots + \frac{1}{4n-3} - \frac{1}{4n-1}$$

2. 输入角度 $x$，求 $\cos x$ 的近似值。

$$\cos x = x - \frac{x^2}{2!} + \frac{x^2}{4!} - \frac{x^2}{6!} + \cdots$$

直到最后一项的绝对值小于 $10^{-6}$ 时为止。

3. 设 $s = 1 + \dfrac{1}{2} + \dfrac{1}{3} + \cdots + \dfrac{1}{n}$，求与 8 最接近的 $s$ 的值及与之对应的 $n$ 值。

4. 计算 $F_{ij}$ 和 $S$。

其中 $F_{ij} = \dfrac{\sin(X_i + Y_j)}{1 + X_i Y_j}$，$S = \sum\limits_{i=1}^{5}\sum\limits_{j=1}^{10} F_{ij}$，$X_i$=1,3,5,7,9，$Y_i$=2.1,2.2,2.3,$\cdots$,3.0。

5. 由键盘输入一个正整数，找出大于或等于该数的第一个素数。

6. 求[2,999]中同时满足下列条件的数。

（1）该数各位数字之和为奇数。

（2）该数是素数。

7. 求满足如下条件的 3 位数：它除以 9 的商等于它各位数字的平方和。例如 224，它除以 9 的商为 24，而 $2^2 + 2^2 + 4^2 = 24$。

8. 因子之和等于它本身的数为完数。例如 28 的因子是 1，2，4，7，14，且 1+2+4+7+14=28，则 28 是完数。求[2,1000]中的所有完数。

9. A 的因子之和等于 B，B 的因子之和等于 A，且 A≠B，则称 A，B 为亲密数对。求[2,1000]中的亲密数对。

10. 某数的平方，其低位与该数本身相同，则称该数为守形数。例如 $25^2$=625，而 625 的低位 25 与原数相同，则称 25 为守形数。求[2,1000]中的守形数。

11. 一个整数，它加上 100 后是一个完全平方数，再加上 168 又是一个完全平方数，求 1 000 以内满足条件的数。如果一个数的平方根的平方等于该数，此数是完全平方数。

12. 利用迭代公式：

$$y_{n+1} = \frac{2}{3} y_n + \frac{a}{3 y_n^2}$$

求 $y = \sqrt[3]{a}$。初始值 $y_0$=$a$，误差要求 $10^{-5}$。$a$ 从键盘输入。

13. 已知在区间[0,3]上，方程 $x^3 - x^2 - 1 = 0$ 有一个实根，试用二分法求方程的根。

　　提示：二分法求方程 $f(x)=0$ 的根的思想是，设 $f(x)$ 在区间[$a$,$b$]上，因 $f(a)$ 与 $f(b)$ 不同号而有一个根，$f(x)$ 在区间中点 $m$=$(a+b)/2$ 的值 $f(m)$ 的符号和 $f(a)$, $f(b)$ 的符号确定用 $m$ 更新 $a$ 或 $b$，从而使根所在区间每次减半，直至 $|b-a| < \varepsilon$，根约为 $(a+b)/2$。

14. 输入一行字符，分别统计其中英文字母、空格和其他字符的个数。

15. 某些分子和分母都是两位数的真分数，分子的个位数与分母的十位数相同，而且如果把该分数的分子的个位数和分母的十位数同时去掉，所得结果正好等于原分数约分后的结果。例如 16/64=1/4，试求所有满足上述条件的真分数。

16. 计算不定方程 $\begin{cases} x^2 + y^2 = 10000 \\ x \leqslant y \end{cases}$ 共有多少组自然数解。

# 第 6 章　函数与编译预处理

应用计算机求解复杂的实际问题，总是把一个任务按功能分成若干个子任务，每个子任务还可再细分。一个子任务称为一个功能块，在 C 语言中用函数（Function）实现。对于反复要用到的某些程序段，如果在需要时每次都重复书写，将是十分烦琐的，如果把这些程序段写成函数，当需要时直接调用就可以了，而不需要重新书写。

以#开始的行叫作编译预处理命令，这些行完成了与预处理器的通信。编译预处理命令用来在程序编译前对程序作相应处理，常用的编译预处理命令有宏定义、文件包含以及条件编译等。编译预处理命令的作用范围是从它在文件中的出现处到文件尾或者是被其他命令取消作用的位置。

本章先介绍函数的定义与使用，然后在最后一节介绍编译预处理。

## 6.1　C 程序的模块结构

一个用 C 语言开发的软件往往由许多功能模块组成，各个功能模块彼此有一定的联系，功能上各自独立。在 C 语言中，用函数来实现功能模块的定义。通常一个具有一定规模的 C 程序往往由多个函数组成。其中有且仅有一个主函数，由主函数来调用其他函数。根据需要，其他函数之间可以相互调用。同一个函数可以被一个或多个函数调用一次或多次。也就是说，C 语言程序的全部功能都是由函数实现的。每个函数相对独立并具有特定的功能。可以通过函数间的调用来实现程序总体功能。如图 6-1 所示是一个程序中函数调用的示意图。

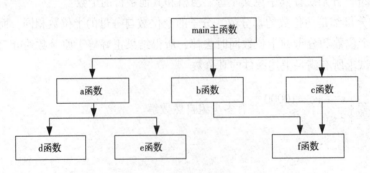

图 6-1　C 语言程序的模块结构

　　在 C 语言中，主函数可以调用其他函数，而其他函数均不能调用主函数。通常把调用其他函数的函数称为主调函数，而将被调用的函数称为被调函数。可见主函数只能是主调函数，而其他非主函数既可以是主调函数，也可以是被调函数。图 6-1 中的 C 程序由一个主函数和 6 个其他函数组成，主函数 main 和其他函数构成程序的层次模块结构。在执行 main 函数时，调用了 a 函数、b 函数和 c 函数，而在执行 a 函数时，分别调用了 d 函数和 e 函数。在执行 b 函数和 c 函数时，调用了 f 函数。

　　C 程序的一般格式为：

```
全局变量定义或声明
void main()
{
    局部变量定义
    语句序列
}
<类型符> f1(形式参数表)
{
    局部变量定义
    语句序列
}
<类型符> f2(形式参数表)
{
    局部变量定义
    语句序列
}
...
<类型符> fn(形式参数表)
{
    局部变量定义
    语句序列
}
```

其中 f1() ~ fn() 表示用户定义的函数。

　　C 编译系统提供了很多非常有用的库函数，可根据需要进行调用，但调用前要将相应的头文件包含到程序中来。前面各章程序中的第一行都是#include 命令，这是一条预编译命令，作用是将 C 编译程序提供的头文件包含到当前程序中。库函数不是 C 语言本身的组成部分，而是由 C 编译系统提供的一些非常有用的功能函数。库函数是编译过的文件。例如，C 语言没有输入输出语句，也没有直接处理字符串的语句，但是 C 编译系统以库函数的方式提供了这些功能。另外，还有大量的数学函数及其他函数可供用户直接调用。这些库函数的类型和宏定义都保存在相应的头文件中，而对应的子程序则存放在运行库（.lib）中，用户只要在程序的函数外部用#include <头文件>或#include "头文件"命令包含指定的头文件，就可以调用相关的库函数。

　　绝大多数 C 程序都包含对标准函数库的调用。调用库函数的时候，还要注意函数形式参数个数、类型以及函数返回值的类型。

　　C 语言中，函数可按多种方式来分类：

　　（1）从使用的角度来分，可以分为标准函数和用户函数。标准函数（也称系统函数或库函数）是指由系统提供的、已定义好（即已在 C 库函数头文件中定义）的函数。用户函数（也称自定义函数）是指用户在源程序文件中定义的函数。

（2）从形式上来分，可以分为无参函数和有参函数。这是根据函数定义时是否设置参数来划分的。

（3）从作用范围来分，可以分为外部函数和内部函数。外部函数是指可以被任何源程序文件中的函数所调用的函数。内部函数是指只能被其所在的源程序文件中的函数所调用的函数。

（4）从返回值来分，可以分为无返回值函数和有返回值函数。

# 6.2 函数的定义与调用

在 C 语言中，函数的含义不是数学上的函数值与表达式之间的对应关系，而是一种运算或处理过程，即将一个程序段完成的运算或处理放在函数中完成，这就要先定义函数，然后根据需要调用它，而且可以多次调用，这体现了函数的优点。

## 6.2.1 函数的定义

C 语言函数的定义包括对函数名、函数的参数、函数返回值的类型与函数功能的描述。一般形式为：

```
类型符 函数名([形式参数说明])
{
    声明与定义部分
    语句部分
}
```

### 1. 函数首部

函数首部用于对函数的特征进行定义。类型符用于标识函数返回值的类型。当函数不返回值时，习惯用 void 来标记。另外，当函数返回 int 型值时，类型符 int 可以省略。

函数名是一个标识符，一个 C 程序除有一个且只有一个 main()函数外，其他函数的名字可以随意命名。一般给函数命名一个能反映函数功能，有助于记忆的标识符。

在函数定义中，函数名后括号内的形式参数（Formal Parameter）是按需要而设定的，也可以没有形式参数，但函数名后一对圆括号必须保留。形式参数简称形参。

当函数有形参时，在形参表中，除给出形参名外，还要指出它的类型。一般形式为：

```
类型符 形参名 1,类型符 形参名 2,…,类型符 形参名 n
```

例如：

```
double max(double x,double y)
{
    …
}
```

定义函数 max()返回 double 型值，它有 x 和 y 两个形参，都被定义为 double 型。

### 2. 函数体

在函数定义的最外层花括号括起来的部分称作函数体。在函数体的前面部分可以包含函数体中程序对象的声明和变量定义，声明和定义之后是描述函数功能的语句部分。例如：

```
double max(double x,double y)
{
    return x>y?x:y;
}
```

这是一个求 x 和 y 中较大数的函数。

函数体中的 return 语句用于传递函数的返回值。一般格式为：

return 表达式；

说明：

（1）一个函数中可以有多个 return 语句，当执行到某个 return 语句时，程序的控制流程返回调用函数，并将 return 语句中表达式的值作为函数值带回。

（2）若函数体内没有 return 语句，就一直执行到函数体的末尾，然后返回调用函数。这时也有一个不确定的函数值被带回。

（3）若不需要带回函数值，一般将函数定义为 void 类型。

（4）return 语句中表达式的类型应与函数返回值的类型一致。不一致时，以函数返回值的类型为准。

### 3．空函数

C 语言还允许函数体为空的函数，其形式为：

函数名()

{ }

调用此函数时，什么工作也不做。这种函数定义出现在程序中有以下目的：在调用该函数处，表明这里要调用某某函数；在函数定义处，表明此处要定义某某函数。因函数的算法还未确定，或暂时来不及编写，或有待于完善和扩充程序功能等原因，未给出该函数的完整定义。特别在程序开发过程中，通常先开发主要的函数，次要的函数或准备扩充程序功能的函数暂写成空函数，使能在程序还未完整的情况下调试部分程序。又能为以后程序的完善和功能扩充打下一定的基础。所以空函数在 C 程序开发中经常被采用。

## 6.2.2　函数的调用

有了函数定义，凡要完成该函数功能处，就可调用该函数来完成。函数调用的一般形式为：

函数名(实在参数表)

当有多个实在参数（Actual Parameter）时，实在参数之间用逗号分隔。如下语句：

y=max(u,v)；

其中的 max(u,v)就是对函数 max()的调用。如果调用的是无参数函数，则调用形式为：

函数名()

其中函数名之后的一对括号不能省略。

函数调用时提供的实在参数（简称实参）应与被调用函数的形式参数按顺序一一对应，而且参数类型要一致。

按调用函数在程序中的作用不同，有两种不同的应用方式：

（1）将函数调用作为一个独立的语句。如前面例子中经常使用的输入输出函数调用。这种应用情况不要求或无视函数的返回值，需要的只是函数完成的操作。

（2）函数调用作为表达式中的一个运算量。这种应用情况要求函数调用能返回一个值，参与表达式的计算。例如：

y=max(u,v)+2.0；

prinft("%f\n",max(u,v))；

其中函数调用 max(u,v)，前者利用函数调用的返回值继续计算表达式的值；后者利用函数调用的返回值输出。

【例 6.1】求五边形面积（见图 6-2），长度 l1～l7 从键盘输入。

分析：求五边形的面积可以变成求 3 个三角形面积的和。由于要 3 次计算三角形的面积，为了程序简单起见，可将计算三角形面积定义成函数，然后在主函数中 3 次调用它，分别得到 3 个三角形的面积，然后相加得到五边形的面积。

程序如下：

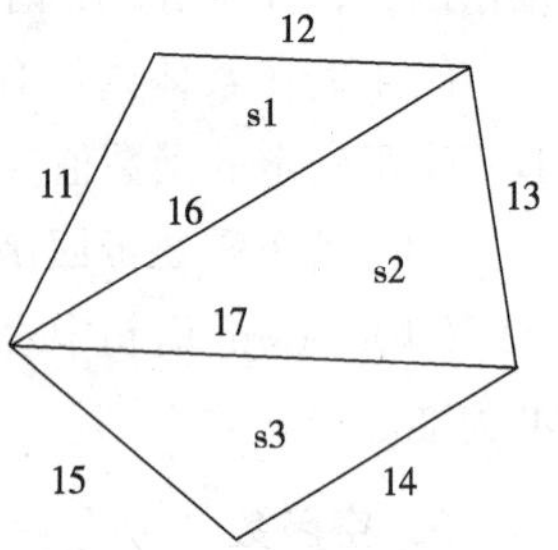

```c
#include <stdio.h>
#include <math.h>
float ts(float a,float b,float c)
{
    float s;
    s=(a+b+c)/2;
    s=sqrt(s*(s-a)*(s-b)*(s-c));
    return s;
}
void main()
{
    float l1,l2,l3,l4,l5,l6,l7,s;
    scanf("%f,%f,%f,%f,%f,%f,%f",&l1,&l2,&l3,&l4,&l5,&l6,&l7);
    s=ts(l1,l2,l6)+ts(l6,l3,l7)+ts(l7,l4,l5);
    printf("area=%f\n",s);
}
```

图 6-2　五边形

### 6.2.3　对被调用函数的声明和函数原型

#### 1. 函数的声明

由于 C 语言可以由若干个文件组成，每一个文件可以单独编译，因此在编译程序中的函数调用时，如果不知道该函数参数的个数和类型，编译系统就无法检查形参和实参是否匹配，为了保证函数调用时，编译程序能检查出形参和实参是否满足类型相同、个数相等的条件，并由此决定是否进行类型转换，必须为编译程序提供所用函数的返回值类型和参数的类型、个数，以保证函数调用成功。这里提出函数声明的概念。

一般被调用函数应放在调用函数之前定义。若被调用函数的定义在调用函数之后出现，就必须在调用函数中对被调用函数加以声明，函数声明的一般形式为：

类型符　函数名 (形参类型 1 形参名 1,形参类型 2 形参名 2,…);

这种形式的函数声明只是对已定义的函数名及其返回值的类型、参数个数及参数类型作声明，以便让编译程序预先知道该标识符是函数和函数返回值的类型，为该函数的调用编译出正确的目标代码。

注意：函数的声明和函数的定义形式上类似，但两者有本质的不同。主要区别在以下几方面。

（1）函数的定义（Definition）是编写一段程序，除上面内容之外，应有函数具体的功能语句，即函数体，而函数的声明（Declaration）仅是对编译系统的一个说明，不含具体的执行动作。

（2）在程序中，函数的定义只能有一次，而函数的声明可以有多次，有多少个主调函数要调用该被调函数，就应在各个主调函数中各自进行声明。

【例 6.2】计算并输出 y 的值。

$$y = \sum_{t=1}^{4} \frac{4f(t^2)}{f\left(\dfrac{t}{2}-1\right)-3g(t^2+2)}$$

其中

$$f(x) = \frac{e^x - |x-12|}{x + 10\cos(x-1)}$$

$$g(x) = \begin{cases} \dfrac{1}{x^2} & x < 0 \\ 0 & x = 0 \\ \ln(x^2+5) & x > 0 \end{cases}$$

程序如下：

```
#include <stdio.h>
#include <math.h>
void main()
{
    int t;
    float y=0.0;
    float f(float x),g(float x);
    for(t=1;t<=4;t++)
        y+=4.0*f((float)(t*t))/(f(t/2.0-1.0)-3*g(t*t+2.0));
    printf("y=%f\n",y);
}
float f(float x)
{
    float z;
    z=(exp(x)-fabs(x-12))/(x+10*cos(x-1));
    return z;
}
float g(float x)
{
    float z;
    if(x<0) z=1.0/(x*x);
    else if(x==0) z=0.0;
    else z=log(x*x+5);
    return z;
}
```

程序由 main()、f() 和 g() 三个函数组成。main() 在调用 f() 和 g() 之前对它们进行了声明。

以下几种情况下，可省略函数声明：

（1）如果被调用函数的定义出现在调用它之前，根据 C 语言的定义隐含着声明原则，可以不必对被调用函数作声明。例 6.1 即是这种情况。

（2）如被调用函数的返回值是整型或字符型，也可以不对它作声明。因编译系统发现程序调用一个还未被定义或声明的函数时，就假定它的返回值是整型的，而字符型又是与整型相通的。

（3）如果被调用函数的声明已出现在函数定义之前（特别是在程序文件的开头处），则位于该函数声明之后定义的所有函数都可调用该函数，而不必另加声明。

除以上 3 种情况外，包括调用另一个源程序文件中定义的函数，都应对被调用函数在调用它之前作声明。

### 2. 函数原型的概念

在对被调函数的声明时，编译系统需知道被调函数有几个参数，各自是什么类型，而参数的名字是无关紧要的，因此，对被调函数的声明也称为函数原型（Prototype），函数原型也可以简化为：

类型符 函数名(形参类型 1,形参类型 2,…)

在例 6.2 主函数中，函数原型可以改为：

```
float f(float),g(float);            /*仅声明各形参的类型，不必指出形参的名*/
```

通常将一个文件中需调用的所有函数原型写在文件的开始。

## 6.3　函数的参数传递

调用带参数的函数时，调用函数与被调函数之间会有数据传递。形参是函数定义时由用户定义的形式上的变量，实参是函数调用时，主调函数为被调函数提供的原始数据。在 C 语言中，实参向形参传送数据的方式是"值传递"，即实参的值传给形参，是一种单向传递方式，不能由形参传回给实参。在函数执行过程中，形参的值可能被改变，但这改变对原来与它对应的实参没有影响。

C 语言函数参数采用值传递的方法，其含义是：在调用函数时，将实参变量的值取出来，复制给形参变量，使形参变量在数值上与实参变量相等。在函数内部使用形参变量的值进行处理。C 语言中的实参可以是一个表达式，调用时先计算表达式的值，再将结果（值）复制到形参对应的存储单元中，一旦函数执行完毕，这些形参存储单元都将被释放，其所保存的值不再保留。形式参数是函数的局部变量，仅在函数内部才有意义，所以不能用它来向主调函数传递函数计算的结果。

值传递的优点在于被调用的函数不可能改变主调函数中变量的值，而只能改变它的局部的临时副本。这样就可以避免被调用函数的操作对调用函数中的变量可能产生的副作用。

C 语言中，在值传递方式下，既可以在函数之间传递"变量的值"，也可以在函数之间传递"变量的地址"。

下面先讨论变量名作形参时的参数结合。后面章节还会分别介绍数组名、各种类型的指针变量作函数形参。当形参是变量名时，所对应的实参可以是常量、变量或表达式。在函数未被调用时，形参并不占用内存单元。只有当函数被调用时，系统才为形参分配内存单元。函数调用结束后，形参所占内存单元就被系统回收。

【例 6.3】分析形参和实参的结合过程。

```
#include <stdio.h>
double max(double x,double y)
{
    x=x>y?x:y;
    return x;
}
```

```
void main()
{
    double a,b,c;
    scanf("%lf%lf",&a,&b);
    c=max(a,b);
    printf("Max(%lf,%lf)=%lf\n",a,b,c);
}
```

该程序包括主函数和 max 函数，在主函数中调用 max 函数。函数调用发生时，先为被调用函数 max 的形参 x、y 分配存储单元，然后调用处的实参 a、b 的值分别赋给形参 x 和 y。接着执行 max 函数。遇 return 语句，计算 return 语句中的表达式，并返回，控制回到调用 max 函数处继续执行。在这里 max 函数返回 a 和 b 中大的值。继续调用处执行，使该值赋给变量 c，最后输出程序结果。这里实参 a 所对应的形参 x 在 max 函数中发生了变化，但这并不影响 a 的值。

设输入 a、b 的值分别为 375.0 和 860.0，则参数结合过程如图 6-3 所示。调用 max 函数时，通过参数结合，形参 x 得到的值是 375.0，y 得到的值是 860.0，执行 max 函数时，将条件表达式的值赋给 x，x 值变为 860.0，但 x 所对应的实参 a 并不改变。

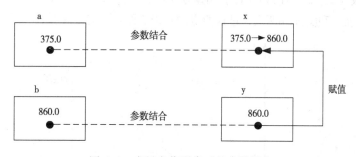

图 6-3　变量名作形参时的参数结合

## 6.4　函数的嵌套调用与递归调用

函数的嵌套调用是 C 语言的一个语言特征，它是指函数里又调用函数，这里调用的函数可以是其他函数，也可以是调用函数本身，当被调用的函数就是调用函数本身时，就形成了递归调用，所以递归调用是嵌套调用的一种特例。只不过因为递归调用很特殊，反映了一种逻辑思想，用它来解决某些问题时显得简练，所以单独介绍。

### 6.4.1　函数的嵌套调用

在 C 语言的函数定义内不能再定义别的函数，但一个函数为实现它的功能，可以调用其他函数。例如，从主函数出发，主函数调用函数 a()，函数 a() 又调用函数 b()，函数 b() 又调用函数 c()，等等。这样从主函数出发，在调用一个函数的过程中，又可调用另一函数，就是通常所说的函数嵌套调用。函数嵌套调用时，有一个重要的特征，先被调用的函数后返回。例如，待函数 c() 完成计算返回后，函数 b() 继续计算（可能还要调用其他函数），待计算完成，返回到函数 a()，函数 a() 计算完成后，才返回到主函数。图 6-4 示意了函数嵌套调用关系，其中编号表示执行控制变化的顺序。

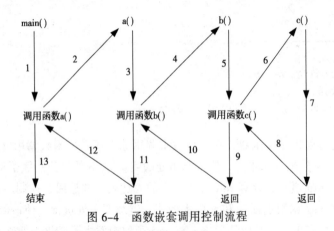

图 6-4  函数嵌套调用控制流程

【例 6.4】用弦截法求方程 $f(x)=x^3-5x^2+16x-8=0$ 的根。

分析：用弦截法求方程根的基本步骤如下所述。

（1）取两个不同点 $x_1$、$x_2$，如果 $f(x_1)$ 和 $f(x_2)$ 异号，则 $(x_1, x_2)$ 区间内必有一个根。如果 $f(x_1)$ 与 $f(x_2)$ 同号，则应改变 $x_1$、$x_2$，直到 $f(x_1)$、$f(x_2)$ 异号为止。

（2）连接 $(x_1, f(x_1))$ 和 $(x_2, f(x_2))$ 两点，过这两点的直线（即弦）交 $x$ 轴于 $x$，如图 6-5 所示。

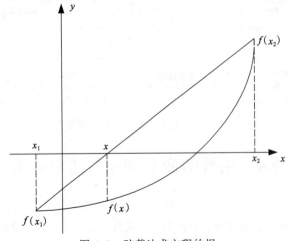

图 6-5  弦截法求方程的根

$x$ 点坐标可用下式求出：

$$x = \frac{x_1 f(x_2) - x_2 f(x_1)}{f(x_2) - f(x_1)}$$

再从 $x$ 求出 $f(x)$。

（3）若 $f(x)$ 与 $f(x_1)$ 同号，则根必在 $(x, x_2)$ 区间内，此时将 $x$ 作为新的 $x_1$。如果 $f(x)$ 与 $f(x_2)$ 同号，则表示根在 $(x_1, x)$ 区间内，将 $x$ 作为新的 $x_2$。

（4）重复步骤（2）和（3），直到 $|f(x)|$ 是一个很小的数（例如 $10^{-6}$）。此时认为 $f(x) \approx 0$，$x$ 即是方程的解。

分别用几个函数来实现有关功能：

（1）用函数 $f(x)$ 来求 $f(x)$ 的值。

（2）用函数 xpoint(x1,x2)来求 x 点的纵坐标。

（3）用函数 root(x1,x2)来求(x1,x2)区间的实根。显然，执行 root 函数过程中要用到函数 xpoint，而执行 xpoint 函数过程中要用到 f 函数，即函数嵌套调用。

程序如下：

```c
#include <stdio.h>
#include <math.h>
float f(float x)                    /*定义 f 函数，求 f(x)的值*/
{
   float y;
   y=((x-5.0)*x+16.0)*x+8.0;
   return y;
}
float xpoint(float x1,float x2)     /*定义 xpoint 函数，求出弦与 x 轴交点*/
{
   float y;
   y=(x1*f(x2)-x2*f(x1))/(f(x2)-f(x1));
   return y;
}
float root(float x1, float x2)      /*定义 root 函数，求方程近似根*/
{
   int i;
   float x,y,y1;
   y1=f(x1);
   do
   {
     x=xpoint(x1,x2);
     y=f(x);
     if(y*y1>0)                     /*f(x)与 f(x1)同号*/
        {y1=y;x1=x;}
     else
        x2=x;
   }while(fabs(y)>=1e-6);
   return(x);
}
void main()
{
   float x1,x2,f1,f2,x;
   do
   {
     printf("Input x1,x2:\n");
     scanf("%f,%f",&x1,&x2);
     f1=f(x1);
     f2=f(x2);
   }while(f1*f2>=0);
   x=root(x1,x2);
   printf("A root of equation is %8.4f\n",x);
}
```

程序运行情况如下：

```
Input x1,x2
-2,4↙
A root of equation is -0.4356
```

### 6.4.2 函数的递归调用

#### 1．递归的基本概念

递归是指在连续执行某一处理过程时，该过程中的某一步要用到它自身的上一步或上几步的结果。在一个程序中，若存在程序自己调用自己的现象就是构成了递归。递归是一种常用的程序设计技术。在实际应用中，许多问题的求解方法具有递归特征，利用递归描述这种求解算法，思路清晰简洁。

C语言允许函数的递归调用。在调用一个函数的过程中又出现直接或间接地调用该函数本身，称为函数的递归调用。如果函数 a 在执行过程中又调用函数 a 自己，则称函数 a 为直接递归。如果函数 a 在执行过程中先调用函数 b，函数 b 在执行过程中又调用函数 a，则称函数 a 为间接递归。程序设计中常用的是直接递归。

数学上递归定义的函数是非常多的。例如，当 $n$ 为自然数时，求 $n$ 的阶乘 $n!$。

$n!$的递归表示：

$$n! = \begin{cases} 1 & n \leq 1 \\ n \cdot (n-1)! & n > 1 \end{cases}$$

从数学角度来说，如果要计算出 $f(n)$ 的值。就必须先算出 $f(n-1)$，而要求 $f(n-1)$ 就必须先求出 $f(n-2)$。这样递归下去直到计算 $f(0)$ 时为止。若已知 $f(0)$，就可以向回推，计算出 $f(1)$，再往回推计算出 $f(2)$，一直往回推计算出 $f(n)$。

#### 2．递归程序的执行过程

用一个简单的递归程序来分析递归程序的执行过程。

【例 6.5】求 $n!$ 的递归函数。

根据 $n!$ 的递归表示形式，用递归函数描述如下：

```c
int fac(int n)
{
    if(n<=1) return 1;
    else return n*fac(n-1);
}
```

在函数中使用了 n*fac(n-1) 的表达式形式，该表达式中调用了 fac 函数，这是一种函数自身调用，是典型的直接递归调用，fac 是递归函数。显然，就程序的简洁来说，函数用递归描述比用循环控制结构描述更自然、更简洁。但是，对初学者来说，递归函数的执行过程比较难以理解。以计算 3! 为例，设有某函数以 m=fac(3) 形式调用函数 fac()，它的计算流程如图 6-6 所示。

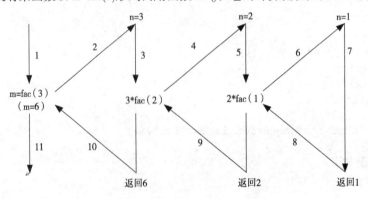

图 6-6　fac(3)的计算流程

函数调用 fac(3)的计算过程可大致如下：

为计算 3!以函数调用 fac(3)去调用函数 fac()；n=3 时，函数 fac()值为 3*2!，用 fac(2)去调用函数 fac()；n=2 时，函数 fac()值为 2*1!，用 fac(1)去调用函数 fac()；n=1 时，函数 fac()计算 1!以结果 1 返回；返回到发出调用 fac(1)处，继续计算得到 2!的结果 2 返回；返回到发出调用 fac(2)处，继续计算得到 3!的结果 6 返回。

递归计算 n!有一个重要特征，为求 n 有关的解，化为求 n–1 的解，求 n–1 的解又化为求 n–2 的解，依此类推。特别地，对于 1 的解是可立即得到的。这是将大问题分解为小问题的递推过程。有了 1 的解以后，接着是一个回朔过程，逐步获得 2 的解，3 的解，……，直至 n 的解。

在编写递归函数时，必须使用 if 语句建立递归的结束条件，使程序能够在满足一定条件时结束递归，逐层返回。如果没有这样的 if 语句，在调用该函数进入递归过程后，就会无休止地执行下去而不会返回，这是编写递归程序时经常发生的错误。在例题 6.5 中，n<=1 就是递归的结束条件。

### 3．数值型递归问题的求解方法

在掌握递归的基本概念和递归程序的执行过程之后，还应掌握编写递归程序的基本方法。编写递归程序要注意两点，一要找出正确的递归算法，这是编写递归程序的基础；二要确定算法的递归结束条件，这是决定递归程序能否正常结束的关键。

可以将计算机所求解的问题分为两大类：数值问题和非数值问题。两类问题具有不同的性质，所以解决问题的方法也是不同的。

对于数值问题编写递归程序的一般方法是：建立递归数学模型，确定递归终止条件，将递归数学模型转换为递归程序。数值问题由于可以表达为对数学公式求解，所以可以从数学公式入手，推出问题的递归定义，然后确定问题的边界条件，这样就可以较容易地确定递归的算法和递归结束条件。

【例 6.6】用递归方法计算下列多项式函数的值。

$$p(x,n)=x-x^2+x^3-x^4+\cdots+(-1)^{n-1}x^n(n>0)$$

分析：这是一个数值计算问题。函数的定义不是递归定义形式，对原来的定义进行如下数学变换。

$$\begin{aligned}p(x,n)\ &=x-x^2+x^3-x^4+\cdots+(-1)^{n-1}x^n\\&=x[1-(x-x^2+x^3-\cdots+(-1)^{n-2}x^{n-1})]\\&=x[1-p(x,n-1)]\end{aligned}$$

经变换后，可以将原来的非递归定义形式转化为等价的递归定义：

$$p(x,n)=\begin{cases}x & n=1\\x[1-p(x,n-1)] & n>1\end{cases}$$

由此递归定义，可以确定递归算法和递归结束条件。

递归函数的程序如下：

```
double p(double x,int n)
{
    if(n==1) return (x);
    else return (x*(1-p(x,n-1)));
}
```

#### 4．非数值型递归问题的求解方法

对于非数值问题，编写递归程序的一般方法是：确定问题的最小模型并使用非递归算法解决，分解原来的非数值问题建立递归模型，确定递归模型的终止条件，将递归模型转换为递归程序。

由于非数值型问题本身难于用数学公式表达。求解非数值问题的一般方法是要设计一种算法，找到解决问题的一系列操作步骤。如果能够找到解决问题的一系列递归的操作步骤，同样可以用递归的方法解决这些非数值问题。寻找非数值问题的递归算法可从分析问题本身的规律入手，按照下列步骤进行分析：

（1）从化简问题开始。将问题进行简化，将问题的规模缩到最小，分析问题在最简单情况下的求解方法。此时找到的求解方法应当十分简单。

（2）对于一个一般的问题，可将一个大问题分解为两个（或若干个）小问题，使原来的大问题变成这两个（或若干个）小问题的组合，其中至少有一个小问题与原来的问题有相同的性质，只是在问题的规模上与原来的问题相比较有所缩小。

（3）将分解后的每个小问题作为一个整体，描述用这些较小的问题来解决原来大问题的算法。

由第（3）步得到的算法就是一个解决原来问题的递归算法。由第（1）步将问题的规模缩到最小时的条件就是该递归算法的递归结束条件。

【例6.7】利用递归函数打印如图6-7所示的数字金字塔图形。

分析：这是一个左右对称的图形，垂直中心线上的数字恰好是行号，在每行位于图形垂直中心线左边的数字是逐渐增加的，而右边是逐渐减小的。左边的终点数字也就是右边的起点数字。用 $c_1$ 表示左边起点数字，此例取值从字符"1"开始，用 $c_2$ 表示左边终点数字（即右边的起点数字），$c_2$ 从"1"变化到"9"。设计递归算法如下：

```
                    1
                  1 2 1
                1 2 3 2 1
              1 2 3 4 3 2 1
            1 2 3 4 5 4 3 2 1
          1 2 3 4 5 6 5 4 3 2 1
        1 2 3 4 5 6 7 6 5 4 3 2 1
      1 2 3 4 5 6 7 8 7 6 5 4 3 2 1
    1 2 3 4 5 6 7 8 9 8 7 6 5 4 3 2 1
```

图6-7　数字金字塔

（1）先将问题进行简化。显然，当 $c_1 = c_2$ 时，只需要输出一个数字字符，可以很容易实现。

（2）当 $c_1 \neq c_2$ 时，在逻辑上可以将它分为两部分，即最左边数字字符及其以后的全部数字字符。

（3）将最左边数字字符以后的全部数字字符看成一个整体，则为了输出这些数字字符，可以按如下步骤进行操作：

① 输出最左边的数字字符。

② 输出最左边数字以后的全部数字字符。这就是将原来的问题分解后，用较小的问题来解决原来大问题的算法。其中操作②中的问题"输出最左边数字以后的全部数字字符"只是对原问题在规模上进行了缩小。这样描述的操作步骤就是一个递归的操作步骤。

整理上述分析结果，把第（1）步中化简问题的条件作为递归结束条件，将第（3）步分析得到的算法作为递归算法，可以写出如下完整的递归算法描述：若首尾字符相等，只需要输出一个数字字符；否则输出最左边的数字字符，然后输出最左边数字以后的全部数字字符。

同样，可以设计打印右半部分数字字符的递归算法。

程序如下：

```
#include <stdio.h>
void main()
{
    char ich;
    void generate(char c1,char c2);
    for(ich='1';ich<='9';ich++)
    {
        int i;
        for(i=1;i<=20-(ich-'0');i++)         /*输出每一行前面的空格*/
            putchar(' ');
        generate('1',ich);
        putchar('\n');
    }
}
void generate(char c1,char c2)
{
    if(c1==c2)
        putchar(c1);
    else
    {
        putchar(c1);
        generate(++c1,c2);
        putchar(--c1);
    }
}
```

### 5. 关于递归的几点说明

当一个问题蕴含了递归关系且结构比较复杂时，采用递归调用的程序设计技巧可以使程序变得简洁，增加了程序的可读性。但递归调用本身是以牺牲存储空间为基础的，因为每一次递归调用都要保存相关的参数和变量。同样，递归本身也不会加快执行速度；相反，由于反复调用函数，还会或多或少地增加时间开销。递归调用能使代码紧凑，并能够很容易地解决一些用非递归算法很难解决的问题。

**注意**：所有的递归问题都一定可以用非递归的算法实现，并且已经有了固定的算法。如何将递归程序转化为非递归程序的算法已经超出了本书的范围，感兴趣的读者可以参看有关数据结构的文献资料。

## 6.5 变量的作用域与存储类别

C 语言程序由函数组成，每个函数都要用到一些变量。需要完成的任务越复杂，组成程序的函数就越多，涉及的变量也越多。一般情况下要求各函数的数据各自独立，但有时候，又希望各函数有较多的数据联系，甚至组成程序的各文件之间共享某些数据。因此，在程序设计中，必须要重视变量的作用域以及变量的存储类别问题。

### 6.5.1 变量的作用域

在程序中定义的变量，C 系统都为其开辟存储单元，但并不是程序运行的任何时刻都能对它进行存取。在程序中能对变量进行存取操作的范围称为变量的作用域。根据变量的作用域不同，变量分为局部变量和全局变量。

**1. 局部变量**

在一个函数体内或复合语句内定义的变量称为局部变量。局部变量只在定义它的函数体或复合语句内有效，即只能在定义它的函数体或复合语句内部使用它，而在定义它的函数体或复合语句之外不能使用它。如有以下程序片段：

```
fun1(x)
{
    int m,n;
    …                      /*这里可以使用形参 x 和局部变量 m、n*/
}
char fun2(float x,float y)
{
    float m,n;
    …                      /*这里可以使用形参 x、y 和局部变量 m、n*/
}
void main()
{
    char a,b;
    …                      /*这里可以使用 a、b*/
}
```

说明：

（1）主函数定义了变量 a 和 b，fun1 函数和 fun2 函数中都定义了变量 m 和 n，这些变量各自在定义它们的函数体中有效，其他函数不能使用它们。另外，不同的函数可以使用相同的标识符命名各自的变量。同一名字在不同函数中代表不同对象，互不干扰。

（2）对于带参数的函数来说，形式参数的有效范围也局限于函数体。如 fun1 的函数体中可使用形参 x，其他函数不能使用它。同样，同一标识符可作为不同函数的形参名，它们也被当作不同对象。

（3）为了程序修改的方便，函数体内逻辑上较为独立的复合语句在需要时也可定义局部变量，供复合语句内部专用。例如：

```
    …
    {
        int t1,t2;
        t1=x+y;
        t2=x-y;
    }
```

变量 t1 和 t2 只在复合语句内有效，离开该复合语句就无效，释放其对应的存储单元。

**2. 全局变量**

在函数定义之外定义的变量称为全局变量。全局变量可以在定义它的文件中使用，其作用域是从它的定义处开始到变量所在文件的末尾。如下面的程序片段：

```
float  s=1.0;        /*全局变量定义*/
int f1(int x)
{
  int i;
  …
}
int k;               /*全局变量定义 */
float f2(float a)
{
  int i,j;
  …
}
main ()
{
  int n;
  float m;
  …
}
```

s 的作用域

k 的作用域

变量 s 与 k 都是全局变量，但它们的作用域不同。在主函数 main()中和函数 f2()中可以直接使用全局变量 s 和 k，但在函数 f1()中不能直接使用全局变量 k。

说明：

（1）全局变量在程序执行期间一直存在，一个全局变量也可被位于它定义之前的函数使用，甚至别的源程序文件中的函数使用，但需在使用之前给出外部变量的声明（用关键字 extern）。

【例 6.8】写出以下程序输出结果。

程序如下：

```
#include <stdio.h>
int max(int x,int y)
{
  int z;
  z=x>y?x:y;
  return z;
}
void main()
{
  extern int a,b;
  printf("%d\n",max(a,b));
}
int a=13,b=-8;
```

输出结果如下：

13

主函数中对全局变量 a 和 b 进行外部变量声明，使得全局变量 a、b 之前的函数，也能使用 a、b。

变量的声明和定义有着不同的含义。变量的定义为变量分配存储空间，还可以为变量指定初始值。在一个程序中，变量有且仅有一个定义。声明使变量的类型和名字为程序所识别。定义也是声明，当定义变量时就声明它的类型和名字。可以通过使用 extern 关键字声明变量名而不定义它。例如：

```
extern int i;                    /*声明但不定义变量i*/
int i;                           /*声明且定义变量i*/
```

extern 声明不是定义，也不分配存储空间。事实上，它只是说明变量定义在程序的其他地方。程序中变量可以声明多次，但只能定义一次。

只有当声明也是定义时，声明才可以有初始化，因为只有定义才分配存储空间。初始化时必须要有存储空间来进行初始化。如果声明有初始化时，那么它可被当作是定义，即使声明标志为extern。例如：

```
extern double pi=3.1416;           /*定义变量pi*/
```

虽然使用了 extern，但是这条语句还是定义了 pi，分配并初始化了存储空间。只有当 extern 声明位于函数外部时，才可以含有初始化。

因为已初始化的 extern 声明被当作是定义，所以该变量任何随后的定义都是错误的。同样，随后的含有初始化的 extern 声明也是错误的。

（2）在同一源文件中，如果全部变量与局部变量同名，则在局部变量的作用范围内，全局变量不起作用。

【例 6.9】写出程序的输出结果。

程序如下：

```c
#include <stdio.h>
void sub();
void main()
{
    extern int y;
    printf("main_y=%d,",++y);
    sub();
}
int  y=8;
void sub()
{
    int x=2;
    if(x==2)
    {
        int x=4;
        printf("intersub_x=%d,",x++);
    }
    printf("sub:x=%d,y=%d\n",x,++y);
}
```

输出结果如下：

```
main_y=9,intersub_x=4;sub:x=2,y=10
```

在 sub()的函数体中，先定义变量 x，其作用范围是整个函数体。在 if 语句中的复合语句中，又定义变量 x，其作用范围是该复合语句，在该复合语句内部原先定义的 x 不起作用，退出该复合语句后，后定义的 x 又将无效。

（3）在程序中定义全局变量的主要目的是为函数间的数据联系提供一个直接传递的通道。在某些应用中，函数将执行结果保留在全局变量中，使函数能返回多个值。在另一些应用中，将部分参数信息放在全局变量中，以减少函数调用时的参数传递。因程序中的多个函数能使用全局变量，其中某个函数改变全局变量的值就可能会影响其他函数的执行，产生副作用。因此，不宜过多使用全局变量。

### 6.5.2　变量的存储类别

变量具有可访问性和存在性两种基本属性。前面介绍的变量作用域是指在程序的某个范围内的所有语句都可以通过变量名访问该变量，即代表变量的可访问性。

在计算机中，保存变量当前值的存储单元有两类：一类是内存，另一类是 CPU 中的寄存器。变

量的存储类别就是讨论变量的存储位置，C 语言中定义了 4 种存储类别，即自动（auto）变量、外部
（extern）变量、静态（static）变量和寄存器（register）变量，它关系到变量在内存中的存放位置。C
语言用变量的存储类别指明变量的存在性，可分为两大类：静态存储和动态存储。所谓静态存储是指
在程序运行期间分配固定的存储空间，而动态存储则是在程序运行期间根据需要动态分配存储空间。

　　变量的可访问性与存在性在某些场合是一致的，但在有些场合则不一致。存在这样的情况，
一个变量在某时刻虽然存在，但此时不可访问它。

### 1. 局部变量的存储类别

　　（1）自动变量。通常情况下，局部变量都是动态分配存储空间的，对它们分配和释放存储空
间的工作是由编译系统自动处理的，因此这类局部变量称为自动变量。自动变量用关键字 auto 作
存储类别的说明。auto 也可以省略，auto 不写则隐含确定为自动存储类别，它属于动态存储类别。
前面介绍的函数中定义的变量都没有说明为 auto，都隐含确定为自动变量。

　　在函数体内定义的自动变量，只在该函数被调用时，系统临时为它们分配存储单元，函数执行结束
时，系统就回收它们的存储单元。自动变量的作用域就是定义它的函数或复合语句。因此，自动变量的
可见性和存在性是一致的。它随函数被调用或控制进入复合语句而存在，随函数返回或控制出了复合语
句而消失。一次函数调用到下一次函数调用之间或相继两次进入复合语句之间，自动变量的值是不保留
的。所以在编程时，必须在每次进入函数或复合语句时，第一次对它的引用应是对它置值。自动变量的
作用域限于定义它的函数或复合语句，其他函数或复合语句可用同样的名字定义其他程序对象。

　　（2）局部静态变量。有时希望函数中的局部变量的值在函数调用结束后不消失而保留原值，
即其占用的存储单元不释放，在下一次调用该函数时，该变量保持上一次函数调用结束时的值。
这时就应该指定该局部变量为局部静态变量，用 static 加以说明。

　　局部静态变量与自动变量一样，其作用域局限于定义的函数或复合语句。但是它又与自动变
量不同，静态变量在程序执行过程中，始终存在，但在它的作用域之外不可存取它。也就是说，
局部静态变量在其作用域内提供了专用的、永久性的存储。函数体内定义的静态变量能保存函数
前一次调用后的值，供下一次调用时使用。由此可见，局部静态变量其存在性和可见性是不一致
的。这是局部静态量与自动变量的主要区别。

　　【例 6.10】写出程序的输出结果。

　　程序如下：

```
#include <stdio.h>
p(int c)
{
    auto int a=1;
    static int b=2;
    a++;
    b++;
    return a+b+c;
}
void main()
{
    printf("%d,",p(3));
    printf("%d,",p(3));
    printf("%d\n",p(3));
}
```

　　程序运行结果如下：

　　8,9,10

主程序第一次调用函数 p()时，p()的局部变量 a 是自动变量，它被创建，并有初值 1。局部变量 b 是静态变量，它在程序启动时就已创建，并有初值 2。注意 b 的初值是创建时设定的，不是每次进入函数时都为它设定初值 2。第一次调用结束前使 b 的值变为 3，函数返回结果 8。函数返回后，静态变量 b 依旧存在，并保留它返回之前的值 3。主程序第二次调用函数 p()时，自动变量 a 再次被创建，并赋初值 1。这次函数的执行使静态变量 b 的值变为 4，函数返回结果为 9。同理，对函数 p()的第三次调用，返回结果为 10。

上例的解释说明局部静态变量定义如有初值，可以说该初值是在程序开始执行前就被设定的。以后每次调用函数时不再重新赋值，而是保留上次函数调用结束时的值。而局部自动变量赋初值是在每次函数被调用时进行的，每被调用一次，就重赋一次初值。

C 语言还约定，如在定义静态变量时，未指定初值，则对静态变量来说，系统自动给它赋初值 0（指算术类型变量而言，外部或静态类的指针，隐含初始化为空指针）。为了程序便于移植、阅读和修改，建议程序明确给出局部静态变量的初值。对于自动变量，如定义时未给定初值，它的初值是不确定的。函数体在引用定义时未给定初值的自动变量时，必须先为它置初值。

（3）寄存器变量。为了尽可能提高程序的执行效率，C 语言注意到现代计算机通常有多个寄存器的事实，允许变量存储在寄存器中。在程序中，将一个变量定义为寄存器变量，是提醒编译程序，这个变量在程序中可能使用得十分频繁，在为该变量分配存储单元时，有可能的话，为它分配寄存器，而不是内存单元。因为访问内存单元要比访问寄存器慢。对一个使用频繁的变量，用寄存器存储其值，会使程序的执行速度稍快些。

在变量定义之前冠以关键字 register 就可定义寄存器变量。如：

```
register int j;
register char ch;
```

如果寄存器变量的类型是 int 型的，则类型说明符 int 可以缺省。只有局部自动变量和形式参数可以是寄存器存储类的，全局变量不行。例如函数定义：

```
f(register int x, int y)              /*形参 x 是寄存器存储类的，y 不是*/
{
    register int z;                   /*自动变量 z 是寄存器存储类的*/
    …
}
```

含有寄存器形参或自动变量的函数，当它被调用时，该函数将占用一些寄存器存放寄存器形参或寄存器变量的值，函数调用结束释放它占用的寄存器。因计算机的寄存器数目有限，不能定义太多的寄存器存储类的变量，每个函数只能有很少几个变量可以是寄存器存储类的。另外，还限制只有 int 型、char 型及指针类型的变量才可以是寄存器变量。因实现 C 语言的系统环境不同，不同的系统实现 C 语言的各种设施的方法也会有差异。如某些微机上的 C 系统把寄存器存储类变量全部作为普通的自动变量处理，分配内存单元，并不真正把它们的值存放在寄存器中。

另有两点需特别指出，其一是寄存器变量不能执行取地址运算（用运算符&）；其二是寄存器变量不能是静态变量。

**2. 全局变量的存储类别**

全局变量是在函数之外定义的变量，编译时按静态方式分配存储单元。全局变量可以为程序中各个函数所引用。

一个 C 程序可以由一个或多个源程序文件组成，而全局变量定义的作用域是从它的定义处开始到源程序文件的末尾。如果在位于全局变量定义之前的函数中要引用该全局变量，需在引用之前对它作外部变量声明。同样地，如果在定义全局变量源文件之外的源文件中引用该全局变量，也需在引用之前对它作外部变量声明。在变量定义之前冠以关键字 extern，就声明变量是外部变量。例如下面的程序有两个源文件，其中一个源文件为：

```
extern float k;        /*声明变量 k 为外部变量*/
int f2();              /*对函数 f2()的声明，或写成外部声明 extern int f2();*/
float f1(int x);
{
    …                  /*因前面对 k 的外部变量声明，这里可使用 k*/
}
float k;               /*全局变量 k 的定义*/
int f2(int x)
{
    …                  /*因本函数位于变量 k 定义之后，可使用 k*/
}
```

另一个源文件为：

```
extern float   k;      /*对变量 k 的外部声明*/
extern float   f1();   /*对函数 f1()的外部声明*/
extern int   f2();     /*对函数 f2()的外部声明*/
{
    …                  /*因前面的外部声明，这里可引用变量 k、函数 f1()和 f2()*/
}
```

上述例子说明，对于函数，当别的文件中要使用它时，也需要对它作外部声明。

有时在程序设计中，希望某些全局变量只限于被本文件引用而不能被其他文件引用。这时可以在定义全局变量时加一个 static 声明。

全局静态变量在定义它的源文件中是可访问的。但与一般的全局变量不同，它不能被其他文件中的函数访问。全局静态变量提供了一种同一源文件中的函数共享数据，又不被其他源文件中的函数使用的变量定义方法。如某个源文件有以下结构：

```
static int k=0;        /*静态变量声明*/
f1()
{
    …
}
f2(int e)
{
    …
}
```

上述源文件中的函数 f1()和 f2()能共享整型变量 k，又不让位于其他源文件中的别的函数使用。这样如果其他源文件中有同样名称的其他程序对象，也不会产生矛盾。

为了表明变量是静态的，在变量定义时冠以关键字 static，如上面例子中变量 k 的定义。

在 C 语言中，"静态"包含两方面的意义。从程序对象在程序执行期间的存在性来看，静态表示该程序对象"永久"存在。从程序对象可访问或可调用来看，静态表示该程序对象的专用特性。具体表现在，局部静态变量只有定义它的函数可访问，全局静态变量只有在定义它的源文件中可访问或可调用。

## 6.6 内部函数和外部函数

一个 C 语言程序可以由多个函数组成，这些函数既可以在一个文件中，也可以分散在多个不同的文件中。根据这些函数的使用范围，可以把它们分为内部函数和外部函数。

### 6.6.1 内部函数

内部函数又被称为静态函数，它只能被定义它的文件中的其他函数调用，而不能被其他文件中的函数调用，亦即内部函数的作用范围仅仅局限于本文件。为了定义内部函数，需要使用关键字 static。例如：

```
static long factorial(int x);
```

此时，函数 factorial 的作用范围仅局限于定义它的文件，而在其他源文件中不能调用此函数。如果在不同的源文件中存在同名的内部函数，它们互不干扰。

### 6.6.2 外部函数

因为函数与函数之间都是并列的，即函数不能嵌套定义，所以函数在本质上都具有外部性质。内部函数（静态函数）只能被定义它的源文件中的函数调用，而不能被其他源文件中的函数调用。除此之外，其余的函数既可被定义它的源文件中的函数调用，也可以被其他源文件中的函数所调用，即其作用范围不只局限于函数所在的源文件，而是整个程序的所有文件。有时为了明确这种性质，可以在函数定义和调用时使用关键字 extern，extern 既可用于外部函数的定义，也可用于外部函数的声明。

一个程序如果用到多个函数，允许把它们定义在不同的文件中，也允许一个文件中含有不同程序中的函数，即在一个文件中可以包含本文件中的程序用不到的函数。

在定义函数时，一个函数只能定义在别的函数的外部，它们都是互相独立的，一般省略关键字 extern。如果在一个文件中的函数要调用其他文件中定义的函数，一般先用 extern 声明被调用的函数，表示该文件在其他地方定义；在有些系统中，也可以不作声明。而 static 只用于内部函数的定义，内部函数不需要声明。

可以用 #include 命令将需要引用的文件包含到主文件中。在编译时，系统自动将被包含的文件放到#include 命令所在的位置，作为一个整体编译。这时，这些函数被认为是在同一个文件中，不再是作为外部函数被其他文件调用；主调函数中原有的 extern 声明也可以不要。

## 6.7 函数应用举例

函数在模块化程序设计中起着十分重要的作用，一个大型程序往往由许多函数组成，这样便于程序的调试和维护，所以设计功能和数据独立的函数是软件开发中的最基本的工作。下面通过一些例子说明函数的应用。

【例 6.11】先定义函数求 $\sum\limits_{i=1}^{n} i^m$，然后调用该函数求 $s = \sum\limits_{k=1}^{100} k + \sum\limits_{k=1}^{50} k^2 + \sum\limits_{k=1}^{10} \dfrac{1}{k}$。

程序如下：

```c
#include <stdio.h>
#include <math.h>
int sum(int n,int m);
void main()
{
    int s;
    s=sum(100,1)+sum(20,2)+sum(10,-1);
    printf("s=%d\n",s);
}
int sum(int n,int m)
{
    int i,s=0;
    for(i=1;i<=n;i++)
        s+=pow(i,m);
    return s;
}
```

【例 6.12】设计一个按分数规则进行加减法的程序。一般的分数加减法的形式是：

$$\frac{k}{l} \pm \frac{n}{m} = \frac{i}{j}$$

其中 $i=k×m \pm n×l$，$j=l×m$，$i$、$j$ 的最大公约数为 1。

分析：在主函数中完成 $i$、$j$ 的计算，$i$、$j$ 的计算完成后，分子分母还要用最大公约数约分，在例 5.8 中已介绍求最大公约数的方法，这里采用辗转相除法，编写相应的函数。

程序如下：

```c
#include <stdio.h>
int gcd(int m,int n)
{
    int r;
    if(m<n)                         /*保证 m>n*/
    {
        r=m;
        m=n;
        n=r;
    }
    r=m%n;
    while(r>0)                      /*辗转相除*/
    {
        m=n;
        n=r;
        r=m%n;
    }
    return n;
}
void main()
{
    int k,l,n,m,i,j,i1,j1;
    char c;
    printf("输入运算符:");
    scanf("%c",&c);
```

```
    printf("分别输入第 1 个分数的分子和分母:");
    scanf("%d%d",&k,&l);
    printf("分别输入第 2 个分数的分子和分母:");
    scanf("%d%d",&n,&m);
    if(c=='+')
        i1=k*m+n*l;
    else
        i1=k*m-n*l;
    j1=l*m;
    i=i1/gcd(abs(i1),abs(j1));          /*分子分母用最大公约数约分*/
    j=j1/gcd(abs(i1),abs(j1));
    printf("\n%d/%d%c%d/%d=%d/%d\n",k,l,c,n,m,i,j);
}
```

【例 6.13】设计一个程序，求同时满足下列两个条件的分数 x 的个数：

（1）1/6<x<1/5。

（2）x 的分子分母都是素数且分母是 2 位数。

分析：设 x = m/n，根据条件（2），有 10≤n≤99；根据条件（1），有 5m≤n≤6m，并且 m、n 均为素数。用穷举法来求解这个问题，并设计一个函数来判断一个数是否为素数，是素数返回值为 1，否则为 0。

程序如下：

```
#include <stdio.h>
#include <math.h>
int isprime(int n);
void main()
{
    int m,n,count=0;
    for(n=11;n<100;n+=2)
        if(isprime(n))
            for(m=n/6+1;m<n/5+1;m++)
                if(isprime(m))
                {
                    printf("%d/%d\n",m,n);
                    count++;
                }
            printf("满足条件的数有%d个\n",count);
}
int isprime(int n)
{
    int j,found=1;
    for(j=2;j<=sqrt(n)&&found;j==2?j++:(j+=2))
        if(n%j==0) found=0;
    return found;
}
```

【例 6.14】汉诺（Hanoi）塔问题。有 3 根柱子 A、B、C，A 上堆放了 n 个盘子，盘子大小不等，大的在下，小的在上，如图 6-8 所示。现在要求把这 n 个盘子从 A 搬到 C，在搬动过程中可以借助 B 作为中转，每次只允许搬动一个盘子，且在移动过程中在 3 根柱子上都保持大盘在下，小盘在上。要求打印出移动的步骤。

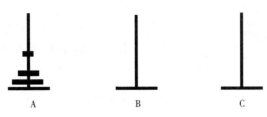

图 6-8 汉诺塔问题

分析：汉诺塔问题是典型的递归问题。分析发现，想把 A 上的 n 个盘子搬到 C，必须先把上面的 n-1 个盘子搬到 B，然后把第 n 个盘子搬到 C，最后再把 n-1 个盘子搬过来。整个过程可以分解为以下 3 个步骤。

（1）将 A 上 n-1 个盘子借助 C 柱先移到 B 柱上。

（2）把 A 柱上剩下的一个盘子移到 C 柱上。

（3）将 n-1 个盘子从 B 柱借助于 A 柱移到 C 柱上。

也就是说，要解决 n 个盘子的问题，先要解决 n-1 个盘子的问题。而这个问题与前一个是类似的，可以用相同的办法解决。最终会达到只有一个盘子的情况，这时直接把盘子从 A 搬到 C 即可。

例如，将 3 只盘子从 A 柱移到 C 柱可以分为如下 3 步：

（1）将 A 柱上的 1～2 号盘子借助于 C 柱移至 B 柱上。

（2）将 A 柱上的 3 号盘子移至 C 柱上。

（3）将 B 柱上的 1～2 号盘子借助于 A 柱移至 C 柱上。

步骤（1）又可分解成如下 3 步：

① 将 A 柱上的 1 号盘子从 A 柱移至 C 柱上。

② 将 A 柱上的 2 号盘子从 A 柱移至 B 柱上。

③ 将 C 柱上的 1 号盘子从 C 柱移至 B 柱上。

步骤（3）也可分解为如下 3 步：

① 将 B 柱上的 1 号盘子从 B 柱移至 A 柱上。

② 将 B 柱上的 2 号盘子从 B 柱移至 C 柱上。

③ 将 A 柱上的 1 号盘子从 A 柱移至 C 柱上。

综合上述移动，将 3 只盘子由 A 移到 C 需要如下的移动步骤：

1 号盘子 A→C，2 号盘子 A→B，1 号盘子 C→B，3 号盘子 A→C，1 号盘子 B→A，2 号盘子 B→C，1 号盘子 A→C。

可以把上面的步骤归纳为两类操作：

（1）将 1～n-1 号盘子从一个柱子移动到另一个柱子上。

（2）将 n 号盘子从一个柱子移动到另一个柱子上。

基于以上分析，分别用两个函数实现上述两类操作，用 hanoi 函数实现上述第一类操作，用 move 函数实现上述第二类操作。hanoi 函数是一个递归函数，可以实现将 n 个盘子从一个柱子借助于中间柱子移动到另一个柱子上，如果 n 不为 1，以 n-1 作实参调用自身，即将 n-1 个盘子移动，依次调用自身，直到 n 等于 1，结束递归调用。move 函数实现将 1 个盘子从一个柱子移至另一个柱子的过程。

程序如下：

```c
#include <stdio.h>
int cnt=0;                              /*统计移动次数，cnt 是一个全局变量*/
void main()
{
    void hanoi(int n,char a,char b,char c);
    int n;
    printf("TOWERS OF HANOI:\n");
    printf("The problem starts with n plates on tower A.\n");
    printf("Input the number of plates:");
    scanf("%d",&n);
    printf("The step to moving %d plates:\n",n);
    hanoi(n,'A','B','C');               /*借助 B 将 n 个盘子从 A 移至 C*/
}
void hanoi(int n,char a,char b,char c)
{
    void move(int n,char x,char y);
    if(n==1)
    {
        ++cnt;
        move(n,a,c);
    }
    else
    {
        hanoi(n-1,a,c,b);
        ++cnt;
        move(n,a,c);
        hanoi(n-1,b,a,c);
    }
}
void move(int n,char x,char y)
{
    printf("%5d: %s%d%s%c%s%c.\n",cnt,"Move disk ",n," from tower ",x," to
    tower ",y);
}
```

若在程序运行过程中输入盘子个数为 3，则程序运行结果如下：

```
TOWERS OF HANOI:
The problem starts with n disks on Tower A.
Input the number of plates:3✓
The step to moving 3 plates:
    1: Move disk 1 from tower A to tower C.
    2: Move disk 2 from tower A to tower B.
    3: Move disk 1 from tower C to tower B.
    4: Move disk 3 from tower A to tower C.
    5: Move disk 1 from tower B to tower A.
    6: Move disk 2 from tower B to tower C.
    7: Move disk 1 from tower A to tower C.
```

从程序的运行结果可以看出，只需 7 步就可以将 3 个盘子由 A 柱移到 C 柱上。但是随着盘子数的增加，所需步数会迅速增加。实际上，如果要将 64 个盘子全部由 A 柱移到 C 柱，共需 $2^{64}-1$ 步。这个数字有多大呢？假定以每秒钟 1 步的速度移动盘子，日夜不停，则需要 5 800 亿年才能完成！

# 6.8　编译预处理

C 编译系统将程序编译过程分为预处理和正式编译两个步骤。在编译 C 程序时，编译程序中的预处理模块首先根据预处理命令对源程序进行适当的加工，然后才进行正式编译。虽然编译预处理命令也写在源程序中，但严格说来它们并不是 C 程序的一部分，其书写规则、使用方法和作用都与 C 语言的语句、函数和说明等有很大的区别。预处理命令均以 # 开头，且在一行中只能书写一条预处理命令（过长的预处理命令可以在使用续行标志 \ 后，续写在下一行上），且结束时不能使用语句结束符 ";"。

C 语言共有 3 种编译预处理命令，即宏定义、文件包含和条件编译。

## 6.8.1　宏定义

C 语言有两种宏定义命令：带参数的宏定义和不带参数的宏定义。不带参数的宏定义格式比较简单，通常用来定义符号常量，其格式为：

`#define 宏名 字符序列`

其中宏名是一个标识符。例如：

`#define PI 3.14159`

定义了一个符号常量 PI。这样，在该宏定义命令之后的程序中，均可以使用符号常量 PI 表示数值 3.141 59。

为了和变量有所区别，习惯上定义符号常量时只使用大写字母，但并不是非大写不可。

使用符号常量有两点好处：一是程序可读性好，易于阅读理解；二是有利于程序的调试和修改。例如，以下程序中分别使用了两个符号常量，它们的值碰巧相同：

`#define MAX_NUM 80`
`#define LINE_LEN 80`

如果需要将其中的一个修改为其他数值,则只须修改上面的宏定义即可。但是如果不使用宏定义，则需逐个查出程序中所有数值 80，一一判断哪一个是需要修改的，这样做不但费事，而且容易出错。

应该说明的是宏定义命令定义的符号常量不是变量。若 LINE_LEN 是符号常量，则下面语句：

`LINE_LEN=100;`

是错误的。宏定义命令的含义是要求编译程序在对源程序进行预处理时，将源程序中所有的符号名分别替换为对应的字符序列。因此到了正式编译时，符号名已经不存在了。如语句 "LINE_LEN=100;" 已经变为 "80=100;"，显然这是一个错误的赋值语句。

在定义宏时还可以加上参数，这就构成了带参数的宏：

`#define 宏名(参数表) 带有参数的字符序列`

例如：

`#define max(a,b)  ((a)>(b)?(a):(b))`

带参数的宏的含义为：通知预处理程序，在对程序进行处理时，遇到带有实参的宏（如 max(x,10)），按宏定义中指定的字符序列从左到右进行替换，字符序列中的参数用相应的实参原样替换（按参数书写顺序，从左至右一一对应）。max(x,10)经过替换后变为：

`x=((x)>(10)?(x):(10));`

在定义带参数的宏时，要注意宏名与括号之间不能有空格，且所有的参数均应出现于右边的字符序列中。

在书写带参数的宏时，要防止由于使用表达式参数带来的错误。例如定义了一个用于计算圆面积的宏：

```
#define circle_area(r) r*r*3.1419
```

如果在后面的程序中用 s=circle_area(10.26);或者 s=circle_area(x);这样的形式去调用这个宏，不会出现问题。但是如果要计算：

```
s=circle_area(x+16);
```

就会出现：

```
s=x+16*x+16*3.14159;
```

的错误结果。如果重新定义这个宏：

```
#define circle_area(r) ((r)*(r)*3.14159);
```

此时替换结果为：

```
s=((x+16)*(x+16)*3.14159)
```

就没有问题了。总而言之，在定义带参数的宏时应将每个参数和整个字符序列都用括号括起来，以防止计算错误。

带参数的宏和函数之间有以下的区别：

（1）函数调用时先求实参表达式的值，再传给形参。而带参数的宏只是简单的字符替换，宏展开时并不对实参表达式求值。函数调用时临时分配存储单元，宏替换并不分配存储单元，也没有返回值。

（2）宏比函数快。宏替换只占编译时间，不占运行时间。但函数调用时分配存储单元、传值、返回值时都占时间。

（3）使用宏的程序代码较长，因为宏在程序中存在了多次，而使用函数时，虽然多次调用，但函数代码只存在一次。

（4）宏调用与宏定义之间可以不考虑参数的类型，而函数调用对实参有类型要求。

（5）一般情况下，调用函数只能得到一个返回值，而用宏可以设法得到几个结果。例如：

```
#define CIRCLE(R,L,S,V) L=2*R;S=R*R;V=4.0/3.0*R*R*R
```

则 CIRCLE(r,l,s,v);被展开为：

```
l=2*r; s=r*r; v=4.0/3.0*r*r*r;
```

在宏定义的预处理命令中还可以引用前面的宏定义。例如：

```
#define p(a,b,c) (((a)+(b)+(c))/2.0)
#define triangle_area(a,b,c)(sqrt(p(a,b,c)*(p(a,b,c)-(a))*\
                         (p(a,b,c)-(b))*(p(a,b,c)-(c)))
```

定义了一个利用海伦公式计算三角形面积的带参数的宏。其中的反斜杠 \ 是续行标志，表示该宏定义的字符序列尚未结束，后面的部分移到下一行中。

ANSI C 增加了两个特殊预处理操作符#和##。在宏定义中，若一个形参前有#号，则它与#号一同被相应实参替换，并在前后都加双引号，构成字符串。例如，有以下宏定义：

```
#define out(x) printf(#x)
```

则使用以下语句：

```
out(Hello Tom);
```

调用该宏时，该语句实际上被扩展为：

```
printf("Hello Tom");
```

由于在替换#操作符时在结果中引入了双引号，所以如果实参中的某个字符需要用转义字符表示，则操作符#会在该字符前面自动插入一个反斜杠。例如：

```
out("Hello Tom");
```

会被替换为：

```
printf("\"Hello Tom\"");
```

另外，在进行宏替换时，一次替换结束后，把原有的所有##操作符都删去，并将其前后两个字符串合成一个。例如宏定义：

```
#define chop(x) func##x
```

并且使用以下语句：

```
salad=chop(3)(q,w);
```

调用该宏，则在编译预处理时这个语句将被替换成：

```
salad=func3(q,w);
```

因此通过在宏定义中使用##操作符，编译程序就决定了在程序中应该调用哪一个函数。

## 6.8.2　文件包含

所谓文件包含是指将另一个源程序文件嵌入到正在进行编译预处理的源程序中的相应位置上。文件包含命令的格式为：

```
#include <文件名>
```

或者：

```
#include "文件名"
```

其中文件名是指被嵌入的源程序文件的文件名，必须用双引号或者尖括号括起来。通过使用不同的符号可以通知预处理程序在查找嵌入文件时采用不同的策略。如果使用了尖括号，那么预处理程序在规定的磁盘目录查找该文件。如果使用双引号，那么编译预处理程序首先在当前目录中查找嵌入文件，如果找不到则去规定子目录中查找。

原来的源程序文件和用文件包含命令嵌入的源程序文件在逻辑上被看成是同一个文件，经过编译以后生成一个目标文件。

在前面的许多例题中已经使用过文件包含命令了。例如，如果在程序中要用到输入输出库函数时，就需要在程序中加入文件包含命令#include<stdio.h>。使用数学库函数时，则需要在程序中加入文件包含命令#include<math.h>。而在使用字符串处理库函数时，需要加入文件包含命令#include<string.h>。这些文件都是由 C 语言提供的源程序文件，其中主要内容是使用相应的库函数时所需要的类型定义、宏定义、变量说明以及函数说明等。由于这些源程序文件通常的用法是通过文件包含命令加入用户源程序的开始部分，所以把这些文件称为头文件，其文件扩展名为.h（head 的缩写）。因此，在使用某个库函数之前，应该首先将相应的头文件用文件包含命令加在自己的源程序的开始部分。

【例 6.15】设有文件 format.h：

```
#define PR printf
#define NL "\n"
#define F "%6.3f"
#define F1 F NL
#define F2 F F NL
#define F3 F F F NL
```

写出下列程序的执行结果。

```
#include <stdio.h>
#include <format.h>
```

```
void main()
{
    float x,y,z;
    x=1.2;
    y=2.3;
    z=3.4;
    PR(F1,x);
    PR(F2,x,y);
    PR(F3,x,y,z);
}
```

程序运行结果如下：

```
1.200
1.200 2.300
1.200 2.300 3.400
```

程序中的包含命令#include<format.h>，使文件 format.h 的全部内容被复制并插入到文件包含命令处。或者说，format.h 文件的内容代替文件包含命令，形成新的文件。在接下来的编译过程中，就以上述预处理后的新文件作为编译的源文件。

文件包含命令为组装大程序和程序文件复用提供了一种手段。在编写程序时，习惯将公共的常量定义、数据类型定义和外部变量说明构成一个源文件，称这类文件为头文件，并以.h 为文件扩展名。其他程序文件凡要用到头文件中定义或说明的程序对象时，就用包含命令使它成为自己的一部分。这样编程的好处是各程序文件使用统一的数据结构和常量，能保证程序的一致性，也便于修改程序。头文件如同标准零件一样被其他程序文件使用，减少了重复定义的工作量。

## 6.8.3  条件编译

条件编译是指根据条件对 C 程序的部分语句进行编译，其他语句不编译。条件编译命令有 3 种形式。

形式 1：

```
#ifdef 标识符
    程序段 1
#else
    程序段 2
#endif
```

其作用是当标识符已被定义（常用宏定义），则对程序段 1 进行编译，否则对程序段 2 进行编译。其中如果程序段 2 为空，#else 部分可以省略。

这里的程序段可以是任何 C 代码行，也可以包含预处理命令行。其中的标识符只要求已定义与否，与标识符被定义成什么无关。如标识符只用于这个目的，常用以下形式的宏定义来定义这类标识符：

```
#define 标识符
```

即标识符之后为空，直接以换行结束该宏定义命令。

这种条件编译主要作用是提高程序的通用性。如为使某个程序能在不同的计算机上运行，特将系统的某些差异定义成常量。不妨说，程序与整型数据内部表示的二进位位数有关。可采用以下的条件编译命令实现这一要求：

```
#ifdef  IBM_PC
   #define INTEGER_SIZE 16
#else
   #define INTEGER_SIZE 32
#endif
```

即如果 IBM_PC 在前面已被定义过，则编译下面的命令行：

```
#define INTEGER_SIZE 16
```

否则，编译下面的命令行：

```
#define INTEGER_SIZE 32
```

这样，源程序可以不必作任何修改就可以用于不同类型的计算机系统。当然以上介绍的只是一种简单的情况，读者可以根据此思路设计出其他的条件编译。

条件编译另一种广泛的应用是在程序中插入调试状态下输出中间结果的代码。如：

```
#ifdef DEBUG
   printf("x=%d,y=%d\n",x,y);
#endif
```

程序在调试状态下与包含宏定义命令#define BEBUG 的头文件一起编译。在要获得最终目标程序时，不与包含该宏定义命令的头文件一起编译。这样，在调试通过后，不必再修改程序，就获得了正确的最终程序。为了日后方便程序维护，可将调试时使用的程序代码留在源程序中，因为这些代码的存在不影响最终目标码，但有助于日后修改程序时的调试需要。

形式 2：

```
#ifndef 标识符
   程序段 1
#else
   程序段 2
#endif
```

与形式 1 的条件编译命令的唯一差异是第一行的 ifdef 改为 ifndef。其作用是当标识符未被定义时，编译程序段 1，否则编译程序段 2。

例如：

```
#ifndef RUN
   printf("x=%d,y=%d,z=%d\n",x,y,z);
#end if
```

如果在此之前未对 RUN 定义，则输出 x、y、z 的值。调试完成后，在运行之前，加以下命令行：

```
#define RUN
```

则不再输出 x、y、z 的值。

形式 3：

```
#if  表达式
   程序段 1
#else
   程序段 2
#endif
```

其中表达式为常量表达式，其作用是当指定的表达式值为非零时，编译程序段 1，否则编译程序段 2。

条件编译与 if 语句有重要区别，条件编译是在预处理时判定的，不产生判定代码，其中不满足条件的程序段不参与编译，不会产生目标代码。if 语句是在运行时判定的，且编译产生判定代码和两个分支程序段的代码。因此，条件编译可减少目标程序长度，能提高程序执行速度。但条件编译只能测试常量或常量表达式，而 if 语句能对各种表达式作动态测试。

条件编译预处理命令可以嵌套。特别是为了便于描述#else 后的程序段又是条件编译情况，引入预处理命令符#elif。它的意思就是#else #if。所以条件编译预处命令更一般的形式为：

```
#if    表达式 1
    程序段 1
#elif   表达式 2
    程序段 2
    …
#elif   表达式 n
    程序段 n
#else
    程序段 n+1
#endif
```

前面的条件编译命令形式 1 和形式 2 也有类似的形式。

# 本 章 小 结

1. 函数是利用 C 语言进行结构化程序设计的最基本的概念，C 程序是由函数组成的。可以把一个复杂的程序分成多个模块进行设计，而每个模块是一个函数。main()是 C 程序中最重要的函数，程序运行从函数 main()开始，也在函数 main()结束。在函数 main()的执行过程中，可以调用其他函数。

2. 函数定义的一般形式为：

```
类型符 函数名([形式参数说明])
{
    声明与定义部分
    语句部分
}
```

类型符指明函数返回值的类型。如果函数定义时不指明类型，系统隐含指定为 int 型。形式参数又称形参、虚参或哑元，有两个作用：其一表示将从主调函数中接收哪些类型的信息，其二在函数体中形式参数可以被引用。

3. 函数返回值由 return 语句实现，return 语句的格式为：

```
return 表达式;
```

函数先将表达式的值转换为所定义的类型，然后返回到主调函数中的调用表达式。

4. 函数调用是通过函数调用表达式进行，即：

```
函数名([实际参数表])
```

当函数被调用时，计算机才为形参分配存储空间。在函数调用时，函数之间的参数传递也称为虚实结合。形参从相应的实参得到值，称为传值调用方式。实参与形参在个数、类型上要匹配。当调用结束，流程返回主调函数时，形参所占空间被释放。

5. 函数调用前应该已经定义或声明，函数声明的一般格式为：

```
类型符 函数名(形参类型 1 形参 1, 形参类型 2 形参 2,…);
```

或：

```
类型符 函数名(形参类型 1,形参类型 2,…);
```

函数声明与函数定义中的第一行（称函数头）内容一致（也称函数原型）。函数定义以函数体结尾，而函数声明不包含函数体。函数定义要求分配内存单元，用来存放编译后的函数指令，而函数声明的作用只是通知编译系统函数的参数个数和类型以及函数返回值的类型。

6. 函数的形参及函数内定义的变量称为局部变量，其作用范围在定义它的函数或复合语句内。在函数外部定义的变量称为全局变量，其作用域是从定义或声明处到整个程序结束。

7. 变量的存储类别指的是变量在计算机中的存放位置，变量的存储类有：自动类（auto）、外部类（extern）、静态类（static）、寄存器类（register）。它们具有不同的生存期和作用域。

8. 一个函数被调用的过程中可以调用另一个函数，即函数调用允许嵌套。每一次调用时，形参的值自动压入运行栈，每一层返回都是返回到本层函数被调用的位置；返回时释放形参占用的内存。

9. 一个函数直接或间接地调用函数本身，称为递归调用。任何有意义的递归总是由两部分组成的：递归方式与递归终止条件。

递归是 C 语言中难度较大的内容之一，递归作为一种常用的程序设计方法，可以很方便地解决不少特定的问题。学习 C 语言中的递归，应当掌握：

（1）递归的基本概念。

（2）递归函数的动态执行过程。递归函数的调用、递归层次、递归过程中各层次的变量值的变化过程、递归终止条件、递归返回的过程。

（3）递归程序的编写方法。对于数值问题编写递归程序的一般方法是建立递归数学模型，确定递归终止条件，将递归数学模型转换为递归程序；对于非数值问题编写递归程序的一般方法是确定问题的最小模型并使用非递归算法解决，分解原来的非数值问题建立递归模型，确定递归模型的终止条件，将递归模型转换为递归程序。

10. 一般来说，一个函数只要不是主函数，就可以被其他函数调用。可以认为函数默认是外部的。为了减少函数的互相影响，C 语言规定，有的函数只能被定义它的文件中的其他函数调用，而不能被其他文件中的函数调用，这样的函数称为内部函数或静态函数。定义内部函数时，需要使用关键字 static，不同文件中的静态函数可以同名而互不影响。

11. 以#开始的行称为编译预处理命令，这些行完成与预处理器的通信，预处理的步骤在编译前自动执行。编译预处理语句的作用范围是从它在文件中的出现处到文件尾或者是被其他命令取消作用的位置。常用的编译预处理命令有宏定义、文件包含、条件编译等。

12. 宏定义又称宏替换，主要功能是用一个指定的标识符（即宏名）代替一个字符串。宏定义又分为不带参数的宏定义和带参数的宏定义两种。宏定义可以嵌套，即用定义过的宏名去定义另一个宏名。

13. 如果想把宏定义的作用域限制在程序的某个范围内，可以使用#undef 来解除已有的宏定义。

14. 文件包含的功能是把一个指定文件嵌入到现有的源程序文件中。文件包含的一般格式为：
```
#include <文件名>
```
或：
```
#include "文件名"
```
15. 条件编译就是根据条件对 C 程序的某一部分进行编译，其他部分不编译。

# 习　题

**一、选择题**

1. C 语言规定，函数返回值的类型是由（　　）。
    A. return 语句中的表达式类型所决定　　B. 调用该函数时的主调函数类型所决定
    C. 调用该函数时系统临时决定　　D. 在定义该函数时所指定的函数类型所决定

2. 以下正确的说法是（　　）。
    A. 定义函数时，形参的类型说明可以放在函数体内
    B. return 后边的值不能为表达式
    C. 如果函数值的类型与返回值类型不一致，以函数值类型为准
    D. 如果形参与实参的类型不一致，以实参类型为准

3. 对于某个函数调用，不用给出被调用函数的原型的情况是（　　）。
    A. 被调用函数是无参函数　　B. 被调用函数是无返回值的函数
    C. 函数的定义在调用处之前　　D. 函数的定义在别的程序文件中

4. 以下正确的函数形式是（　　）。
    A. double fun(int x;int y)
        {z=x+y; return z;}
    B. fun(int x,y)
        {int z;
        return z;}
    C. fun( x,y)
        {int x,y; double z;
        z=x+y; return z;}
    D. double fun(int x,int y)
        {double z;
        z=x+y; return z;}

5. 关于局部变量，下列说法正确的是（　　）。
    A. 定义该变量的程序文件中的函数都可以访问
    B. 定义该变量的函数中的定义处以下的任何语句都可以访问
    C. 定义该变量的复合语句的定义处以下的任何语句都可以访问
    D. 局部变量可用于函数之间传递数据

6. 关于全局变量，下列说法正确的是（　　）。
    A. 任何全局变量都可以被应用系统中任何程序文件中的任何函数访问
    B. 任何全局变量都只能被定义它的程序文件中的函数访问
    C. 任何全局变量都只能被定义它的函数中的语句访问
    D. 全局变量可用于函数之间传递数据

7. 以下不正确的说法是（　　）。
    A. 在不同函数中可以使用相同名称的变量
    B. 形式参数是局部变量
    C. 在函数内定义的变量只在本函数范围内有效
    D. 在函数内的复合语句中定义的变量在本函数范围内有效

8. C 语言的编译系统对宏命令的处理是（　　　）。

    A. 在程序运行时进行的                B. 在程序连接时进行的

    C. 和 C 程序中的其他语句同时进行编译的    D. 在对源程序中其他成分正式编译之前进行的

9. 下面程序的输出是（　　　）。

```c
#include <stdio.h>
fun3(int x)
{
    static int a=3;
    a+=x;
    return(a);
}
void main()
{
    int k=2,m=1,n;
    n=fun3(k);
    n=fun3(m);
    printf("%d\n",n);
}
```

    A. 3                B. 4                C. 6                D. 9

10. 有如下程序：

```c
#include <stdio.h>
int func(int a,int b)
{
    return(a+b);
}
void main()
{
    int x=2,y=5,z=8,r;
    r=func(func(x,y),z);
    printf("%d\n",r);
}
```

    该程序的输出结果是（　　　）。

    A. 12                B. 13                C. 14                D. 15

11. 有如下函数调用语句：

    func(rec1,rec2+rec3,(rec4,rec5));

    该函数调用语句中，含有的实参个数是（　　　）。

    A. 3                B. 4                C. 5                D. 有语法错

12. 以下程序的输出结果是（　　　）。

```c
#include <stdio.h>
int a,b;
void fun()
{
    a=100;
    b=200;
}
void main()
{
    int a=5,b=7;
```

```
    fun();
    printf("%d%d\n",a,b);
}
```

    A. 100200           B. 57           C. 200100           D. 75

13. 以下程序的输出结果是（　　　）。

```
#include <stdio.h>
int x=3;
void incre()
{
    static int x=1;
    x*=x+1;
    printf("  %d",x);
}
void main()
{
    int i;
    for (i=1;i<x;i++) incre();
}
```

    A. 3  3           B. 2  2           C. 2  6           D. 2  5

14. 以下程序的输出结果是（　　　）。

```
#include <stdio.h>
#define SQR(X) X*X
void main()
{
    int a=16,k=2,m=1;
    a/=SQR(k+m)/SQR(k+m);
    printf("%d\n",a);
}
```

    A. 16           B. 2           C. 9           D. 1

15. 程序中头文件 type1.h 的内容是：

```
#define N 5
#define M1 N*3
```

程序如下：

```
#include <stdio.h>
#include <type1.h>
#define M2 N*2
void main()
{
    int i;
    i=M1+M2;
    printf("%d\n",i);
}
```

程序运行后的输出结果是（　　　）。

    A. 10           B. 20           C. 25           D. 30

## 二、填空题

1. C 语言允许函数值类型缺省定义，此时该函数值隐含的类型是_____。

2. C 语言规定，简单变量做实参时，它和对应形参之间的数据传递方式是_____。

3. 如果一个函数只允许同一程序文件中的函数调用，则应在该函数定义前加上_____修饰。凡是函数中未指定存储类别的变量，其隐含的存储类别为_____。

4. 已知 double total;是文件 file1.c 中的一个全局变量定义，若文件 file2.c 中的某个函数也需要访问 total，则在文件 file2.c 中 total 应说明为_____。

5. 下面程序的输出结果是_____。

```c
#include <stdio.h>
fun(int x)
{
    int p;
    if(x==0||x==1) return 3;
    p=x-fun(x-2);
    return p;
}
void main()
{
    printf("%d\n", fun(9));
}
```

6. 下面程序的输出是_____。

```c
#include <stdio.h>
long fun5(int n)
{
    long s;
    if((n==1)||(n==2))
        s=2;
    else
        s=n+fun5(n-1);
    return(s);
}
void main()
{
    long x;
    x=fun5(4);
    printf("%ld\n",x);
}
```

7. 以下程序的运行结果是_____。

```c
#include <stdio.h>
func(int a, int b)
{
    static int m=0,i=2;
    i+=m+1;
    m=i+a+b;
    return m;
}
void main()
{
    int k=4,m=1,p;
    p=func(k,m);
    printf("%d,",p);
    p=func(k,m);
    printf("%d \n",p);
}
```

8. 以下程序的输出结果是_____。

```c
#include <stdio.h>
void fun()
{
    static int a=0;
    a+=2;
    printf("%d",a);
}
void main()
{
    int cc;
    for(cc=1;cc<4;cc++)
    fun();
    printf("\n");
}
```

9. 以下程序输出的最后一个值是_____。

```c
#include <stdio.h>
int ff(int n)
{
    static int f=1;
    f=f*n;
    return f;
}
void main()
{
    int i;
    for(i=1;i<=5;i++)printf("%d\n",ff(i));
}
```

10. 以下函数的功能是求 x 的 y 次方，请将程序补充完整。

```c
double fun(double x,int y)
{
    int i;
    double z;
    for(i=1, z=x; i<y;i++)_____;
    return z;
}
```

11. 设有如下宏定义：

```c
#define MYSWAP(z,x,y) {z=x;x=y;y=z;}
```
以下程序段通过宏调用实现变量 a、b 内容交换，请填空。

```c
float a=5,b=16,c;
MYSWAP(_____,b);
```

12. 下列程序的输出结果是_____。

```c
#include <stdio.h>
#define MUL(x,y) (x)*y
void main()
{
    int a=3,b=4,c;
    c=MUL(a+1,b+2);
    printf("%d\n",c);
}
```

## 三、写出程序的运行结果

1. 
```c
#include <stdio.h>
void main()
{
    auto int i;
    for(i=1;i<=5;i++)
    f(i);
}
void f(int j)
{
    static a=100;
    auto k=1;
    ++k;
    printf("%d+%d+%d=%d\n",a,k,j,a+k+j);
    a+=10;
}
```

2. 
```c
#include <stdio.h>
void main()
{
    int i=0;
    char c;
    while((c=getchar())!='\n')
    {
        i++;
        #if LETTER
            if (c>='a'&&c<'z') c=c-32;
        #else
            if (c>='A'&&c<='Z') c=c+32;
        #endif
        printf("%c",c);
    }
}
```
其中输入为：AbCdEfGh。

3. 
```c
#include <stdio.h>
f(int a,int b)
{
    static int x=0,i=2;
    i+=x+1;
    x=i+a+b;
    return (x);
}
void main()
{
    int x=4,y=1,z;
    z=f(x,y)+f(x,y);
    printf("%d\n",z);
}
```

4. 
```c
#include <stdio.h>
 double f(double x,double y)
 {
```

```
       if (x>=y)
          return (x+y)/2.0;
       else
          return f(f(x+2,y-1),f(x+1,y-2));
    }
    void main()
    {
       double z;
       z=f(1.0,10.0);
       printf("z=%lf\n",z);
    }
```

## 四、编写程序题

1. 定义一个函数，它返回整数 n 从右边开始数的第 k 个数字。

2. 定义一个函数，如果数字 d 在整数 n 的某位中出现，则返回 1，否则返回 0。

3. 定义一个函数，当 n 是素数时，返回 1，否则返回 0。

4. 已知：

$$y = \frac{s(x,n)}{s(x+1.75,n)+s(x,n+5)}$$

其中 $s(x,n)=x+\dfrac{x^2}{2!}+\dfrac{x^3}{3!}+\cdots+\dfrac{x^n}{n!}$，输入 $x$ 和 $n$ 的值，求 $y$ 值。

5. 定义一函数，将一个字符串中的字符反序存放。

6. 用递归方法，将一个整数转换成字符串。

7. 若 Fibonacci 数列的第 n 项记为 fib(a,b,n)，则有下面的递归定义：

fib(a,b,1)=a

fib(a,b,2)=b

fib(a,b,n)=fib(b,a+b,n−1)        (n>2)

用递归方法求 5 000 之内最大的一项。

8. 已知：

$$m = \frac{\max(a,b,c)}{\max(a+b,b,c)+\max(a,b,b+c)}$$

其中 $\max(a,b,c)$ 代表 $a$、$b$、$c$ 中的最大数。

输入 $a$、$b$、$c$，求 $m$ 的值。要求分别将 $\max(a,b,c)$ 定义成函数和带参数的宏。

9. 求一元二次方程 $ax^2+bx+c=0$ 的根，用 3 个函数分别求当 $b^2-4ac>0$、$b^2-4ac=0$ 和 $b^2-4ac<0$ 时的根并输出结果。从主函数输入 $a$、$b$、$c$ 的值。

# 第 **7** 章  数 组

到目前为止所涉及的程序设计问题中，一般只涉及少量的数据，都是采用简单变量来对数据进行处理。但是，在实际问题中，常常会需要对相同类型的一批数据进行处理，例如输出表格、数据排序、矩阵运算等。对于这类问题，如果采用简单变量来设计程序，那么对于整组数中的每个数据项都要设置相应的变量名，并且变量名不能相同，整个程序将因此变得冗长烦琐，如果数据量很大，采用这种方式几乎无法实现。在这种情况下，可采用数组来存储和处理数据。本章介绍数组的概念与应用。

## 7.1  数组的概念

在许多应用中，需要存储和处理大量数据。到目前为止涉及的问题中，能够利用少量的存储单元，处理大量的数据。这是因为能够处理每一个单独的数据项，然后再重复使用存储该数据项的存储单元。例如求一个班学生的平均成绩，每个成绩被存储在一个存储单元中，完成对该成绩的处理。在读入下一个成绩时，原来的成绩消失。这种办法允许处理大量成绩，而不必为每一个成绩分配单独的存储单元。然而，一旦某个成绩被处理，在后面就不能再重新使用它了。

在有些应用中，为了其后的处理，需要保存数据项。例如，要计算和打印一个班学生的平均成绩以及每个成绩与平均成绩的差。在这种情况下，在计算每个差之前，必须先算出平均成绩。因此，必须能够两次考查学生成绩。首先计算平均成绩，然后计算每个成绩与这个平均成绩的差。由于不愿意两次输入学生成绩，希望在第一步时，将每个学生的成绩保存于单独的存储单元中，以便在第二步时重新使用它们。在输入数据项时，用不同的名称引用每一个存储单元是很烦琐的。如果有 100 个成绩要处理，将需要一个长的输入语句，其中每个变量名被列出一次。也需要 100 个赋值语句，以便计算每个成绩与平均成绩的差。

数组的使用将简化大批量数据的存储和处理。把具有相同类型的一批数据看成是一个整体，叫作数组（Array）。给数组取一个名字叫数组名。所以数组名代表一批数据，而以前使用的简单变量代表一个数据。数组中的每一个数据称为数组元素，它可通过顺序号（下标）来区分。例如，一个班 60 名学生的成绩组成一个数组 g，每个学生的成绩分别表示为：

```
g[0],g[1],g[2],…,g[i],…,g[59]
```

又如某厂 5 个车间全年各季度的产量组成数组 p，每个车间每季度的产量分别表示为：

```
p[0][0],p[0][1],p[0][2],p[0][3]
…
p[4][0],p[4][1],p[4][2],p[4][3]
```

在这里，区分 g 数组的元素需要一个顺序号，故称为一维数组，而区分 p 数组的元素需要两个顺序号，故称为二维数组。

引入数组的概念后，可以用循环语句控制下标的变化，利用单个语句，就可输入各个数据项。例如，输入 60 名学生的成绩，可描述为：

```
for(i=0;i<60;i++)
    scanf("%d",&g[i]);
```

一旦各个数据项存于数组中，将能随时引用任一数据项，而不必重新输入该数据项。

# 7.2  数组的定义

同变量在使用之前要定义一样，数组在使用之前也要定义，即确定数组名、类型、大小和维数。本节先讨论一维数组的定义与应用，然后讨论二维数组。

## 7.2.1  一维数组

### 1．一维数组的定义

一维数组的定义形式为：

类型符    数组名[常量表达式]；

其中，方括号中的常量表达式的值表示数组元素的个数。常量表达式中可以包括字面常量和符号常量以及由它们组成的常量表达式，但必须是整型。方括号之前的数组名是一个标识符。类型符指明数组元素的类型。

例如数组定义语句：

```
int a[10];
```

表示定义了一个数组名为 a 的数组，一维的，有 10 个元素，每个元素都是 int 型。

### 2．一维数组元素的引用

一维数组元素的引用形式为：

数组名[下标]

显然一个数组元素的引用代表一个数据，有时称这种形式的变量为下标变量，它和简单变量等同使用。

C 语言规定，数组元素的下标从 0 开始。在引用数组元素时要注意下标的取值范围。当定义数组元素的个数为 M 时，下标值取 $0 \sim M-1$ 之间的整数。例如上面定义的 a 数组共有 10 个元素，下标值为 $0 \sim 9$ 之间的整数。

下标可以是整型常量、整型变量或整型表达式。例如：

```
a[i]=a[9-i];
```

### 3．一维数组的初始化

对于程序每次运行时，数组元素的初始值是固定不变的场合，可在数组定义的同时，给出数组元素的初值。这种表达形式称为数组的初始化。数组的初始化可用以下几种方法实现：

（1）顺序列出数组全部元素的初值。

数组初始化时，将数组元素的初值依次写在一对花括号内。例如：

```
int x1[10]={0,1,2,3,4,5,6,7,8,9};
```

经上面定义和初始化之后，使得 x1[0]、x1[1]、…、x1[9]的初值分别为 0、1、…、9。

（2）只给数组的前面一部分元素设置初值。

例如：

```
int x2[10]={0,1,2,3};
```

定义数组 x2 有 10 个元素，其中前 4 个元素设置了初值，分别为 0、1、2、3。而后 6 个元素未设置初值。C 系统约定，当一个数组的部分元素被设置初值后，对于元素为数值型的数组，那些未明确设置初值的元素自动被设置 0 值。所以数组 x2 的后 6 个元素的初值为 0。但是，当定义数组时，如未对它指定初值，对于内部的局部数组，则它的元素的值是不确定的。

（3）当对全部数组元素赋初值时，可以不指定数组元素的个数。

例如：

```
int x3[]={0,1,2,3,4,5,6,7,8,9};
```

系统根据花括号中数据的个数确定数组的元素个数。所以数组 x3 有 10 个元素。但若提供的初值个数小于数组希望的元素个数时，则方括号中的数组元素个数不能省略。反之，若提供的初值个数超过了数组元素个数，就会引起程序错误。

## 7.2.2　二维数组

### 1．二维数组的定义

二维数组的定义形式为：

类型符　数组名[常量表达式][常量表达式]；

例如：

```
float a[2][3];
```

定义二维数组 a，它有 2 行 3 列。

由二维数组可以推广到多维数组。通常多维数组的定义形式有连续多个 "[常量表达式]"。例如：

```
float b[2][2][3];
```

定义了三维数组 b。

C 语言把二维数组看作是一种特殊的一维数组。对于上述定义的数组 a，把它看作是具有两个元素的一维数组：a[0]和 a[1]，每个元素又是一个包含 3 个元素的一维数组。通常，一个 n 维数组可看作是一个一维数组，而它的元素是一个 n-1 维的数组。C 语言对多维数组的这种观点和处理方法，使数组的初始化、引用数组的元素以及用指针表示数组带来很大的方便。

### 2．二维数组元素的引用

二维数组元素的引用形式为：

数组名[下标][下标]

通常，n 维数组元素的引用形式为数组名之后连续紧接 n 个 "[下标]"。如同一维数组一样，下标可以是整型常量、变量或表达式。各维下标的下界都是 0。

### 3．二维数组的初始化

二维数组的初始化方法有以下几种：

（1）按行给二维数组赋初值。

例如：

```
int y1[2][3]={{1,2,3},{4,5,6}};
```

第一个花括号内的数据给第一行的元素赋初值，第二个花括号内的数据给第二行的元素赋初值，这种赋初值方法比较直观。

（2）按元素的排列顺序赋初值。

例如：

```
int y2[2][3]={1,2,3,4,5,6};
```

这种赋初值方法结构性差，容易遗漏。

（3）对部分元素赋初值。

例如：

```
int y3[2][3]={{1,2},{0,5}};
```

其效果是使 y3[0][0]=1，y3[0][1]=2，y3[1][0]=0，y3[1][1]=5，其余元素均为 0。

（4）如果对数组的全部元素都赋初值，定义数组时，第一维的元素个数可以不指定。

例如：

```
int y4[][3]={1,2,3,4,5,6};
```

系统会根据给出的初始数据个数和其他维的元素个数确定第一维的元素个数。所以数组 y4 有两行。

也可以用分行赋初值方法，只对部分元素赋初值而省略第一维的元素个数，例如：

```
int y5[][3]={{0,2},{}};
```

也能确定数组 y5 共有 2 行。

## 7.2.3 数组的存储结构

进行数组的定义就是让编译程序为每个数组分配一片连续的内存单元，以用来依次存放数组的各个元素。对一维数组来说，各个元素按下标由小到大顺序存放，对二维数组来说，先按行的顺序，再按列的顺序依次存放各个元素。每个元素占用几个字节的存储单元，取决于数组的数据类型，同一个数组的各个元素占用相同字节数的存储单元。例如有下面的定义：

```
float data[6];
int a[2][3];
```

则在 Visual C++ 6.0 环境下，浮点型数组 data、整型数组 a 的存储方式如图 7-1 所示。

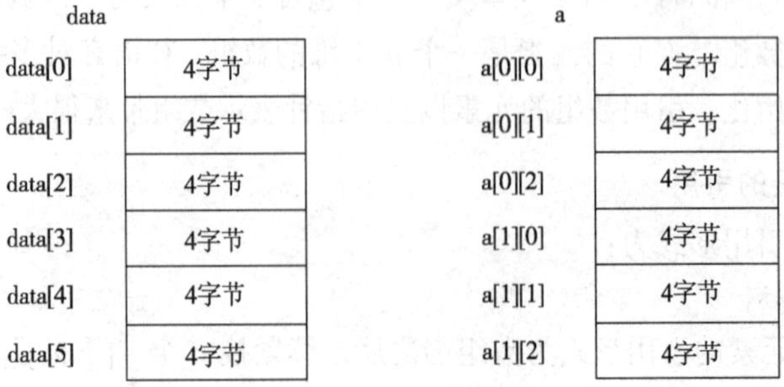

| data | | a | |
|---|---|---|---|
| data[0] | 4字节 | a[0][0] | 4字节 |
| data[1] | 4字节 | a[0][1] | 4字节 |
| data[2] | 4字节 | a[0][2] | 4字节 |
| data[3] | 4字节 | a[1][0] | 4字节 |
| data[4] | 4字节 | a[1][1] | 4字节 |
| data[5] | 4字节 | a[1][2] | 4字节 |

图 7-1　数组的存储结构

因此，在定义数组的时候，就为 C 编译程序安排存储单元提供了依据。其中，数组名将作为该数组所占的连续存储区的起始地址；数据类型将决定该数组的每一个元素要占用多少字节的存储单元。

对于多维数组，它的元素在内存中的存放顺序为：第一维的下标变化最慢，最右边的下标变化最快。

## 7.3　数组的赋值与输入输出

要将数据存入指定的数组中，除了初始化方式外，还可用赋值或输入的方式。数组的赋值与输入输出都是十分常见的操作，常要配合使用循环结构来实现。

### 7.3.1　数组的赋值

在 C 语言中，只能逐个对数组元素赋值，不能直接对数组名赋值。例如，定义了 int i,a[5];后，要将 100、200、300、400、500 存入数组 a 中，可用如下程序段实现：

```
for(i=0;i<5;i++)
   a[i]=(i+1)*100;
```

或：

```
a[0]=100,a[1]=200,a[2]=300,a[3]=400,a[4]=500;
```

但不能将该程序段写成：

```
a={100,200,300,400,500};
```

或：

```
a[5]={100,200,300,400,500};
```

又如，建立一个 2×3 的数组 b，要求各元素值是其行下标和列下标之和。可用如下程序段实现：

```
int b[2][3],i,j;
for(i=0;i<2;i++)
   for(j=0;j<3;j++)
      b[i][j]=i+j;
```

上面 for 语句中的循环条件不能写成 i<=2 或 j<=3，这样会造成下标越界。

### 7.3.2　数组的输入输出

一般用循环结构实现数组的输入输出，循环变量控制数组的下标，对各个元素逐个进行。例如，下面的程序段可实现一维数组的输入：

```
float x[10];
int i;
for(i=0;i<10;i++)
scanf("%f",&x[i]);                  /*x[i]前面一定要加上地址运算符 "&" */
```

二维数组的输入输出则要用二重循环。若按行的顺序输入，则可以用下面语句：

```
int a[3][4],i,j;
for(i=0;i<3;i++)                  /*改变行号*/
   for(j=0;j<4;j++)              /*改变列号*/
      scanf("%d",&a[i][j]);
```

若按列的顺序输入，则可以用下面语句：

```
int a[3][4],i,j;
for(j=0;j<4;j++)                        /*改变列号*/
    for(i=0;i<3;i++)                    /*改变行号*/
        scanf("%d",&a[i][j]);
```

【例7.1】将整型数组 a 的 10 个元素分两行输出。

程序如下：

```
#include <stdio.h>
void main()
{
    int i,a[10]={1,2,3,4,5,6,7,8,9,10};
    for(i=0;i<10;i++)
    {
        printf("%2d",a[i]);
        if(i%5==4)                      /*在下标为 4 和下标为 9 的元素后回车换行*/
            printf("\n");
    }
}
```

程序运行结果如下：

```
 1  2  3  4  5
 6  7  8  9 10
```

程序中增加了一个 if 语句，使每打印完 5 个元素就换到下一行。

【例7.2】按矩阵形式打印二维数组 b[3][4]。

程序如下：

```
#include <stdio.h>
void main()
{
    int i,j;
    float b[3][4]={1.1,1.2,1.3,1.4,2.1,2.2,2.3,2.4,3.1,3.2,3.3,3.4};
    for(i=0;i<3;i++)
    {
        for(j=0;j<4;j++)
            printf("%6.2f",b[i][j]);
        printf("\n");
    }
}
```

程序运行结果如下：

```
1.10   1.20   1.30   1.40
2.10   2.20   2.30   2.40
3.10   3.20   3.30   3.40
```

# 7.4  数组的应用

数组的应用很广泛，涉及的算法也很多，下面通过一些实例来介绍数组的应用方法和技巧。

## 7.4.1  一维数组应用举例

【例7.3】骰子是一个正六面体，用 1~6 这 6 个数分别代表它的 6 个面。将骰子投掷 6 000 次，统计每一面出现的次数。

分析：这一问题固然可以用多分支选择结构来实现，但应用数组来编写程序，显得更为简洁。要统计骰子每一面出现的次数，定义一个有 6 个元素的数组 x，每个数组元素分别用来统计 1 ~ 6 出现的次数。为了和平时习惯一致，也可以定义一个有 7 个元素的数组 x，x[0]不用，x[1] ~ x[6]分别用来统计 1 ~ 6 出现的次数。循环体中关键语句为"++x[k];"（k=1、2、3、4、5、6），当 k=1 时，相当于"++x[1];"，即骰子第 1 面出现了一次，最后 x[1]即是骰子第 1 面出现的次数。同样的道理，x[2] ~ x[6]可以统计骰子第 2 面 ~ 第 6 面出现的次数。

程序如下：

```
#include <stdio.h>
#include <time.h>
#include <stdlib.h>
#define N 7
void main()
{
   int i,k,x[N]={0};
   srand(time(NULL));                  /*初始化随机数发生器*/
   for(i=0;i<=60000;i++)
   {
      k=rand()%6+1;                     /*产生[1,6]范围的随机整数*/
      ++x[k];
   }
   printf("%4s%15s\n","Face","Frequency");
   for(k=1;k<=N-1;k++)
      printf("%4d%15d\n",k,x[k]);
}
```

【例 7.4】将 $n$ 个数按从小到大顺序排列后输出。

分析：这是很典型的一类算法，称为排序（Sort），也叫分类。排序的方法很多，这里介绍最基本的排序算法。

排序通常分为 3 个步骤：

（1）将需要排序的 $n$ 个数存放到一个数组中（设 x 数组）。

（2）将 x 数组中的元素从小到大排序，即 x[1]最小、x[2]次之、……、x[$n$]最大。

（3）将排序后的 x 数组输出。

其中第（2）步是关键。

算法 1：简单交换排序法（Simple Exchange Sort）。简单交换排序法的基本思路是将位于最前面的一个数和它后面的数进行比较，比较若干次以后，即可将最小的数放到最前面。

第 1 轮比较：

x[1]与 x[2]比较，如果 x[1]大于 x[2]，则将 x[1]与 x[2]互换，否则不交换，这样 x[1]得到的是 x[1]与 x[2]中的较小数。然后 x[1]与 x[3]比较，如果 x[1]大于 x[3]，则将 x[1]与 x[3]互换，否则不互换，这样 x[1]得到的是 x[1]、x[2]、x[3]中的最小值。如此重复，最后 x[1]与 x[$n$]比较，如果 x[1]大于 x[$n$]，则将 x[1]与 x[$n$]互换，否则不互换，这样在 x[1]中得到的数就是数组 x 的最小值（一共比较了 $n-1$ 次）。

第 2 轮比较：

x[2]与它后面的元素 x[3]、x[4]、……、x[$n$]进行比较，如果 x[2]大于某元素，则将该元素与 x[2]互换，否则不互换。这样经过 $n-2$ 次比较后，在 x[2]中将得到次小值。

如此重复，最后进行第 $n-1$ 轮比较：

x[$n-1$]与 x[$n$]比较，将小数放于 x[$n-1$]中，大数放于 x[$n$]中。

为了实现以上排序过程，可以用双重循环，外循环控制比较的轮数，$n$ 个数排序需比较 $n-1$ 轮，设循环变量 $i$，$i$ 从 1 变化到 $n-1$。内循环控制每轮比较的次数，第 $i$ 轮比较 $n-i$ 次，设循环变量 $j$，$j$ 从 $i+1$ 变化到 $n$。每次比较的两个元素分别为 x[$i$] 与 x[$j$]。

上述流程如图 7-2 所示。

程序如下：

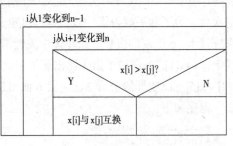

图 7-2　简单交换排序法

```c
#include <stdio.h>
#define N 10
void main()
{
    int x[N+1],i,j,t;
    printf("Input %d numbers:\n",N);
    for(i=1;i<=N;i++)                   /*输入 N 个数*/
        scanf("%d",&x[i]);
    printf("\n");
    for(i=1;i<N;i++)                    /*控制比较的轮数*/
        for(j=i+1;j<=N;j++)             /*控制每轮比较的次数*/
            if(x[i]>x[j])               /*排在最前面的数和后面的数依次进行比较*/
            {
                t=x[i];
                x[i]=x[j];
                x[j]=t;
            }
    printf("The sorted numbers:\n");
    for(i=1;i<=N;i++)                   /*输出排序后的数*/
        printf("%d ",x[i]);
}
```

算法 2：选择排序法（Selection Sort）。选择排序法的基本思路是在 $n$ 个数中，找出最小的一个数，使它与 x[1] 互换，然后从 $n-1$ 个数中，找一个最小的数，使它与 x[2] 互换，依此类推，直至剩下最后一个数据为止，如图 7-3 所示。

程序如下：

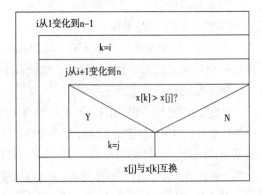

图 7-3　选择排序法

```c
#include <stdio.h>
#define N 10
void main()
{
    int x[N+1],i,j,k,t;
    printf("Input %d numbers:\n",N);
    for(i=1;i<=N;i++)
        scanf("%d",&x[i]);
    printf("\n");
    for(i=1;i<N;i++)
    {
        k=i;
        for(j=i+1;j<=N;j++)
            if(x[k]>x[j]) k=j;          /*找最小数的下标*/
        if(k!=i)                        /*将最小数和排在最前面的数互换*/
        {
            t=x[i];
            x[i]=x[k];
```

```
        x[k]=t;
    }
}
printf("The sorted numbers:\n");
for(i=1;i<=N;i++)
    printf("%d ",x[i]);
}
```

算法 3：冒泡排序法（Bubble Sort）。冒泡排序法的基本思路是将相邻的两个数两两进行比较，使小的在前，大的在后。

第 1 轮比较：

x[1]与 x[2]比较，如果 x[1]大于 x[2]，则将 x[1]与 x[2]互换，否则不交换。然后，将 x[2]与 x[3]比较，如果 x[2]大于 x[3]，则将 x[2]与 x[3]互换。如此重复，最后将 x[n−1]与 x[n]比较，如果 x[n−1]大于 x[n]，则将 x[n−1]与 x[n]互换，否则不互换，这样第 1 轮比较 n−1 次以后，x[n]中必定是 n 个数中的最大数。

第 2 轮比较：

将 x[1]到 x[n−1]相邻的两个数两两比较，比较 n−2 次以后，x[n−1]中必定是剩下的 n−1 个数中最大的，n 个数中第二大的。

如此重复，最后进行第 n−1 轮比较：

x[1]与 x[2]比较，把 x[1]与 x[2]中较大者移入 x[2]中，x[1]是最小的数。最后 x 数组按从小到大顺序排序。

用双重循环来组织排序，外循环控制比较的轮数，n 个数排序需比较 n−1 轮，设循环变量 i，i 从 1 变化到 n−1。内循环控制每轮比较的次数，第 i 轮比较 n−i 次，设循环变量 j，j 从 1 变化到 n−i。每次比较的两个元素分别为 x[j]与 x[j+1]。流程图如图 7-4 所示。

程序如下：

```
#include <stdio.h>
#define N 10
void main()
{
    int x[N+1],i,j,t;
    printf("Input %d numbers:\n",N);
    for(i=1;i<=N;i++)
        scanf("%d",&x[i]);
    printf("\n");
    for(i=1;i<N;i++)
        for(j=1;j<=N-i;j++)
        if(x[j]>x[j+1])
        {
            t=x[j];
            x[j]=x[j+1];
            x[j+1]=t;
        }
    printf("The sorted numbers:\n");
    for(i=1;i<=N;i++)
        printf("%d ",x[i]);
}
```

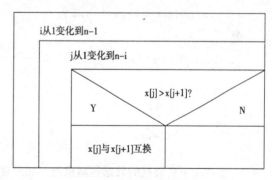

图 7-4  冒泡排序法

/*相邻的两个数两两进行比较*/

通常，运行程序时都要从键盘输入所需原始数据，在利用数组时，输入数据量往往较大。在调试程序时，可能要多次运行程序，于是会重复输入数据，耗费很多时间。这时如果让计算机自动产生随机数，则可以免除重复输入数据之苦，当然也可以采用给数组赋初值的办法，避免每次调试运行时的重复输入。等程序调试正确后再改成从键盘输入的通用程序。

【例 7.5】数据检索问题。检索是从一组数据中找出具有某种特征的数据项，它是数据处理中应用很广泛的一种操作。最容易理解的一种检索方式是顺序检索，其基本思想是对所存储的数据从第一项开始，依次与所要检索的数据进行比较，直到找到该数据，或将全部元素都找完还没有找到该数据为止。

设有 $n$ 个数已存在数组 a 中，要找的数据为 $x$，上述检索过程的程序如下：

```c
#include <stdio.h>
#define N 6
int ssrch(int a[],int n,int x);
void main()
{
    int a[N]={8,6,10,3,1,7},x,i;
    printf("数组 A[%d]:\n",N);
    for(i=0;i<N;i++)
        printf("%5d",a[i]);
    printf("\n");
    printf("输入待查数据:");
    scanf("%d",&x);
    if(ssrch(a,N,x)!=-1)
        printf("%d 已找到!\n",x);
    else
        printf("%d 未找到!\n",x);
}
int ssrch(int a[],int n,int x)          /*顺序查找*/
{
    int i=0;
    while(i<n && a[i]!=x)
        i++;
    if(i<n)
        return i;                       /*已找到*/
    else
        return -1;                      /*未找到，请问为什么不返回 0*/
}
```

一般情况下所要找的数据是随机的，如果要找的数据正好就是数组中的第一个数据，只需查找一次便可以找到；如果它是数组中最后一个数据，就要查找 $n$ 次，所以查找概率相等时的平均查找次数为：

$$m = \frac{1}{n}(1+2+\cdots+n) = \frac{1}{2}(n+1)$$

显然，数据量越大，需要查找的平均次数也越多。

若被检索的是一组有序数据，就有可能用一种效率较高的方法检索。例如，有一批数据已按大小顺序排列好：

$$a_1 < a_2 < \cdots < a_n$$

这批数据存储在数组 a[1]、a[2]、…、a[n]中，现在要对该数组进行检索，看给定的数据 x 是否在此数组中。可以用下面的方法：

（1）在 1~n 中间选一个正整数 k，用 k 把原来有序的数列分成 3 个序列：

① a[1]、a[2]、…、a[k−1]

② a[k]

③ a[k+1]、a[k+2]、…、a[n]

（2）用 a[k]与 x 比较，若 x=a[k]，查找过程结束；若 x<a[k]，则用同样的方法把序列 a[1]、a[2]、…、a[k−1]分成 3 个序列；若 x>a[k]，也用同样的方法把序列 a[k+1]、a[k+2]、…、a[n]分成 3 个序列，直到找到 x 或得到"x 找不到"的结论为止。

这是一种应用"分治策略"的解题思想。当 k=n/2 时，称为二分检索法。图 7-5 所示为二分检索法的算法描述。其中变量 flag 是"是否找到"的标志。设 flag 的初值为−1，当找到 x 后置 flag=1。根据 flag 的值便可以确定循环是由于找到 x（flag=1）结束的，还是由于对数据序列查找完了还找不到而结束的（flag=−1）。

二分检索算法的程序如下：

```c
#include <stdio.h>
#define N 6
int bsrch(int a[],int n,int x);
void main()
{
    int a[N]={1,3,6,7,8,10},x,i;
    printf("数组 A[%d]:\n",N);
    for(i=0;i<N;i++)
    printf("%5d",a[i]);
    printf("\n");
    printf("输入查找值:");
    scanf("%d",&x);
    if(bsrch(a,N,x)!=-1)
        printf("%d 已找到!\n",x);
    else
        printf("%d 未找到!\n",x);
}
int bsrch(int a[],int n,int x)
{
    int lower=0,upper=n-1,mid,flag=-1;
    if(x==a[lower]) return lower;      /*已找到*/
    else if(x==a[upper]) return upper; /*已找到*/
    else
    while(flag==-1&&lower<=upper)       /*二分查找*/
    {
        mid=(lower+upper)/2;
        if(x==a[mid])
            return mid;                 /*已找到*/
        else if(x>a[mid])
            lower=mid+1;
        else
            upper=mid-1;
    }
```

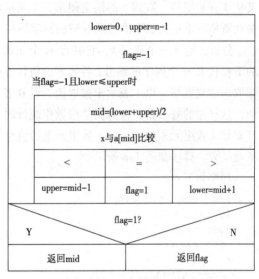

图 7-5　二分检索算法

```
    if(flag==1)
       return mid;
    else
       return flag;                          /*未找到*/
}
```

思考：上述程序中，给定的数据是递增的。如果数据是递减的，如何修改？

使用二分检索法的前提是数据序列必须先排好序。用二分检索法查找，最好的情况是查找一次就找到。设 $n=2^m$，则最坏的情况要查找 $m+1$ 次。显然数据较多时，用二分检索法查找比用顺序法查找效率要高得多。

在二分法查找的基础上发展起来的查找算法还有 0.618 查找与 Fibonacci 数列查找。

用简单变量存储数据则无法使用二分法查找，可见程序中所用的数据结构对解题效率有很大影响。

【例 7.6】约瑟夫（Josephus）问题。有 $m$ 个同学围成一个圆圈做游戏，从某人开始编号（编号为 $1\sim m$），并从 1 号同学开始报数，数到 $n$ 的同学被取消游戏资格，下一个同学（第 $n+1$ 个）又从 1 开始报数，数到 $n$ 的同学便第二个被取消游戏资格，如此重复，直到最后一个同学被取消游戏资格，求依次被取消游戏资格的同学编号。

分析：定义一个数组 $k$，它共有 $m$ 个元素，各元素的下标代表 $m$ 个同学的编号，各元素的值代表同学是否被取消游戏资格，以 1 表示未被取消，以 0 表示已被取消，这样做的好处是，在对同学报数作统计时，可以直接累加 $k$ 数组元素的值。当 $k$ 数组元素的值全为 0 时，游戏结束，算法如图 7-6 所示。

程序如下：

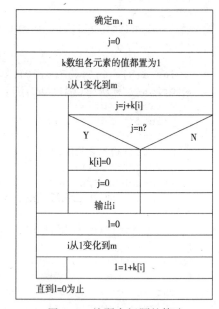

图 7-6  约瑟夫问题的算法

```
#include <stdio.h>
#define M 100
#define N 17
void main()
{
    int k[M+1],i,j=0,l;
    for(i=1;i<=M;i++)
       k[i]=1;
    do
    {
       for(i=1;i<=M;i++)
       {
          j+=k[i];
          if(j==N)                    /*报数到 N 时作处理*/
          {
             k[i]=0;                   /*第 i 号同学退出*/
             j=0;                      /*为下次报数作准备*/
             printf("%4d",i);         /*输出同学编号*/
          }
       }
       l=0;
       for(i=1;i<=M;i++)
```

```
        l+=k[i];                    /*统计未被取消资格的人数*/
    }
    while(l);
}
```

也可以设一个变量来统计被取消游戏资格的同学的个数,当变量值等于 M 时,游戏结束,请按此思路改写算法。

**【例 7.7】** 用筛选法求[2,n]范围内的全部素数。

分析:第 5 章曾编写了根据素数定义求素数的程序。这里介绍用筛选法求某自然数范围内的素数。基本思路如下所述。

要找出 2 到 n 的全部素数,在 2~n 中划去 2 的倍数(不包括 2),再划去 3 的倍数(不包括 3),由于 4 已被划去,再找 5 的倍数,……,直到划去不超过 n 的数的倍数,剩下的数都是素数。其算法如图 7-7 所示。

程序如下:

```
#include <stdio.h>
#include <math.h>
#define N 100
void main()
{
    int p[N+1],m,i,j;
    m=sqrt(N);
    for(i=2;i<=N;i++)
        p[i]=i;
    for(i=2;i<=m;i++)
        if(p[i])
            for(j=2*i;j<=N;j+=i)    /*去掉 i 的倍数*/
                p[j]=0;
    for(i=2;i<=N;i++)               /*输出全部素数*/
        if(p[i]>0) printf("%4d",p[i]);
}
```

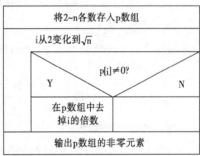

图 7-7　筛选法求素数

**【例 7.8】** 将数字 1、2、3、4、5、6 填入一个 2 行 3 列的表格中,要使得每一列右边的数字比左边的数字大,每一行下面的数字比上面的数字大。求出按此要求可有几种填写方法?

分析:按题目的要求进行分析,数字 1 一定是放在第 1 行第 1 列的表格中,数字 6 一定是放在第 2 行第 3 列的表格中。在实现时可用一个一维数组表示,前 3 个元素表示第 1 行,后 3 个元素表示第 2 行。先根据原题初始化数组,再根据题目中填写数字的要求进行试探。

程序如下:

```
#include <stdio.h>
int count;                          /*用于计数*/
void print(int u[]);
int jud1(int s[]);
void main()
{
    int a[]={1,2,3,4,5,6};
    printf("The possible table satisfied above conditions are:\n");
    for(a[1]=a[0]+1;a[1]<=5;++a[1])      /*a[1]必须大于 a[0]*/
        for(a[2]=a[1]+1;a[2]<=5;++a[2])      /*a[2]必须大于 a[1]*/
            for(a[3]=a[0]+1;a[3]<=5;++a[3])      /*第 2 行的 a[3]必须大于 a[0]*/
                for(a[4]=a[1]>a[3]?a[1]+1:a[3]+1;a[4]<=5;++a[4])
```

```
        /*第 2 行的 a[4]必须大于左侧 a[3]和上边 a[1]*/
        if(jud1(a)) print(a);                 /*如果满足题意，打印结果*/
}
int jud1(int s[])                   /*判断数组中的数字是否有重复的*/
{
    int i,l;
    for(l=1;l<4;l++)
        for(i=l+1;i<5;++i)
            if(s[l]==s[i]) return 0;    /*若数组中的数字有重复的，返回 0*/
    return 1;                           /*若数组中的数字没有重复的，返回 1*/
}
void print(int u[])
{
    int k;
    printf("No. %d", ++count);
    for(k=0;k<6;k++)
        if(k%3==0)                      /*输出数组的前 3 个元素作为第 1 行*/
            printf("\n %d ",u[k]);
        else                            /*输出数组的后 3 个元素作为第 2 行*/
            printf("%d ",u[k]);
    printf("\n");
}
```

程序运行结果如下：

```
The possible table satisfied above conditions are:
No. 1
1 2 3
4 5 6
No. 2
1 2 4
3 5 6
No. 3
1 2 5
3 4 6
No. 4
1 3 4
2 5 6
No. 5
1 3 5
2 4 6
```

## 7.4.2　二维数组应用举例

【例 7.9】给定一个 $m×n$ 矩阵，其元素互不相等，求每行绝对值最大的元素及其所在列号。

分析：先考虑求一行绝对值最大的元素及其列号的程序段，再将处理一行的程序段重复执行 $m$ 次，即可求出每行的绝对值最大的元素及其列号。

程序如下：

```
#include <stdio.h>
#include <math.h>
#define M 5
#define N 10
void main()
```

```
{
   int x[M][N];
   int i,j,k;
   for(i=0;i<M;i++)                        /*输入数组的值*/
      for(j=0;j<N;j++)
         scanf("%d",&x[i][j]);
   for(i=0;i<M;i++)
   {
      k=0;                                 /*假定第 0 列元素是第 i 行绝对值最大的元素*/
      for(j=1;j<N;j++)
         if(fabs(x[i][j])>fabs(x[i][k]))   /*求第 i 行绝对值最大元素的列号*/
            k=j;
      printf("%d,%d,%d\n",i,k,x[i][k]);
   }
}
```

【例 7.10】矩阵乘法。已知 $m×n$ 矩阵 $A$ 和 $n×p$ 矩阵 $B$，试求它们乘积 $C=A×B$。

分析：求两个矩阵 $A$ 和 $B$ 的乘积分为以下 3 步。

（1）输入矩阵 $A$ 和 $B$。

（2）求 $A$ 和 $B$ 的乘积并存放到 $C$ 中。

（3）输出矩阵 $C$。

其中第（2）步是关键。

依照矩阵乘法规则，乘积 $C$ 必为 $m×p$ 矩阵，且 $C$ 的各元素的计算公式为：

$$C_{ij} = \sum_{k=1}^{n} A_{ik}B_{kj} \qquad (1 \leqslant i \leqslant m, 1 \leqslant j \leqslant p)$$

为了计算 $C$，需要采用三重循环。其中，外层循环（设循环变量为 $i$）控制矩阵 $A$ 的行（$i$ 从 $1 \sim m$），中层循环（设循环变量为 $j$）控制矩阵 $B$ 的列（$j$ 从 $1 \sim p$），内层循环（设循环变量为 $k$）控制计算 $C$ 的各元素，显然，求 $C$ 的各元素属于累加问题。

程序如下：

```
#include <stdio.h>
#include <math.h>
#define M 3
#define N 2
#define P 4
void main()
{
   int a[M][N]={{2,1},{3,5},{1,4}};
   int b[N][P]={{3,2,1,4},{0,7,2,6}};
   int c[M][P];
   int i,j,k,t;
   for(i=0;i<M;i++)
      for(j=0;j<P;j++)
      {
         t=0;                             /*求 C 矩阵第 j 行第 j 列的元素*/
         for(k=0;k<N;k++)
         t+=a[i][k]*b[k][j];
         c[i][j]=t;
      }
```

```
    printf("Matrix A:\n");                   /*输出 A 矩阵*/
    for(i=0;i<M;i++)
    {
        for(j=0;j<N;j++)
        printf("%5d",a[i][j]);
        printf("\n");
    }
    printf("Matrix B:\n");                   /*输出 B 矩阵*/
    for(i=0;i<N;i++)
    {
        for(j=0;j<P;j++)
        printf("%5d",b[i][j]);
        printf("\n");
    }
    printf("Matrix C:\n");                   /*输出 C 矩阵*/
    for(i=0;i<M;i++)
    {
        for(j=0;j<P;j++)
        printf("%5d",c[i][j]);
        printf("\n");
    }
}
```

程序运行情况如下：

```
Matrix A:
    2    1
    3    5
    1    4
Matrix B:
    3    2    1    4
    0    7    2    6
Matrix C:
    6   11    4   14
    9   41   13   42
    3   30    9   28
```

【例 7.11】把某月的第几天转换成这一年的第几天。

分析：为确定一年中的第几天，需要一张每月的天数表，该表给出每个月份的天数。由于二月份的天数因闰年和非闰年有所不同，为程序处理方便，把月份天数表设成一个二维数组。

程序如下：

```
#include <stdio.h>
void main()
{
    int year,month,day,leap,i;
    int day_table[][12]={{31,28,31,30,31,30,31,31,30,31,30,31},
                                                /*非闰年各月的天数*/
                        {31,29,31,30,31,30,31,31,30,31,30,31}};
                                                /*闰年各月的天数*/
    printf("Input year,month,day.\n");
    scanf("%d%d%d",&year,&month,&day);
    leap=year%4==0&&year%100||year%400==0;      /*year 是闰年时 leap 为 1,否则为 0*/
    for(i=0;i<month-1;i++)
        day+=day_table[leap][i];
    printf("\nThe days in year is %d.\n",day);
}
```

【例 7.12】找出一个二维数组中的鞍点，即该位置上的元素是该行上的最大值，是该列上的最小值。二维数组可能不止一个鞍点，也可能没有鞍点。

程序如下：

```c
#include <stdio.h>
#define N 10
#define M 10
void main()
{
   int i,j,k,m,n,flag1,flag2,a[N][M],max,maxj;
   scanf("%d%d",&n,&m);                  /*输入二维数组的行数和列数*/
   for(i=0;i<n;i++)                      /*输入二维数组*/
      for(j=0;j<m;j++)
      {
         printf("请输入a[%d][%d]:",i,j);
         scanf("%d",&a[i][j]);
      }
   printf("\n");
   for(i=0;i<n;i++)                      /*输出数组*/
   {
      for(j=0;j<m;j++)
         printf("%d\t",a[i][j]);
      printf("\n");
   }
   flag2=0;                              /*flag2作为数组中是否有鞍点的标志*/
   for(i=0;i<n;i++)
   {
      max=a[i][0];
      for(j=0;j<m;j++)
         if(a[i][j]>max)
         {
            max=a[i][j];
            maxj=j;
         }
      for(k=0,flag1=1;k<n&&flag1;k++)    /*flag1作为行中的最大值是否鞍点的标志*/
         if(max>a[k][maxj])              /*判断行中的最大值是否也是列中的最大值*/
            flag1=0;
      if(flag1)
      {
         printf("\n第%d行第%d列的%d是鞍点\n",i,maxj,max);
         flag2=1;
      }
   }
   if(!flag2) printf("\n无鞍点!\n");
}
```

可以用以下两个矩阵验证程序。

（1）二维数组有鞍点：

|     |     |     |    |
| --- | --- | --- | -- |
| 9   | 80  | 205 | 40 |
| 90  | -60 | 96  | 1  |
| 210 | -3  | 101 | 89 |

（2）二维数组没有鞍点：

```
  9      80     205    40
 90     -60     196     1
210      -3     101    89
 45      54     156     7
```

用 scanf 函数从键盘输入数组各元素的值，检查结果是否正确，题目并未指定二维数组的行数和列数，程序应能处理任意行数和列数数组的元素，但这样的工作量太大，一般来说不需要这样做，只需准备典型的数据即可。如果指定了数组的行数和列数，可以在程序中对数组元素赋初值，而不必用 scanf 函数。请读者修改程序。

# 7.5  字符数组与字符串

C 语言中有字符型常量和字符串常量，但只有字符型变量没有字符串变量，所以需要用字符数组存放和处理字符串。其中，一维字符数组可存放一个字符串，二维字符数组可存放多个字符串。由于字符数组在使用上的一些特殊性，故在此专门给予讨论。

## 7.5.1  字符数组的定义和初始化

### 1．字符串常量

字符串常量是用双引号括起来的一串字符。系统在存放字符串常量时，自动在它的最后一个字符后面附加一个字符串结束标志'\0'，它占用内存空间，但不作为字符串的有效字符。在字符串常量的书写形式中，双引号只充当字符串的界限符，不是字符串的一部分。如果字符串中要包含字符"""，则可经过转义字符（如"\""）来实现，其他转义字符（如"\n"、"\t"）也可以作为单个字符出现在字符串中。

### 2．字符数组的定义

字符数组是指数组元素的类型为字符型数据的数组，它也要先定义后使用。字符数组的定义形式如下：

```
char 数组名[常量表达式][常量表达式];
```

例如，下面语句定义两个字符型数组 str1 和 str2：

```
char str1[30];
char str2[10][80];
```

则 str1 可存放 1 个长度不超过 29 个字符的字符串，str2 可存放 10 个字符串，每个字符串的长度都不超过 79 个字符。

**注意**：每个字符串末尾都有 1 个零字符'\0'，它要占 1 个字节的存储单元。

### 3．一维字符数组的初始化

对字符数组进行初始化，即在定义一个字符数组时给它指定初值。一维字符数组的初始化，有以下两种方式。

（1）用字符常量初始化。

将字符常量依次存放在花括号中，以逐个为数组中各元素指定初值字符，字符在内存中以相应的 ASCII 代码存放。例如：

```
char str[12]={'T','h','e',' ','s','t','r','i','n','g','.','\0'};
```

这样，字符数组 str 中就存放了一个字符串"The string."，每一个数组元素 str[i]存放一个字符，最后一个元素 str[11]存放字符串结束符 "\0"。

**注意**：用这种方式初始化，如果是字符串，最后一个字符必须是 "\0"，不能是其他字符；否则只是存放的字符元素，不是字符串。

也可以部分初始化，如 "char str[8]={'a','b','c','d'};"，未赋值的部分自动为 "\0"。

对于全部元素指定初值的情况下，字符数组的大小可以不必定义。如 "char str[]={'a','b','c'};"，系统自动确定字符数组 str 有 3 个元素。

（2）直接用字符串常量初始化，字符串常量加不加花括号均可。

例如：

```
char str[12]="The string."; 或 char str[12]={"The string."};
```

等价于：

```
char str[12]={'T','h','e',' ','s','t','r','i','n','g','.','\0'};
```

这时，C 编译程序会自动将字符串中各字符逐个地顺序赋给字符数组中各元素，最后自动在末尾增加一个字符串结束符 "\0"。

在用字符串初始化一个一维字符数组时，可以不指定数组大小。例如：

```
char str1[]="I am happy!";
```

**注意**：字符数组 str1 的元素个数为 12，不是 11。

需要指出，字符数组本身并不要求最后要有标志 "\0"。但当字符数组需要作为字符串时，就必须有标志符 "\0"。例如：

```
char s1[]="student";
char s2[]={'s','t','u','d','e','n','t'};
```

则：

```
printf("%s",s1);
```

是正确的。而以下语句：

```
printf("%s",s2);
```

是错误的。后者将在输出 student 之后继续输出，直至遇到 8 位全 0 代码（即 "\0"）为止。实际上字符数组 s1 有 8 个元素，s2 只有 7 个元素。

指定元素个数的字符数组用字符串常量给它初始化时，其元素个数不能小于字符串常量的字符数，但可等于。例如：

```
char s[4]="1234";
```

则：

```
s[0]='1',s[1]='2',s[2]='3',s[3]='4'。
```

**4．二维字符数组的初始化**

二维字符数组相当于一维字符串数组，即一维数组的每个元素是字符串，其初始化也有两种方式。

（1）字符常量方式。

例如：

```
char Language[3][8]={{'B','A','S','I','C','\0'},
{'F','O','R','T','R','A','N','\0'},{'C','\0'}};
```

它相当于定义了 3 个字符串，每个字符串最多可存放 7 个字符。

（2）字符串常量方式。

例如：

```
char Language[3][8]={"BASIC","FORTRAN","C"};
```
显然，第（2）种方式比第（1）种方式简便。

又如：

```
char str2[][30]={"I am happy!","I am learning C language."};
```
字符数组 str2[0]和字符数组 str2[1]分别存储一个字符串，各有 30 个元素。

一个字符串可以存放在一个一维字符数组中。如果有若干个字符串，可以用一个二维字符数组来存放。因此一个 n×m 的二维字符数组可以存放 n 个字符串，每个字符串最大有效长度为 m−1（'\0'还要占一位）。例如：

```
char str[3][10]={"China","Japan","Holand"};
```
定义了一个二维字符数组 str，其内容如图 7-8 所示。

| str[0] | C | h | i | n | a | \0 | | | |
|---|---|---|---|---|---|---|---|---|---|
| str[1] | J | a | p | a | n | \0 | | | |
| str[2] | H | o | l | a | n | d | \0 | | |

图 7-8　二维字符数组

可以认为二维字符数组由若干个一维字符数组组成。可以单独输出数组中的某一个元素，即一个字符，也可以输出某一行，即一个字符串。

【例 7.13】写出下列程序的运行结果。

程序如下：

```
#include <stdio.h>
void main()
{
    char str[3][10]={"China","Japan","Holand"};
    printf("%c\t%s\n",str[0][3],str[1]);
}
```
程序运行结果如下：

```
n       Japan
```
str[0][3]相当于二维字符数组 str 的一个元素，代表一个字符。str[1]相当于一个一维字符数组名，代表二维字符数组 str 第 2 行的起始地址，即字符串"Japan"的起始地址，printf 函数从给定的地址开始逐个输出字符，直到遇到"\0"为止。

### 7.5.2　字符数组的输入和输出

#### 1．用 scanf()和 printf()实现字符数组的输入和输出

（1）用%c 控制的 scanf()和 printf()可以逐个输入和输出字符数组中的各个字符。

【例 7.14】用 scanf()和 printf()实现字符型数组的输入和输出。

```
#include <stdio.h>
void main()
{
    int i;
    char ch[10];
    for(i=0;i<9;i++)
```

```
      scanf("%c",&ch[i]);
   ch[9]='\0';
   for(i=0;ch[i]!='\0';i++)
      printf("%c",ch[i]);
}
```

用这种方式输入时，从键盘输入的字符数一定要比定义的长度少 1。程序自动将最后一个位置放入 "\0" 字符。输出时，可以用 ch[i]!='\0' 来作为继续循环的条件。

（2）用%s 控制的 scanf() 和 printf() 可以输入和输出字符串。

例如：

```
char ch[16];
scanf("%s",ch);
printf("%s\n",ch);
```

**注意**：由于数组名代表数组起始地址，因此在 scanf() 函数中只需写数组名 ch 即可，而不能写成 scanf("%s",&ch)。在 scanf() 和 printf() 中都用了数组名 ch，而没用地址运算符&，这是因为%s 是直接控制字符串的，它只要求某个字符串的起始地址作为参数。当%s 用在 scanf() 中时，会自动把用户输入的回车符转换成 "\0" 并加在字符串的末尾。用在 printf() 时，从 ch 代表的地址开始逐个输出字符，遇到 "\0" 就结束输出。

若用 scanf("%s",ch); 语句向字符数组输入一个字符串，可在运行时从键盘输入并按回车键即可，不必在字符串两端加双引号。例如，可按以下方式输入字符串：

```
Computer↙
```

在按回车键后，回车键前面的字符作为一个字符串输入，系统自动在最后加一个字符串结束标志 "\0"，并且输入给数组中的字符个数是 9 而不是 8。

**注意**：%s 用在 scanf() 中控制输入时，输入的字符串不能含有空格或制表符。因为 C 语言规定，用 scanf() 输入字符串是以空格或回车符作为字符串间隔符号；当%s 遇到空格或制表符时，就认为输入结束。

如果有以下 scanf() 函数语句：

```
scanf("%s%s",str1,str2);
```

当输入：

```
good  morning↙
```

则将 good 和 "\0" 输入到字符数组 str1 中，将 morning 和 "\0" 送到字符数组 str2 中。

如果输入的字符串中包含空格，例如，执行：

```
scanf("%s",ch);
```

当从键盘输入 "good morning" 时，ch 的值为 "good" 而不是 "good morning"。解决这一问题的办法是对输入长度加以限定，例如：

```
scanf("%13s",ch);
```

同样的输入可使 ch 的值为 "good morning"。

%s 用在 printf() 中时，不会因为遇到空格或制表符而结束输出。

**2. 字符串输入函数 gets() 和字符串输出函数 puts()**

用 gets() 可以直接输入字符串，直至遇到回车键为止，它不受输入字符串中空格或制表符的限制。使用 gets() 的一般格式为：

```
gets(字符数组名);
```

用 puts()可以输出字符串，字符串中空格或回车不影响，遇到"\0"结束字符串输出，而且自动把字符串末尾的"\0"字符转换成换行符，而%s 控制的 printf()则没有将字符串末尾的"\0"转换成换行符的功能，必须增加"\n"来实现换行。调用它的一般格式为：

puts(字符数组名或字符串常量);

例如：

```
puts("abc  def \n hij");
```

输出为：

```
abc  def
hij
```

又如：

```
puts("abc \0 def \n hij");
```

输出为：

```
abc
```

函数 gets()和 puts()都要求数组名作参数，不能在数组名前加&。这两个函数定义在头文件 stdio.h 中，使用前要用#include <stdio.h>语句将头文件包含进来。

【例 7.15】一维字符数组的输入和输出。

程序如下：

```
#include <stdio.h>
void main()
{
    char name[11];
    printf("please input a name:");
    gets(name);
    puts(name);
}
```

程序运行结果如下：

```
please input a name:Bill Gates✓
Bill Gates
```

【例 7.16】二维字符数组的输入和输出。

程序如下：

```
#include <stdio.h>
void main()
{
    int i;
    char country[3][8];
    for(i=0;i<3;i++)
    {
        printf("Please input a country name:");
        gets(country[i]);
    }
    for(i=0;i<3;i++)
        puts(country[i]);
}
```

程序运行结果如下：

```
Please input a country name:China✓
```

```
Please input a country name:America↙
Please input a country name:Japan↙
China
America
Japan
```

其中，前面 3 行是程序显示的提示行及从键盘输入的数据，后 3 行是输出的结果。程序中 country[i]代表数组 country 第 i 行的首地址。

### 7.5.3　字符串处理函数

C 语言本身不提供字符串处理的能力，但是 C 编译系统提供了大量的字符串处理库函数，它们定义在头文件 string.h 中，使用时只要包含这个头文件，就可以使用其中的字符串处理函数。下面介绍几个常用的字符串处理函数。

**1. 求字符串长度函数 strlen()**

该函数用来计算字符串的长度，即所给字符串中包含的字符个数（不计字符串末尾的 "\0" 字符），函数返回值为整型，其调用格式为：

strlen(字符串)

其中的参数可以是字符数组名或字符串常量。例如：

```
char s[]="good morning";
printf("%d\n",strlen(s));
printf("%d\n",strlen("good afternoon"));
```

将输出：

```
12
14
```

**2. 字符串复制函数 strcpy()和 strncpy()**

该函数用来将一个字符串复制到另一个字符串中，函数类型为 void，其调用格式为：

strcpy(字符数组1,字符串2)

该函数可以将字符串 2 中的字符复制到字符数组 1 中。其中字符数组 1 必须定义得足够大，以容纳被复制的字符串。函数中的参数字符数组 1 必须是字符数组名，字符串 2 可以是字符数组名或字符串常数。例如：

```
char string1[20],string2[20];
strcpy(string1,"Changsha");
```

表示将字符串常量"Changsha"复制到 string1 中，实现了赋值的效果。而：

```
strcpy(string2,string1);
```

则表示将 string1 中的字符全部复制到 string2 中，这时要求 string2 的大小能容纳 string1 中的全部字符。

在某些应用中，需要将一个字符串的前面一部分复制，其余部分不复制。函数 strncpy()可实现这个要求，其调用格式为：

strncpy(字符数组1,字符串2,n)

该函数的作用是将字符串 2 中的前 n 个字符复制到字符数组 1（附加 "\0"）。其中 n 是整型表达式，指明欲复制的字符个数。如果字符串 2 中的字符个数不多于 n，则该函数调用等价于：

```
strcpy(str1,str2);
```

注意：不能用赋值语句将一个字符串常量或字符数组直接赋给一个字符数组。例如，设 str1 是字符数组名，则 str1="Changsha";是非法的，只能用 strcpy 函数。

### 3．字符串连接函数 strcat()

函数调用格式为：

```
strcat(字符串1,字符串2)
```

该函数将字符串 2 连接在字符串 1 的后面。限制字符串 1 不能是字符串常量。函数调用返回一个函数值，函数值为字符串 1 的开始地址。正确使用该函数，要求字符串 1 必须足够大，以便能容纳字符串 2 的内容。

注意：连接前，字符串 1 和字符串 2 都各自有 "\0"。连接后，字符串 1 中的 "\0" 在连接时被覆盖掉，而在新的字符串有效字符之后保留一个 "\0"。

例如：

```
char str1[30]="Beijing";
char str2[30]="Changsha";
strcat(str1,str2);
printf("%s\n",str1);
```

将输出：

```
BeijingChangsha
```

### 4．字符串比较函数 strcmp()

函数调用格式为：

```
strcmp(字符串1,字符串2)
```

该函数比较两个字符串大小。对两个字符串从左至右逐个字符相比较（按字符的 ASCII 码值的大小），直至出现不同的字符或遇到 "\0" 为止。如全部字符都相同，则认为相等，函数返回 0 值；若出现不相同的字符，则以第一个不相同的字符比较结果为准。若字符串 1 的那个不相同字符小于字符串 2 的相应字符，函数返回一个负整数；反之，返回一个正整数。

注意：对字符串不允许执行相等 == 和不相等 != 运算，必须用字符串比较函数对字符串作比较。

例如：

```
if(str1==str2) printf("Yes\n");
```

是非法的。而只能用：

```
if(strcmp(str1,str2)==0)printf("Yes\n");
```

### 5．字符串大写字母转换成小写字母函数 strlwr()

函数调用格式为：

```
strlwr(字符串)
```

该函数将字符串中的大写字母转换成小写字母。其中的"字符串"不能是字符串常量。

### 6．字符串小写字母转换成大写字母函数 strupr()

函数调用格式为：

```
strupr(字符串)
```

该函数将字符串中的小写字母转换成大写字母。其中的"字符串"不能是字符串常量。

## 7.5.4　字符数组应用举例

【例 7.17】编写一个字符串比较程序。从键盘输入两个字符串，一个存到 s1 数组，一个存到 s2 数组，对两个字符串的大小进行比较，如果出现不一致的字符，则字符大的字符串大。

分析：将两个字符数组中的字符逐个进行比较，若字符相等且未比较完将继续比较，一直到出现不一致的字符或比较完所有字符，则结束循环，以此时比较结果作为字符串的比较结果。

程序如下：

```
#include <stdio.h>
#include <string.h>
void main()
{
    int i=0;
    char s1[10],s2[10];
    scanf("%s",s1);
    scanf("%s",s2);
    while(s1[i]==s2[i]&&s2[i]!='\0')   /*字符逐个进行比较，一旦不一致则退出循环*/
        i++;
    if(s1[i]==s2[i])
        printf("s1=s2\n");
    else if(s1[i]>s2[i])
        printf("s1>s2\n");
    else
        printf("s1<s2\n");
}
```

【例 7.18】输入一行字符，统计其中单词个数。约定单词由英文字母组成，其他字符用来分隔单词。

分析：单词的数目可以由非字母字符出现的次数决定（连续的若干个非字母字符计为一次；一行开头的非字母字符不在内）。如果测出某一个字符为字母，且它的前面的字符是非字母字符，则表示新的单词开始了，此时使 num（单词数）累加 1。如果当前字符为字母而其前面的字符也是字母，则意味着仍然是原来那个单词的继续，num 不应再累加 1。前面一个字符是否为非字母字符可以从 word 的值看出来，若 word=0，则表示前一个字符是非字母字符，如果 word=1，意味着前一个字符为非空格。

程序如下：

```
#include <stdio.h>
void main()
{
    char c,s_line[120];
    int i,num=0,word=0,letter;
    printf("Input a line.\n");
    gets(s_line);
    for(i=0;(c=s_line[i])!='\0';i++)
    {
        letter=((c>='a'&&c<='z')||(c>='A'&&c<='Z'));
        if(word)
        { if(!letter) word=0;}
        else if(letter)
```

```
        {
            word=1;
            num++;
        }
    }
    printf("There are %d words in the line.\n",num);
}
```

由于字符串结束符 "\0" 的 ASCII 码值为 0，因此程序中判断字符不是字符串结束符的代码可以省略，即 for 语句中(c=s_line[i])!='\0'，可写成 c=s_line[i]。

【例 7.19】输入一行文字，找出其中大写字母、小写字母、空格、数字及其他字符各有多少。

分析：先输入一行文字，然后处理文字中的每一个字符，根据不同类型的字符进行分类统计，这是一个多分支选择结构。

程序如下：

```
#include <stdio.h>
void main()
{
    int i,up=0,low=0,space=0,digit=0,other=0;
    char str[60];
    printf("please input str:\n");
    gets(str);                                    /*输入一个字符串*/
    for(i=0;str[i];i++)                           /*处理每一个字符*/
    {
        if((str[i]>='A')&&(str[i]<='Z'))  up++;      /*大写字母*/
        else if((str[i]>='a')&&(str[i]<='z'))  low++; /*小写字母*/
        else if(str[i]==' ')  space++;               /*空格*/
        else if((str[i]<='9')&&(str[i]>='0'))  digit++; /*数字字符*/
        else  other++;                               /*其他字符*/
    }
    printf("up=%d,low=%d,space=%d,",up,low,space);
    printf("digit=%d,other=%d\n",digit,other);
}
```

【例 7.20】输入 n 个英文单词，输出其中以元音字母 A、E、I、O、U 开头的单词。

分析：将 5 个元音字母的大小写存入字符数组 a，每输入一个单词，将单词的首字母和 a 的每一个元素进行比较，从而输出以元音字母开头的单词。

程序如下：

```
#include <stdio.h>
#include <string.h>
#define N 8
void main()
{
    int i,j;
    char a[10],b[30];
    strcpy(a,"AEIOUaeiou");
    for(i=1;i<=N;i++)
    {
        gets(b);                                  /*输入一个单词*/
        for(j=0;j<10;j++)
        if (b[0]==a[j]) { puts(b); break; }       /*b的首字母和a的各元素逐个比较*/
    }
}
```

【例 7.21】逐行输入正文（以空行结束），从正文行中拆分出英文单词，输出一个按字典顺序排列的单词表。约定单词只由英文字母组成；单词之间由非英文字母分隔；相同单词只输出一次；大小写字母认为是不同字母；最长单词为 20 个英文字母。

分析：程序分为以下 3 个步骤。

（1）从正文中拆分出英文单词，存入一个二维字符数组中（设为 name）。

（2）将 name 中的单词按字典顺序排序。

（3）输出 name 中的单词。

其中第 1 步是关键。先考虑一行如何拆分？输入一行到字符数组 line 中，然后从 line 中拆分出单词存入字符数组 word 中。如果 word 中的单词在 name 中已存在，则用于统计单词个数的变量 count 不加 1，否则 word 中的单词存入 name。一行处理完后，输入下一行，作同样的处理。不断循环，直至输入空行结束。

程序如下：

```c
#include <stdio.h>
#include <string.h>
#define N 1000
void main()
{
  char name[N][21],word[20],line[80],c;
  int i,j,len,count;
  count=0;
  for(;;)
  {
    gets(line);
    if((len=strlen(line))==0) break;            /*是空行，结束输入*/
    for(j=0,i=0;i<=len;i++)
    {
      c=line[i];
      if((c>='a'&&c<='z')||(c>='A'&&c<='Z'))
        word[j++]=c;                             /*是字母，存入单词中*/
      else                                       /*遇单词分隔符*/
        if(j)                                    /*拆分出一个新单词*/
        {
          word[j]='\0';
          strcpy(name[count],word);
          j=0;
          while(strcmp(name[j++],word)!=0);
          if (j>count) count++;                  /*又增加一个新单词*/
          j=0;                                   /*准备拆分新的单词*/
        }
    }
  }
  for(i=0;i<count;i++)                           /*冒泡排序*/
    for(j=0;j<count-1-i;j++)
      if (strcmp(name[j],name[j+1])>0)
      {
        char string[20];
        strcpy(string,name[j]);
        strcpy(name[j],name[j+1]);
        strcpy(name[j+1],string);
      }
    for(i=0;i<count;i++)                         /*输出*/
      puts(name[i]);
}
```

# 7.6 数组作为函数参数

数组作为函数的参数应用非常广泛。它主要有两种，一种是数组元素作函数的参数，另一种是数组名作函数的参数。

## 7.6.1 数组元素作为函数参数

数组定义并赋值之后，数组中的元素可以逐一使用，使用方法与普通变量相同。由于形参是在函数定义时定义，并无具体的值，因此数组元素只能在函数调用时，作函数的实参。

【例 7.22】分析以下程序的功能。

程序如下：

```c
#include <stdio.h>
void main()
{
  int max(int x,int y);
  int a[10],b,i;
  for(i=0;i<10; i++)
    scanf("%d",&a[i]);
  b=a[0];
  for(i=0;i<10;i++)
    b=max(b,a[i]);
  printf("%d\n",b);
}
int max(int x,int y)
{
  return(x>y?x:y);
}
```

程序在主函数内定义数组，并为数组元素赋值，然后循环调用 max 函数，依次用数组中的每一个元素作实参，最后得到 10 个数中的最大值。

当用数组中的元素作函数的实参时，必须在主调函数内定义数组，并使之有值，这时实参与形参之间仍然是值传递的方式，函数调用之前，数组已有初值，调用函数时，将该数组元素的值传递给对应的形参，两者的类型应当相同。

## 7.6.2 数组名作为函数参数

### 1. 一维数组作函数参数

当形参是数组名时，对应的实参应是数组元素的地址。最普通的情况，实参是数组名。在 C 语言中，数组名除作为数组的标识符之外，数组名还代表了该数组在内存中的起始地址，因此，当数组名作函数参数时，实参与形参之间不是值传递，而是地址传递，实参数组名将该数组的起始地址传递给形参数组，两个数组共享一段内存单元，编译系统不再为形参数组分配存储单元。

数组名作函数的参数时，要在主调函数和被调函数中分别定义数组。实参数组和形参数组必须类型相同，形参数组可以不指明长度。

【例 7.23】写出以下程序的运行结果。

```c
#include <stdio.h>
int sum_array(int a[],int n)
```

```
{
  int i,total;
  for(i=0,total=0;i<n;i++)
    total+=a[i];
  return total;
}
void main()
{
  int x[]={1,2,3,4,5},i,j;
  i=sum_array(x,5);
  j=sum_array(&x[2],3);
  printf("i=%d,j=%d\n",i,j);
}
```

程序运行结果如下：

i=15,j=12

函数调用 sum_array(x,5)将数组 x 的首地址&x[0]传送给形参 a，即 a 的首地址是&x[0]，从而使得 a[0]与 x[0]共用同一存储单元。由于数组占用一片连续的存储单元，故以后的元素按存储顺序一一对应。调用 sum_array()函数求 a 数组前 5 个元素之和，结果等于 15。函数调用 sum_array(&x[2],3)将数组元素 x[2]的地址&x[2]传递给形参 a。即 a 的首地址是&x[2]，从而使得 a[0]与 x[2]共用同一存储单元。以后的元素按存储顺序一一对应。调用 sum_array()函数求 a 数组前 3 个元素之和，结果等于 12。参数结合过程如图 7-9 所示。

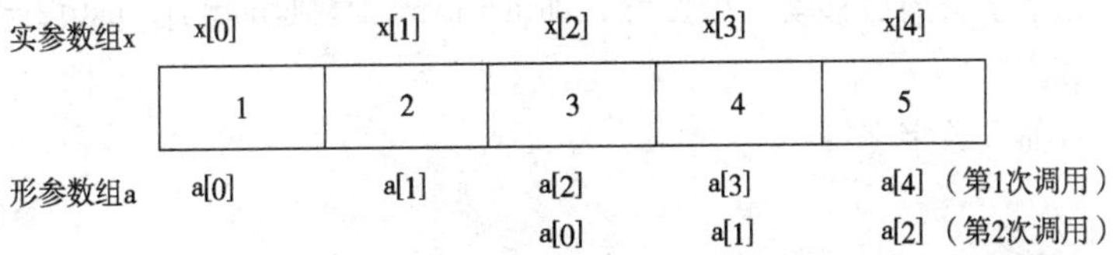

图 7-9　数组名作形参时的参数结合

由于实参数组元素的地址传递给形参数组，即形参数组的首地址与实参数组某元素的地址相同，此时实参数组与形参数组占用同一片存储单元，函数对形参数组元素的访问就是对实参数组元素的访问。同样，形参数组元素的改变会引起相应实参数组元素值的改变。

【例 7.24】写出以下程序的运行结果。

程序如下：

```
#include <stdio.h>
void init_array(int a[],int n,int val)
{
  int i;
  for(i=0;i<n;i++)
    a[i]=val;
}
void main()
{
  int a[10],b[100];
  init_array(a,10,1);
  init_array(b,100,2);
  printf("%d,%d\n",a[9],b[99]);
}
```

两次调用 init_array() 函数，分别给形参数组 a 的全部元素置 1 和 2，形参数组 a 的元素的变化引起相应实参数组 a 和 b 的元素的变化。a 的全部元素置 1，b 的全部元素置 2。故程序运行结果为：

1,2

注意：在数组名作形参时，尽管形参数组元素的改变会引起相应实参数组元素值的改变。但就参数结合方式讲，仍是单向传递，即可以将实参数组的地址传给形参数组，而形参数组地址的改变并不改变实参数组的地址。

也可以用字符数组名作函数形参，实现字符处理。看下面的例子。

【例 7.25】设有一个递增数字串，插入一个数字后，仍保持该数字串为递增数字串。

分析：假设有数字串 1457，插入一个数字字符 2，数字串为 12457，如图 7-10 所示为插入字符前后的字符串存储结构示意图。

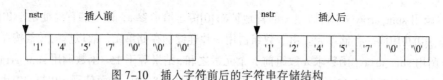

图 7-10　插入字符前后的字符串存储结构

根据图 7-10，应完成如下操作：

（1）找到数字字符 2 插入位置（i=1）。

（2）4、5、7 数字字符向后移动一个位置，即 nstr[3]='7'移到 nstr[4]，nstr[2]='5'移到 nstr[3]，nstr[1]='4'移到 nstr[2]。

（3）在 i=1 位置插入数字字符 2。

程序如下：

```c
#include <stdio.h>
#include <string.h>
void insch(char nstr[],char ch);           /*插入数字字符函数声明*/
void main()
{
    char nstr[7]={'\0'},ch;
    printf("读入数字串(最多 5 个字符):");
    gets(nstr);
    printf("读入插入数字字符:");
    ch=getchar();
    insch(nstr,ch);
    printf("输出数字串(最多 6 个字符):");
    puts(nstr);
}
void insch(char nstr[],char ch)            /*插入数字字符*/
{
    int i=0,j,len;
    while (nstr[i]!='\0' && ch>nstr[i])    /*找数字字符的插入位置*/
        i++;
    len=strlen(nstr);
    if(i<=len-1)                           /*找到插入位置，移动*/
```

```
        for(j=len-1;j>=i;j--)
            nstr[j+1]=nstr[j];
    nstr[i]=ch;                                      /*插入数字字符*/
}
```

程序运行结果如下:

读入数字串(最多 5 个字符):1457
读入插入数字字符:2
输出数字串(最多 6 个字符):12457

### 2.多维数组作函数参数

以二维数组为例,二维数组名作函数参数时,形参的语法形式为:

类型符 形参名[ ][常量表达式]

形参数组可以省略一维的长度。例如,int array[ ][10]。

由于实参代表了数组名,是地址传递,二维数组在内存中是按行优先存储,并不真正区分行与列,在形参中,就必须指明列的个数,才能保证实参数组与形参数组中的数据一一对应,因此,形参数组中第二维的长度是不能省略的。

C 语言还允许形参数组是多维数组。当形参数组是多维时,除形参数组的第一维大小说明可省略外,其他维的大小必须明确指定。

【例 7.26】求一个有 10 列的二维数组各行元素之和,并将和存于另一个数组中。

程序如下:

```
#include <stdio.h>
void main()
{
    int x[3][10],y[3],i,j;
    void sumatob(int a[][10],int b[],int n);
    for(i=0;i<3;i++)
        for(j=0;j<10;j++)
            scanf("%d",&x[i][j]);
    sumatob(x,y,3);
    for(i=0;i<3;i++)
        printf("y[%d]=%d\t",i,y[i]);
    printf("\n");
}
void sumatob(int a[][10],int b[],int n)
{
    int i,j;
    for(i=0;i<n;i++)
        for(b[i]=0,j=0;j<10;j++)
            b[i]+=a[i][j];
}
```

在函数 sumatob()的定义中,对形参 a 的说明如写成 int a[][]是错误的。因二维数组的元素只是按行存放,并不区分行和列。如在形参中不说明它的列数,就无法确定数组元素 a[i][j]的实际地址。

注意:实参数组大小不能小于形参数组使用的大小,在 Turbo C 2.0 下实参数组和形参数组的维数并不要求一致,而在 Visual C++ 6.0 下实参数组和形参数组的维数不一致时,程序可以运行,但会出现错误警告。看下面的例子。

【例 7.27】写出程序的输出结果。

程序如下：

```c
#include <stdio.h>
void main()
{
    int f(int x[],int m,int n);
    int a[3][4],x,i,j;
    for(i=0;i<3;i++)
        for(j=0;j<4;j++)
            a[i][j]=i+j;
    x=f(a,5,8);
    printf("x=%d\n",x);
}
int f(int x[],int m,int n)
{
    int k,j;
    k=0;
    for(j=m;j<=n;j++)
    k+=x[j];
    return k;
}
```

程序运行结果如下：

x=11

程序中 f 函数的形参 x 是一维数组，而主函数调用 f 函数时，实参 a 是二维的，这时 x[0] 与 a[0][0] 结合，以后元素按照数组在内存中的存储结构依次进行结合，具体对应关系如图 7-11 所示。程序求 x[5]~x[8]元素之和，结果为 11。

| 实参数a | a[0][0] | a[0][1] | a[0][2] | a[0][3] | a[1][0] | a[1][1] | a[1][2] | a[1][3] | a[2][0] | a[2][1] | a[2][2] | a[2][3] |
|---|---|---|---|---|---|---|---|---|---|---|---|---|
|  | 0 | 1 | 2 | 3 | 1 | 2 | 3 | 4 | 2 | 3 | 4 | 5 |
| 形参数x | x[0] | x[1] | x[2] | x[3] | x[4] | x[5] | x[6] | x[7] | x[8] | x[9] | x[10] | x[11] |

图 7-11　二维实参数组与一维形参数组的结合

# 本 章 小 结

1. 数组是同类型数据的集合。同一个数组的数组元素具有相同的数据类型，可以是整型、实型、字符型以及后面将介绍的指针类型、结构体类型等。数组可分为一维数组、二维数组、三维数组等。一般，二维数组以上又称为多维数组。常用的是一维数组和二维数组。对于多维数组，也可以把它看作一维数组，而它的数组元素是比它少一维的数组。

2. 数组要先定义后使用。定义一维数组的一般形式为：

类型符　数组名[常量表达式]；

数组名后面方括号中的常量表达式规定该数组中可容纳的元素个数，其值称为维界，必须为正整数。

定义二维数组的一般形式是：

类型符　数组名[常量表达式][常量表达式]；

进行数组的定义就是让编译系统为每个数组安排一片连续的存储单元来依次存放数组的各个

元素。对一维数组来说，各个元素按下标由小到大顺序存放。对二维数组来说，先按行的顺序，再按列的顺序依次存放各个元素。数组名将作为该数组所占的连续存储区的起始地址，数据类型将决定该数组的每一个元素要占用多少字节的存储单元。

3. 数组初始化就是在定义时给数组元素设初始值。一维数组初始化时，把所赋初值按顺序放在等号右边的花括号中，各常量之间用逗号隔开。

对数组全部元素初始化的数组定义可以省略方括号中的数组大小，编译器会统计花括号之间的元素个数并自动确定数组大小。不指定数组长度的定义和初始化用于多维数组时，必须指定除最左边维界之外的所有维界。

4. 数组在定义后其元素即可被引用，引用数组就是引用数组的各元素。引用形式为：

数组名[下标]

通过下标的变化可以引用任意一个数组元素，其实还可以通过指针引用数组元素，这将在第 8 章介绍。

数组下标的下界为 0，上界为数组元素个数减 1，引用数组时必须保证没有超出数组边界，否则会带来副作用，比如会隐含地修改其他变量的值。C 编译系统不检查下标是否越界，所以这种错误比较隐蔽，需引起注意。

5. 只能逐个对数组元素赋值，数值型数组一般用循环实现对各个元素赋值。

6. 数组类型在数据处理和数值计算中有十分重要的作用，许多算法不用数组这种数据结构就难以实施。例如 100 个数的排序问题，用一维数组存放这 100 个数，用选择法、冒泡法等就能轻而易举地完成排序。数组与循环结合，使很多问题的算法得以简单地表述，高效地实现。分类统计、排序、检索、矩阵的处理与计算等都是利用数组的典型算法。

7. 字符变量只能存放一个字符，而字符数组则可以存放字符串。二维数组可以存放多个字符串（每行存放一个字符串）。处理多个字符串时，如求最大（小）字符串、字符串排序等，常用二维字符数组存放它们，对二维字符数组 a，第 i 行的字符串首地址是 a[i]。以后学习指针数组后，用字符指针数组来处理多个字符串将更为方便。

8. 字符串的输出是从指定的地址开始输出，直至遇到字符串结束符 "\0" 为止。因此，定义字符数组时，一定要预留一个数组元素存放 "\0"。输入字符串时，要注意函数 scanf() 不能输入带空格的字符串，此时应采用函数 gets()。

用 scanf() 和 printf() 实现字符数组的输入和输出：

（1）用%c 控制的 scanf() 和 printf() 可以逐个输入和输出字符数组中的各个字符。

（2）用%s 控制的 scanf() 和 printf() 可以输入和输出字符串。

用 gets() 和 puts() 实现字符数组的输入和输出：

（1）用 gets() 可以直接输入字符串，直至遇到回车键为止，它不受输入字符中空格或制表符的限制。使用该函数的一般格式为：

gets(字符数组名);

（2）用 puts() 可以输出字符串，字符串中可以含空格或回车，遇到 "\0" 结束字符串输出，而且自动把字符串末尾的 "\0" 字符转换成换行符。使用该函数的格式为：

puts(字符数组名或字符串常量);

9. 数值的赋值、比较等运算符并不适用于字符串的相应运算。C 语言库函数提供了专门处理字符串的函数。例如字符串比较时，"ABC">"CDE" 是错误的，应写成 strcmp("ABC","CDE")>0。又如对字符数组 a，采用赋值运算 a="Jasmine" 是错误的操作，正确的方法是使用字符串复制函数 strcpy(a,"Jasmine")。

　　字符串处理函数为字符串操作提供了方便,应正确掌握和使用它们。从学习编程的角度出发,还可自己试着编程实现这些函数的功能。

　　10. 数组元素作函数实参等价于简单变量作实参,形参必须是简单变量,实现的是传值调用。数组名作函数实参,传递的是数组的首地址,形参也必须是数组名,但形参数组可以指定大小,也可以不指定大小,因为,C 编译系统对形参数组大小不做检查,只是将实参数组的首地址传给形参数组。

　　当函数调用时,传递实参数组首地址给形参数组,系统并不给形参数组分配存储空间,形参数组与实参数组共用存储空间,因此,形参数组中元素的改变,就是实参数组中元素的改变。

# 习　　题

## 一、选择题

1. 已知:

```
int a[3][4]={0};
```

则下面正确的叙述是(　　　　)。

　　A. 只有元素 a[0][0]可得到初值 0

　　B. 此说明语句是错误的

　　C. 数组 a 中的每个元素都可得到初值,但其值不一定为 0

　　D. 数组 a 中的每个元素均可得到初值 0

2. 以下能对二维数组元素 a 进行正确初始化的语句是(　　　　)。

　　A. int a[2][]={{1,0,1},{5,2,3}};　　　　　　　B. int a[][3]={{1,2,3},{4,5,6}};

　　C. int a[2][4]={{1,2,3},{4,5},{6}};　　　　　D. int a[][3]={{1,0,1},{},{1,1}};

3. 对两个数组 a 和 b 进行如下初始化:

```
char a[]="ABCDEF";
char b[]={'A','B','C','D','E','F'};
```

则以下叙述正确的是(　　　　)。

　　A. a 与 b 数组完全相同　　　　　　　　　　　　B. a 与 b 长度相同

　　C. a 和 b 中都存放字符串　　　　　　　　　　　D. a 数组比 b 数组长度长

4. 设有数组定义:

```
char array []="China";
```

则数组 array 所占的空间为(　　　　)个字节。

　　A. 4　　　　　　　　　　B. 5　　　　　　　　　　C. 6　　　　　　　　　　D. 7

5. 下列程序执行后的输出结果是(　　　　)。

```
#include <stdio.h>
void main()
{
  char arr[2][4];
  strcpy(arr,"you"); strcpy(arr[1],"me");
  arr[0][3]='&';
  printf("%s\n",arr);
}
```

　　A. you&ne　　　　　　　　B. you　　　　　　　　C. me　　　　　　　　D. err

6. 有如下程序：

```
#include <stdio.h>
void main()
{
    int n[5]={0,0,0},i,k=2;
    for(i=0;i<k;i++)
        n[i]=n[i]+1;
    printf("%d\n",n[k]);
}
```

该程序的输出结果是（ ）。

A. 不确定的值 　　　　B. 2 　　　　　　C. 1 　　　　　　D. 0

7. 有如下程序：

```
#include <stdio.h>
main()
{
    int a[3][3]={{1,2},{3,4},{5,6}},i,j,s=0;
    for(i=1;i<3;i++)
        for(j=0;j<i;j++) s+=a[i][j];
    printf("%d\n",s);
}
```

该程序的输出结果是（ ）。

A. 14 　　　　　　　B. 19 　　　　　　C. 20 　　　　　　D. 21

8. 以下程序的输出结果是（ ）。

```
#include <stdio.h>
void main()
{
    int i, x[3][3]={1,2,3,4,5,6,7,8,9};
    for(i=0;i<3;i++)
        printf("%d",x[i][2-i]);
}
```

A. 159 　　　　　　B. 147 　　　　　　C. 357 　　　　　　D. 369

9. 以下程序的输出结果是（ ）。

```
#include <stdio.h>
#include <string.h>
void main()
{
    char st[20]="hello\\\t\0";
    printf("%d %d\n",strlen(st),sizeof(st));
}
```

A. 9 9 　　　　　　B. 5 20 　　　　　　C. 7 20 　　　　　　D. 8 20

10. 以下程序的输出结果是（ ）。

```
#include <stdio.h>
void main()
{
    char ch[3][5]={"AAAA","BBB","CC"};
    printf("\"%s\"\n",ch[1]);
}
```

A. "AAAA" 　　　　　B. "BBB" 　　　　　C. "BBBCC" 　　　　　D. "CC"

11. 以下程序的输出结果是（　　　）。

```c
#include <stdio.h>
void main()
{
    int b[3][3]={0,1,2,0,1,2,0,1,2},i,j,t=1;
    for(i=0;i<3;i++)
        for(j=i;j<=i;j++) t=t+b[i][b[j][j]];
    printf("%d\n",t);
}
```

A. 3　　　　　　　　B. 4　　　　　　　　C. 1　　　　　　　　D. 9

12. 有以下程序：

```c
#include <stdio.h>
void main()
{
    int p[7]={11,13,14,15,16,17,18},i=0,k=0;
    while(i<7&&p[i]%2)
        {k=k+p[i];i++;}
    printf("%d\n",k);
}
```

执行后输出结果是（　　　）。

A. 58　　　　　　　　B. 56　　　　　　　　C. 45　　　　　　　　D. 24

13. 以下函数的功能是：通过键盘输入数据，为数组中的所有元素赋值。

```c
#include <stdio.h>
#define N 10
void arrin(int x[N])
{
    int i=0;
    while(i<N)
        scanf("%d",_____);
}
```

在下画线处应填入的是（　　　）。

A. x+i　　　　　　　B. &x[i+1]　　　　　C. x+(i++)　　　　　D. &x[++i]

14. 有以下程序：

```c
#include <stdio.h>
void main()
{
    char a[]={'a','b','c','d','e','f','g','h','\0'};
    int i,j;
    i=sizeof(a);
    j=strlen(a);
    printf("%d,%d\n",i,j);
}
```

程序运行后的输出结果是（　　　）。

A. 9,9　　　　　　　B. 8,9　　　　　　　C. 1,8　　　　　　　D. 9,8

## 二、填空题

1. 如果一维数组的长度为 n，则数组下标的最小值为_____，最大值为_____。

2. 在 C 语言中，数组名代表_____。二维数组元素在内存中的存放顺序是_____。

3. 下面 fun 函数的功能是将形参 x 的值转换成二进制数，所得二进制数的每一位数放在一维数组中返回，二进制数的最低位放在下标为 0 的元素中，其他依此类推。请将下面程序填写完整。

```
fun(int x,int b[])
{
    int k=0,r;
    do
    {
        r=x%_____;
        b[k++]=r;
        x/=_____;
    }while(x);
}
```

4. 以下程序用来对从键盘上输入的两个字符串进行比较，然后输出两个字符串中第一个不相同字符的 ASCII 码之差。例如，输入的两个字符串分别为 abcdef 和 abceef，则输出为-1。请将下面程序填写完整。

```
#include <stdio.h>
void main()
{
    char str[100],str2[100],c;
    int i,s;
    printf("\n input string 1:\n");
    gest(str1);
    printf("\n input string 2:\n");
    gest(str2);
    i=0;
    while((strl[i]==str2[i]&&(str1[i]!=_____)))
        i++;
    s=_____;
    printf("%d\n",s);
}
```

5. 若想通过以下输入语句使 a 中存放字符串 1234，b 中存放字符 5，则输入数据的形式应该是_____。

```
char a[10],b;
scanf("a=%s b=%c",a,&b);
```

6. 下面程序的功能是：将字符数组 a 中下标值为偶数的元素从小到大排列，其他元素不变。请将下面程序填写完整。

```
#include <stdio.h>
#include <string.h>
void main()
{
    char a[]="clanguage",t;
    int i,j,k;
    k=strlen(a);
    for(i=0;i<=k-2;i+=2)
        for(j=i+2; j<=k;_____)
            if (_____)
                {t=a[i];a[i]=a[j];a[j]=t;}
    puts(a);
    printf("\n");
}
```

7. 下列程序运行后的输出结果是_____。

```c
#include <stdio.h>
void main()
{
    char b[]="Hello,you";
    b[5]=0;
    printf("%s\n",b);
}
```

8. 以下程序运行后的输出结果是_____。

```c
#include <stdio.h>
void main()
{
    int i, n[]={0,0,0,0,0};
    for(i=1;i<=4;i++)
    {
        n[i]=n[i-1]*2+1;
        printf("%d",n[i]);
    }
}
```

## 三、写出程序的运行结果

1.
```c
#include <stdio.h>
void main()
{
    int a[6][6],i,j;
    for(i=1;i<6;i++)
        for(j=1;j<6;j++)
            a[i][j]=(i/j)*(j/i);
        for(i=1;i<6;i++)
        {
            for(j=1;j<6;j++)
                printf("%2d",a[i][j]);
            printf("\n");
        }
}
```

2.
```c
#include <stdio.h>
void main()
{
    int i,j,a[][3]={1,2,3,4,5,6,7,8,9};
    for(i=0;i<3;i++)
        for(j=i+1;j<3;j++) a[j][i]=0;
    for(i=0;i<3;i++)
    {
        for(j=0;j<3;j++) printf("%d  ",a[i][j]);
        printf("\n");
    }
}
```

3.
```c
#include <stdio.h>
void main()
```

```
{
    int a[4][4]={{1,2,-3,-4},{0,-12,-13,14},{-21,23,0,-24},{-31,32,-33,0}};
    int i,j,s=0;
    for(i=0;i<4;i++)
    {
        for(j=0;j<4;j++)
        {
            if (a[i][j]<0) continue;
            if (a[i][j]==0) break;
            s+=a[i][j];
        }
    }
    printf("%d\n",s);
}
```

4. 
```
#include <stdio.h>
f(int b[],int m,int n)
{
    int i,s=0;
    for(i=m;i<n;i=i+2) s=s+b[i];
    return s;
}
void main()
{
    int x,a[]={1,2,3,4,5,6,7,8,9};
    x=f(a,3,7);
    printf("%d\n",x);
}
```

## 四、编写程序题

1. 有一个已排好序的数组，现输入一个数，要求按原来排序的规律将它插入数组中。

2. 将一个数组的元素按逆序重新存放，例如，原来存放顺序为 8、6、5、4、1。要求改为 1、4、5、6、8。

3. 从键盘输入 100 个整数存入数组 p 中，其中凡相同的数在 p 中只存入第一次出现的数，其余的都被剔除。

4. 输入 5×5 矩阵 a，完成下列要求：

（1）输出矩阵 a。

（2）将第 2 行和第 5 行元素对调后，输出新的矩阵 a。

（3）用对角线上的各元素分别去除各元素所在行，输出新的矩阵 a。

5. 按以下格式打印出杨辉三角形的前 n 行。

```
        1
       1  1
      1  2  1
     1  3  3  1
    1  4  6  4  1
   1  5  10  10  5  1
        ...
```

6. 将字符数组 str1 中下标为双号的元素值赋给另一字符数组 str2，并输出 str1 和 str2 的内容。

7. 有一封信共有 3 行，每行 20 个字符，分别统计其中有多少个英文大写字母、多少个小写字母、多少个数字字符、多少个空格。

8. 读入若干字符行，以空行结束，输出其中最长的行。

9. 编写求 n 个数中的最小数的函数，然后调用该函数求 10 个数中的最小数。

10. 编写将 n 个数从小到大排序的函数，并要求函数返回排序过程中交换的次数。

# 第 **8** 章　指　针

指针（Pointer）是 C 语言的一种重要数据类型，也是 C 语言的一个特色内容。运用指针能有效地表示复杂的数据结构；与数组相结合，使引用数组元素的形式更加多样、访问数组元素的手段更加灵活；利用指针形参、函数能实现大多数高级语言都具有的传地址形参、函数形参的要求等。特别是有时候，可能预计不到需要多少个变量，这时就需要动态地创建变量，这就需要用到指针。指针极大地丰富了 C 语言的功能。同时，指针也是学习 C 语言的一个难点。本章介绍指针的概念以及指针在数组、函数和动态内存管理等方面的应用。

## 8.1　指针的概念

在计算机中，内存储器是用于存放数据的，它是以字节为单位的一片连续存储空间。一般把内存储器中的一个字节称为一个内存单元，不同的数据类型所占用的内存单元数不等，例如在 Visual C++ 6.0 环境下，整型量占 4 个单元，字符量占 1 个单元。为了正确地访问这些内存单元，必须为每个内存单元编号，根据一个内存单元的编号即可找到该内存单元，内存单元的编号就叫作内存单元的地址。程序运行需要进行运算时，要根据地址取出变量所对应内存单元中存放的值，参加各种计算，计算结果最后还要存入变量名对应的内存单元中。

例如：

```
int i;
scanf("%d",&n);        /*将键盘输入的整数送到 n 所对应的内存单元中*/
printf("%d",n);        /*通过变量名访问变量 n*/
```

这种通过变量名访问数据的方式称为直接访问。如果将变量 n 的地址存放在另一个变量 p 中，通过访问变量 p，间接达到访问变量 n 的目的，这种方式称为变量的间接访问。打个比方，如果有 1 个或少数几个保险柜，那么可以将这几个保险柜的钥匙都放在身上，需要时直接打开保险柜，取出所需之物。但如果有上百个保险柜，就肯定不愿意都将钥匙放在身上了，那怎么办呢？可以将保险柜钥匙贴上标签放到一个抽屉里面，而身上只带着这把抽屉的钥匙。需要的时候就拿钥匙开抽屉，然后从抽屉里找到保险柜的钥匙去开保险柜，这就是"间接访问"。指针也是这样的道理。指针存放的是地址（也就是保险柜的钥匙），数据（也就是保险柜中存放的物品）是通过地址来访问的。

指针是 C 语言的一种数据类型，指针类型变量是用于存放另一个变量地址的变量。在图 8-1 中，有一个字符型变量 c，其值为字符 A，存放在单元地址为 1000 的内存中，而该数据存放的地址 1000 又存放在内存中地址为 2000 的单元中。要取出变量 c 的值 A，既可以通过使用变量 c 直接访问，也可以通过变量 pc 间接访问。

间接访问变量 c 的方法是：从地址为 2000 的内存单元中，先找到变量 c 在内存单元中的地址 1000，再从地址为 1000 的单元中取出 c 的值 A，这种对应关系如图 8-1 所示。

若将地址为 2000 的内存单元分配给变量 pc，地址 2000 存放变量 c 的地址，则称 pc 为指针变量，指针变量（简称为指针）pc 指向变量 c，也称作指针变

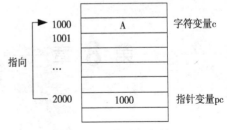

图 8-1　间接访问变量 c

量 pc 所指的对象是变量 c。变量 c 的值为字符 A，指针变量 pc 的值为地址 1000，而指针变量 pc 所指对象的内容为字符 A。

指针变量 pc 与字符型变量 c 的区别在于：c 的值是字符 A，是内存单元 1000 的内容，而指针变量 pc 是存放变量 c 的地址，通过 pc 可间接取得变量 c 的值。

既然指针变量的值是一个地址，那么这个地址不仅可以是变量的地址，也可以是其他数据结构的地址。在一个指针变量中存放一个数组或一个函数的首地址有何意义呢？　因为数组或函数都是连续存放的。通过访问指针变量取得了数组或函数的首地址，也就找到了该数组或函数。这样一来，凡是出现数组、函数的地方都可以用一个指针变量来表示，只要该指针变量中赋予数组或函数的首地址即可。这样做，将会使程序的概念十分清楚，程序本身也精练、高效。在 C 语言中，一种数据类型或数据结构往往都占有一组连续的内存单元。用"地址"这个概念并不能很好地描述一种数据类型或数据结构，而"指针"虽然实际上也是一个地址，但它却是一个数据结构的首地址，它是"指向"一个数据结构的，因而概念更为清楚，表示更为明确。这也是引入"指针"概念的一个重要原因。

# 8.2　指针变量的定义与运算

和一般变量一样，指针变量仍应遵循先定义，后使用的原则，定义时指明指针变量的名字和所指对象的类型。指针变量也能参与各种运算，包括赋值、指针移动、指针比较以及&和*运算等。

## 8.2.1　指针变量的定义

指针变量定义的形式为：

`类型符 *指针变量名；`

其中，类型符表示该指针变量能指向的对象的类型。指针变量用标识符命名，指针变量名之前的符号*，表示该变量是指针变量。指针变量也具有类型，其类型是指针变量所指对象的类型，并非指针变量自身的类型。C 语言中允许指针指向任何类型的对象，包括指向另外的指针变量。

若有以下说明：

`char ch,*cp；`

则 cp 是一个指针变量，cp 中只能存放字符变量的地址，即 cp 是基类型为字符型的指针变量。有以下赋值语句：

```
cp=&ch;
```

该语句是将字符型变量 ch 的地址赋给 cp，这时称 cp 指向变量 ch。ch 变量所对应的存储单元可以通过 ch 直接访问，也可以通过 cp 间接访问，即用*cp 来访问。这里的*表示取内容，即 cp 的值是 ch 的地址，而*cp 是 ch 的内容，也就是 ch 的值。如图 8-2 所示表示了指针变量 cp 和字符变量 ch 之间的关系。

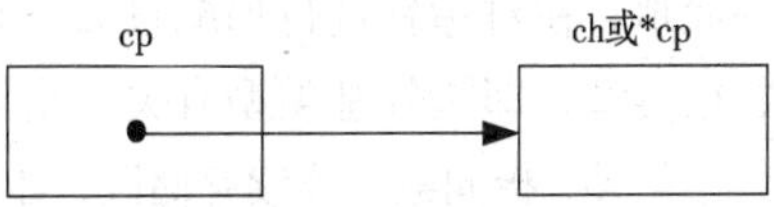

像一般的简单类型变量定义一样，指针变量定义时也可指定初值。如：

```
int j;
int *pt=&j;
```

图 8-2　指针变量及其所指的对象

在定义指针变量 pt 时，给它初始化为变量 j 的地址。

在 C 语言中，当定义局部指针变量时，如未给它指定初值，则其值是不确定的。通过其值不确定的指针变量引用其他变量会引起意想不到的错误。程序在使用它们时，应首先给它们赋值。例如下面的用法：

```
int *p;
scanf("%d",p);
```

虽然一般也能运行，但这种用法是危险的，不宜提倡。因为指针变量 p 的值未指定，在 p 单元中是一个不可预料的值，当程序规模较大时，可能会破坏系统的正常工作状况。应当这样用：

```
int *p,a;
p=&a;
scanf("%d",p);
```

先使 p 有确定的值，然后输入数据到 p 所指向的存储单元。

为明确表示一指针变量不指向任何变量，在 C 语言中，约定用 0 值表示这种情况，记为 NULL（在 stdio.h 文件中给出 NULL 的宏定义：#define NULL (0)）。也称指针值为 0 的指针变量为空指针。对于静态的指针变量，如在定义时未给它指定初值，系统自动给它指定初值为 0。

## 8.2.2　指针变量的运算

### 1. 指针变量的赋值

给指针变量赋值，可以使用取地址运算符，把地址值赋给指针变量。也可以把指针变量的值直接赋给另一指针变量，此时两指针变量指向同一对象。还可以给指针变量赋 NULL 值。例如：

```
int i,*p1,*p2;
p1=&i;
p2=p1;
```

定义了整型变量 i 和两个指向整型变量的指针变量 p1 和 p2。第一个赋值语句将 i 的地址赋给 p1，即 p1 指向 i，第二个赋值语句将 p1 的值赋给 p2,这样 p1 和 p2 均指向 i，如图 8-3 所示。

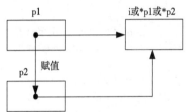

图 8-3　指针变量的赋值

## 2．指针的移动

当指针变量 p 指向某一连续存储区中的某个存储单元时，可以通过加减某个常量或自增自减运算来移动指针。

在对指针进行加减运算时，数字 1 代表一个存储单元的长度，至于一个存储单元占多少字节，要根据指针的基类型而定。在 Visual C++ 6.0 中，基类型为字符型的指针加 1 时，移动 1 个字节；基类型为整型的指针加 1，移动 4 个字节；基类型为 float 类型的指针加 1，则指针移动 4 个字节。一般地，在对指针进行加减整数 n 时，其结果不是指针值直接加或减 n，而是与指针所指对象的数据类型，即指针基类型有关。指针变量的值（地址）应增加或减小 n×sizeof(指针基类型)字节。

另外，指向某一连续存储区，如一个数组存储区的两个同基类型指针相减，可直接求出两指针间相距的存储单元或数组元素个数，而不用再除以 sizeof(指针基类型)。显然，两指针相加没有含义。

## 3．指针的比较

一般情况下，当两个指针指向同一个数组时，可在关系表达式中对两个指针进行比较。指向前面的数组元素的指针变量要小于指向后面的数组元素的指针变量。例如：

```
int *p1,*p2,a[10];
p1=&a[1];
p2=&a[6];
```

则 p1 的值要小于 p2 的值，或者说关系表达式 p1<p2 的值为 1。

注意：如果 p1 和 p2 不指向同一数组则比较无效。

## 4．通过间接访问运算符 * 引用一个存储单元

假设有以下说明和语句：

```
int i=123,*p,k;
p=&i;
```

则 k=*p;和 k=*&i;都将把变量 i 中的值赋给 k。

运算符 & 和 * 都是单目运算符，它们具有相同的优先级别，结合方向为从右至左。间接访问运算符 * 的运算对象必须出现在它的右侧，且运算对象只能是指针变量或地址。

当指针变量定义和赋值之后，引用变量的方式可以用变量名直接引用，也可以通过指向变量的指针间接引用。下面看一个例子。

【例 8.1】分析程序的执行过程和变量引用方式。

直接引用方式程序：

```
#include <stdio.h>
void main()
{
    int a,b;
    scanf("%d%d",&a, &b);        /*在 scanf 函数中直接使用变量 a 和 b 的地址*/
    printf("a=%d,b=%d\n",a,b);    /*直接输出变量 a 和 b 的值*/
}
```

间接引用方式程序：

```
#include <stdio.h>
void main()
{
    int a,b,*pa,*pb;
```

```
    pa=&a;                         /*指针 pa 指向变量 a*/
    pb=&b;                         /*指针 pb 指向变量 b*/
    scanf("%d%d",pa,pb);           /*将键盘输入的数分别送到变量 a 和 b 的地址中*/
    printf("a=%d,b=%d\n",*pa,*pb); /*通过*运算符实现间接访问*/
}
```

# 8.3　指针与数组

　　指针变量取某一变量的地址值指向该变量，包括能指向数组和数组元素，即把数组起始地址或某一元素的地址存放到一个指针变量中。数组元素的引用除通过下标法外，还可以通过指针以间接访问方式实现。

## 8.3.1　指针与一维数组

　　（1）通过一维数组名所代表的地址引用数组元素。

　　在 C 语言中，数组名代表该数组的首地址，即数组中第一个元素的地址。例如有以下定义：
`int a[10],*p;`

　　则语句 p=a;和 p=&a[0];是等价的，它们都是把数组 a 的起始地址赋给指针变量 p。同理，p=a+1;和 p=&a[1];两个语句也是等价的，它们的作用是把数组 a 中第二个元素 a[1]的地址赋给指针变量 p。依此类推，表达式 a+i 等价于表达式&a[i]（其中 i=0，1，…，9）。

　　因为 a 代表了 a[0]的地址，a + i 代表了 a[i]的地址，故*(a+i)代表了第 i 个元素 a[i]。

　　（2）通过指针变量引用数组元素。

　　假设变量定义同上，则语句 p=a;把 a[0]的地址值赋给指针变量 p，而 p+i 代表了 a[i]的地址，所以*(p+i)代表了 a[i]。

　　（3）通过带下标的指针引用数组元素。

　　假设变量定义同上，且 p 已指向 a[0]，则*(p+i)代表了 a[i]，而*(p+i)可以写成 p[i]，所以 p[i]也代表了数组元素 a[i]。

　　思考：如果 p 已指向 a[2]，则 p[i]代表哪个数组元素？

　　综上所述，在 p 指向数组 a 的第一个元素的条件下，对 a[i]数组元素的引用方式还可以是*(a+i)、*(p+i)、p[i]。

　　【例 8.2】输出整型数组 a 的全部元素。

　　分析：为了说明各种引用数组元素的方法，程序中分别采用 4 种不同方法重复输出 a 的全部元素。

　　程序如下：
```c
#include <stdio.h>
int a[]={10,20,30,40};
void main()
{
  int i,*p;
  for(i=0;i<4;i++)
    printf("a[%d]\t=%d\t",i,a[i]);
  printf("\n");
  for(i=0;i<4;i++)
```

```
        printf("*(a+%d)\t=%d\t",i,*(a+i));
    printf("\n");
    for(p=a,i=0;p+i<a+4;i++)
        printf("*(p+%d)\t=%d\t",i,*(p+i));
    printf("\n");
    for(p=a,i=0;i<4;i++)
        printf("p[%d]\t=%d\t",i,p[i]);
    printf("\n");
    for(p=a+3,i=3;i>=0;i--)
        printf("p[-%d]\t=%d\t",i,p[-i]);
    printf("\n");
}
```

程序运行结果如下：

| a[0] | =10 | a[1] | =20 | a[2] | =30 | a[3] | =40 |
|------|-----|------|-----|------|-----|------|-----|
| *(a+0) | =10 | *(a+1) | =20 | *(a+2) | =30 | *(a+3) | =40 |
| *(p+0) | =10 | *(p+1) | =20 | *(p+2) | =30 | *(p+3) | =40 |
| p[0] | =10 | p[1] | =20 | p[2] | =30 | p[3] | =40 |
| p[-3] | =10 | p[-2] | =20 | p[-1] | =30 | p[-0] | =40 |

**注意**：最后一个 for 语句，p 的初值为 a+3，即首先指向 a[3]，此时 p[-i]指向 a[3-i]。

【例 8.3】编写一个函数 inverse，它能够把整型数组 a 第 m 个数开始的 n 个数按逆序重新排列。

分析：将 a[m-1]与 a[m+n-2]互换，a[m]与 a[m+n-3]互换，……，a[m-1+n/2]与 a[m+n-2-n/2]互换。一般地，设两个变量 i 和 j，i 的初值为 m-1，j 的初值为 m+n-2，每次将 a[i]与 a[j]互换，然后 i 加 1，j 减 1，直到 i>m-1+n/2 为止。

程序如下：

```
#include <stdio.h>
void main()
{
    void inverse(int [],int,int);
    int i,x[10]={1,2,3,4,5,6,7,8,9,10};
    inverse(x,2,7);
    for(i=0;i<10;i++)
        printf("%3d",x[i]);
    printf("\n");
}
void inverse(int a[],int m,int n)
{
    int i,j,t;
    for(i=m-1,j=m+n-2;i<=m-1+n/2;i++,j--)
    {
        t=a[i];
        a[i]=a[j];
        a[j]=t;
    }
}
```

程序运行结果如下：

1 8 7 6 5 4 3 2 9 10

程序中，函数 inverse()的形参 a 定义为数组名，对应的实参是数组名 x，即实参数组 x 的首地址作为形参数组 a 的首地址。函数 inverse()中对数组元素的引用采用下标法，这种引用形式是最基本的形式。实际上，关于函数 inverse()的定义还有很多变化，这些变化主要体现在数组元素引用形式的变化和形参 a 的类型的变化。

（1）数组元素引用形式的变化

① 通过数组名所代表的数组首地址来引用数组元素。函数 inverse()可以改写成：

```
void inverse(int a[],int m,int n)
{
    int i,j,t;
    for(i=m-1,j=m+n-2;i<=m-1+n/2;i++,j--)
    {
        t=*(a+i);
        *(a+i)=*(a+j);
        *(a+j)=t;
    }
}
```

② 通过指针变量来引用数组元素。定义两个指向 int 型变量的指针变量 p1 和 p2，初值设定为 a+m-1 和 a+m+n-2，即分别指向 a[m-1]和 a[m+n-2]（见图 8-4），这样 a[m-1]和 a[m+n-2]可以分别通过*p1 和*p2 来引用。以后每循环一次 p1 加 1，即指向后一个元素，p2 减 1 即指向前一个元素。函数 inverse()可以改写成：

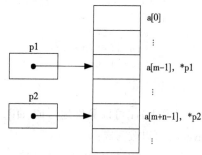

图 8-4　指针变量指向数组元素

```
void inverse(int a[],int m,int n)
{
    int *p1,*p2,t;
    for(p1=a+m-1,p2=a+m+n-2;p1<=a+m-1+n/2;p1++,p2--)
    {
        t=*p1;
        *p1=*p2;
        *p2=t;
    }
}
```

函数中对指针变量执行了++和--运算，++和--运算符用于指针变量可以使指针变量自动指向后一个或前一个数组元素，但使用时很容易出错，要注意运算规则：

a. p++指向数组的后一个元素。p--指向数组的前一个元素。

b. *p++等价于*(p++)，其作用是先得到 p 指向变量的值（即*p），然后再使 p 增 1。例如，上面 inverse()函数中的 for 语句可改写为：

```
for(;p1<a+m-1+n/2;)
{
    t=*p1;
    *p1++=*p2;
    *p2--=t;
}
```

c. *(p++)与*(++p)的作用不同。前者是先取*p 的值，然后使指针变量 p 加 1；后者是先使指针变量 p 的值加 1，再取*p。

d. (*p)++表示 p 所指向的变量值加 1。

（2）将形参 a 定义为指针变量

前面在定义函数 inverse() 时，将形参 a 定义为数组名，也可以将形参 a 定义为指向 int 型变量的指针变量，即形参说明改为：

```
int *a,int m,int n;
```

若将实参数组 x 的首地址传给形参 a，则 a 指向 x[0]，如图 8-5 所示。这时在函数中可以通过指针变量 a 来间接访问实参数组 x，即 *(a+i) 代表 x[i]。函数 inverse() 可以改写成：

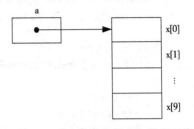

图 8-5　形参指针变量指向数组元素

```
void inverse(int a[],int m,int n)
{
    int i,j,t;
    for(i=m-1,j=m+n-2;i<=m-1+n/2;i++,j--)
    {
        t=*(a+i);
        *(a+i)=*(a+j);
        *(a+j)=t;
    }
}
```

由于 *(a+i) 可以等价地写成 a[i]，所以可以通过带下标的指针来访问实参数组元素。函数 inverse() 可以改写成：

```
void inverse(int a[],int m,int n)
{
    int i,j,t;
    for(i=m-1,j=m+n-2;i<=m-1+n/2;i++,j--)
    {
        t=a[i];
        a[i]=a[j];
        a[j]=t;
    }
}
```

综上所述，归纳为以下两点：

- 函数对数组进行处理时，形参可以用数组名，也可以用指针变量。

数组名作形参时，对应的实参应是实参数组某元素的地址，此时形参数组的首地址即是实参数组该元素的地址，从该地址开始，形参数组和实参数组共同占用一片连续的内存单元。函数执行之前实参数组元素的值即作为形参数组元素的值。反过来，若在函数执行过程中形参数组元素的值发生改变，也会引起相应实参数组元素值的改变。

指针变量作形参时，对应的实参是实参数组某元素的地址，此时形参指针变量指向实参数组的该元素，改变形参指针变量的值可以指向实参数组的其他元素。在函数中可以通过指针变量间接访问实参数组元素，从而也可以改变实参数组元素的值。

- 数组元素的引用形式变化多样。

当函数形参是数组名时，对形参数组元素的引用有 3 种形式：通过下标引用、通过形参数组名引用、通过指针变量引用。当函数形参是指针变量时，对实参数组元素的引用形式有两种：通过形参指针变量引用、通过带下标的形参指针变量引用。

【例 8.4】在数组 table 中查找 x，若数组中存在 x，程序输出数组中第一个 x 对应的数组下标，否则输出-1。

程序如下：

```c
#include <stdio.h>
int table[]={23,45,67,89,55,101,78,90,114,3};
int x,index;
void main()
{
    void lookup(int *,int *,int,int);
    scanf("%d",&x);
    lookup(table,&index,x,10);
    printf("%d\n",index);
}
void lookup(int *t,int *i,int val,int n)
{
    int k;
    for(k=0;k<n;k++)
    if (*(t+k)==val)
    {
        *i=k;
        return;
    }
    *i=-1;
}
```

注意：

（1）函数 lookup()中的 for 循环也可以写成：

```c
for(k=0;k<n;k++)
if (t[k]==val)
{
    *i=k;
    return;
}
```

即用 t[k]这样的形式引用数组元素。

（2）函数 lookup()的形参 t 也可以定义为数组名，即对形参的说明改为：

```c
int t[],int *i,int val,int n
```

## 8.3.2　指针与二维数组

### 1. 二维数组元素的地址

在 C 语言中，一个二维数组可以看成是一个一维数组，其中每个元素又是一个包含若干个元素的一维数组。设一个二维数组的定义为：

```c
int a[2][3];
```

则 C 编译系统认为 a 数组是一个由 a[0]和 a[1]两个元素组成的一维数组，而 a[0]和 a[1]又分别代表一个一维数组。a[0]中包含 a[0][0]、a[0][1]、a[0][2]三个元素，a[1]中包含 a[1][0]、a[1][1]、a[1][2]三个元素，如图 8-6 所示。

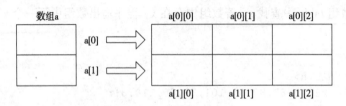

图 8-6　二维数组的结构

在这里，a 和 a[0]、a[1]都可以理解为数组名，但含义截然不同。C 的编译系统认为 a 是一个具有 a[0]和 a[1]两个元素的一维数组，每个元素长度为 12 个字节（假设整数占 4 个字节），而 a[0]和 a[1]分别是一个具有 3 个元素的一维数组名，每个元素是一个整数，占 4 个字节。

由于数组名代表数组第一个元素（下标为 0）的地址，所以 a 代表&a[0]，a+1 代表&a[1]，……，a+i 代表&a[i]。a[0]代表&a[0][0]，a[0]+1 代表&a[0][1]，……，a[0]+j 代表&a[0][j]；a[1]代表&a[1][0]，a[1]+1 代表&a[1][1]，……，a[1]+j 代表&a[1][j]；a[i]代表&a[i][0]，a[i]+1 代表&a[i][1]，……，a[i]+j 代表&a[i][j]。

**注意**：a+1 和 a[0]+1 中的 1，其含义是不一样的。当把二维数组 a 看作一维数组时，它有 a[0]和 a[1]两个元素，每个元素又是含有 3 个 int 型元素的一维数组，所以 a+1 中的 1 代表 3 个 int 型数据所占的字节数，a 每增加 1 相当于指针移动一行。a[0]可以看作是含有 a[0][0]、a[0][1]、a[0][2]共 3 个元素的一维数组，每个元素是 int 型数据，所以 a[0]+1 中的 1 代表 1 个 int 型数据所占的字节数，a[0]每次增加 1 相当于指针移动一个列元素。

**2．通过地址值引用二维数组元素**

假设二维数组 a 的定义同上，通过上面对二维数组元素地址的分析，得到数组 a 中任一元素 a[i][j]的地址表示为：

&a[i][j]=a[i]+j

所以对 a[i][j]的引用可以写成：

*(a[i]+j)

又因 a[i]可以写成*(a+i)，所以对 a[i][j]的引用还可以写成：

*(*(a+i)+j)

尽管 a+i 与 a[i]，*(a+i)都代表第 i 行的首地址，具有相同的值，但它们的类型不同，a+1 相当于移动 12 个字节，a[i]或*(a+i)加 1 相当于移动 4 个字节（在 Visual C++ 6.0 中，int 型数据占 4 字节），所以对 a[i][j]的引用不能写成：

*((a+i)+j)

*(*(a+i)+j)的等价表示形式还可写成：

(*(a+i))[j]

对于 a[0][0]，其等价表示形式有：*a[0]、**a 和(*a)[0]。

a 数组有 2 行 3 列，所以 a[i][j]的地址也可写成：

&a[0][0]+3*i+j

所以对 a[i][j]的引用还可以写成：

*(&a[0][0]+3*i+j)

### 3. 通过一个行指针引用二维数组元素

行指针是指指向一个由 n 个元素所组成的一维数组的指针变量。例如：

```
int (*p)[4];
```

定义指针变量 p 能指向一个由 4 个 int 型元素组成的一维数组。在以上定义中，圆括号是必需的，否则 int *p[4];定义一个指针数组 p[]，共有 4 个元素，每个元素是一个指针类型。定义 int (*p)[4]; 中的指针变量 p 不同于前面介绍的指向整型变量的指针。在前面，指向整型变量的指针变量指向整型数组的某个元素时，指针增减 1 运算，表示指针指向数组的后一个或前一个元素。在这里，p 是一个指向由 4 个整型元素组成的一维数组，对 p 作增减 1 运算就表示前进或后退 4 个整型元素，即以一维数组的长度为单位移动指针。下面举例说明指向由 n 个元素所组成的一维数组的指针的用法。设有变量定义：

```
int a[3][4],(*p)[4];
```

则赋值语句：

```
p=a;
```

使 p 指向二维数组 a 的第 1 行，表达式 p+1 的值指向二维数组 a 的第 2 行，p+i-1 指向二维数组 a 的第 i 行，这与 a+i 一样。同样 p[i]+j 或*(p+i)+j 指向 a[i][j]，所以，数组元素 a[i][j] 的引用形式可写成*(p[i]+j)、*(*(p+i)+j)、(*(p+i))[j]、p[i][j]。

【例 8.5】写出下列程序的运行结果。

程序如下：

```
#include <stdio.h>
void main()
{
    int a[3][4]={{2,4,6,8},{10,12,14,16},{18,20,22,24}};
    int i,*ip,(*p)[4];
    p=a+1;
    ip=p[0];
    for(i=1;i<=4;ip+=2,i++)
        printf("%d\t",*ip);
    printf("\n");
    p=a;
    for(i=0;i<2;p++,i++)
        printf("%d\t",*(p[i]+1));
    printf("\n");
}
```

程序运行结果如下：

```
10    14    18    22
 4    20
```

此例说明了指向数组元素的指针与指向数组的指针之间的区别。

开始时 p 指向二维数组 a 的第 2 行，p[0]或*p 代表&a[1][0]，ip 指向 a[1][0]。在第一个 for 语句中，每次循环使 ip 增 2，依次输出 10、14、18、22。在第二个 for 语句中，每次对 p 的修改使 p 指向 a 的下一行，而*(p[i]+1)代表 p 当前所指行后面第 i 行第 2 列的元素。第二个 for 语句控制循环两次，第一次循环时，p 指向 a 的第 1 行，i=0，*(p[0]+1)代表 a[0][1]，值为 4。然后 p 加 1，使 p 指向 a 的第 2 行，i 加 1 变成 1，p[1]代表 p 第 3 行的首地址，即&a[2][0]，*(p[1]+1)代表 a[2][1]，值为 20。其中*(p[i]+1)也可写成*(*(p+i)+1)。

【例8.6】有若干名学生，共修5门功课。他们的学号和成绩都存放在二维数组 s 中，每一行对应一名学生，且每行的第 1 列存放学生的学号，现要输出指定学生的成绩。

程序如下：

```c
#include <stdio.h>
#define MAXN 3
int s[MAXN][6]={{5,70,80,96,70,90},
                {7,40,80,50,60,80},
                {8,50,70,40,50,75}};
void search(int (*p)[6],int m,int no)
{
  int (*p1)[6],*p2;
  for(p1=p;p1<p+m;p1++)
    if(**p1==no)
    {
       printf("The scores of No %d student are:\n",no);
       for(p2=*p1+1;p2<=*p1+5;p2++)
       printf("%4d\t",*p2);
       printf("\n");
       return;
    }
    printf("There is not the No %d student.\n",no);
}
void main()
{
   int num;
   printf("Enter the number of student:\n");
   scanf("%d",&num);
   search(s,MAXN,num);
}
```

在函数 search()定义中，参数 p 是指向数组的指针，它所指数组有 6 个 int 型元素，对应一名学生的信息数组，参数 m 为学生人数，no 为学生的学号。工作变量 p1 是与 p 同类型的指针。工作变量 p2 是指向 int 型的指针，用于指向对应一名学生的信息数组中的元素。因为该数组的第一个元素是存放学号，它以后的元素才存放成绩，所以 p2 的初值为*p1+1，其中 p1 是找到的该学生的信息数组指针，*p1 是该数组的第一个元素的指针，*p1+1 是第二个元素的指针。

注意：p2 的初值不能写成 p1+1 或*(p1+1)。前者是下一名学生的信息数组指针，后者是下一名学生信息数组的第一个元素（学号）的指针。

## 8.4  指针与字符串

在 C 语言中，为字符串提供存储空间有两种方法，一是把字符串中的字符存放在一个字符数组中。例如：

```c
char s[]="I am a teacher.";
```

另一种方法是定义一个字符指针指向字符串中的字符。例如：

```c
char *cp ="I am a teacher.";
```

使 cp 指向字符串的第一个字符 "I"。以后就可通过 cp 访问字符串中的各个字符。如*cp 或 cp[0]就是 "I"，*(cp+i)或 cp[i]就是访问字符串中的第 i+1 个字符。

字符数组名或字符指针均可作为实参，代表对应的字符串调用有关函数。例如有以上关于 s 和 cp 的定义，下面对 printf 函数的调用：

```
printf("%s\n",s);
```

或：

```
printf("%s\n",cp);
```

均输出字符串：

```
I am a teacher.
```

又如：

```
printf("%s\n",cp+7);
```

将输出：

```
teacher.
```

使用字符数组和字符指针变量都能实现字符串的存储和各种运算，但两者之间有以下两点区别：

（1）字符数组是由若干元素组成的，每个元素中放一个字符，而字符指针变量中存放的是字符地址。

（2）赋值方式不同。对字符数组只能对各个元素赋值，不能用一个字符串给一个字符数组赋值，但对于字符指针变量可以用一个字符串给它赋值。

例如：

```
char *pstr;
pstr="C Language";
```

这两个语句等价于：

```
char *pstr="C Lauguage";
```

其中 pstr 为字符指针变量，可以把一个字符串直接赋给一个字符指针变量。使用数组时，下面的形式是错误的：

```
char str[15];
str="C Language";
```

产生错误的原因是数组名 str 是一个地址常量，不能向它赋值。

【例 8.7】编写字符串复制函数 copy_str 实现字符串的复制。

分析：该函数的功能是将一个已知字符串的内容复制到另一字符数组中。下面用字符指针来实现。函数设有 from 和 to 两个参数。from 为已知字符串的首字符指针，to 为存储复制的字符串首字符指针。采用字符指针作函数参数，可通过修改指针的方式完成逐个字符的复制。

函数定义如下：

```
copy_str(char *to,char *from)
{
    while((*to=*from)!='\0')
    {
        to++;
        from++;
    }
}
```

函数定义也可写成：

```
copy_str(char *to,char *from)
{
    while((*to++=*from++)!='\0')
        ;
}
```

函数定义还可写成：

```
copy_str(char *to,char *from)
{
    while(*to++=*from++)
        ;
}
```

【例8.8】用字符指针实现例7.19功能。

程序如下：

```
#include <stdio.h>
void main()
{
    int up=0,low=0,space=0,digit=0,other=0;
    char str[60],*p;
    printf("please input str:\n");
    gets(str);
    p=str;
    for(;*p!='\0';p++)
    {
        if((*p>='A')&&(*p<='Z'))  up++;
        else if((*p>='a')&&(*p<='z'))  low++;
        else if(*p==' ')  space++;
        else if((*p>='0')&&(*p<='9'))  digit++;
        else other++;
    }
    printf("up=%d,low=%d,space=%d",up,low,space);
    printf(",digit=%d,other=%d\n",digit,other);
}
```

【例8.9】有一行字符，要求删去指定的字符。

程序如下：

```
#include <stdio.h>
void main()
{
    void del_ch(char *,char);
    char str[80],*pt,ch;
    printf("Input a string:\n");
    gets(str);  pt=str;
    printf("Input the char deleted:\n");
    ch=getchar();
    del_ch(pt,ch);
    printf("Then new string is:\n%s\n",str);
}
void del_ch(char *p,char ch)
{
    char *q=p;
    for(;*p!='\0';p++)
        if(*p!=ch)  *q++=*p;
    *q='\0';
}
```

程序由主函数和del_ch函数组成。在主函数中定义字符数组str，并使pt指向str。字符串和被删除的字符都由键盘输入。在del_ch函数中实现字符删除，形参指针变量p和被删字符ch由主函数中实参指针变量 pt 和字符变量 ch 传递过去。函数开始执行时，指针变量 p 和 q 都指向 str 数组中的第一个字符。当*p 不等于 ch 时，把*p 赋给*q，然后 p 和 q 都加 1，即同步移动。当*p 等于 ch 时，不执行*q++=*p;语句，所以 q 不加 1，而在 for 语句中 p 继续加 1，p 和 q 不再指向同一元素。

# 8.5　指针与函数

指针与函数的关系归纳起来主要有 3 种：一是用指针变量作函数的参数；二是定义指向函数的指针变量，用于存放函数的入口地址，从而通过该指针变量来调用函数；三是可以定义返回指针的函数。指针和函数配合使用，使得函数的处理更加灵活多样。

## 8.5.1　指针变量作为函数参数

指针变量也可以作函数的参数，而且实参变量和形参变量的传递方式也遵循值传递规则，但此时传递的内容是地址，使得实参变量和形参变量指向同一个变量。尽管调用函数不能改变实参指针变量的值，但可以改变实参指针变量所指变量的值。因此，指针变量参数为被调用函数改变调用函数中的数据对象提供了手段。

【例 8.10】交换整型变量值的函数 swap()。

分析：用两个指向整型变量的指针变量作函数形参，函数利用指针变量间接访问存储单元。调用 swap()函数时，两个实参分别是两个待交换值的整型变量的地址。

程序如下：

```c
#include <stdio.h>
void main()
{
    int a,b;
    void swap(int *,int *);
    scanf("%d,%d",&a,&b);
    swap(&a,&b);
    printf("a=%d\tb=%d\n",a,b);
}
void swap(int *p1,int *p2)
{
    int p;
    p=*p1;
    *p1=*p2;
    *p2=p;
}
```

调用函数 swap()时，两个实参分别为变量 a、b 的地址，按值传递规则，函数 swap()的形参 p1 和 p2 分别得到了它们的地址值。函数 swap()利用这两个地址间接访问变量 a、b。执行 swap()函数后使*p1 和*p2 的值互换，也就是使 a 和 b 的值互换。函数调用结束后，虽然 p1 和 p2 已被释放不存在了，但 a 与 b 的值已经互换。交换过程如图 8-7 所示。

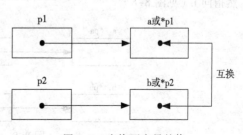

图 8-7　交换两变量的值

为进一步说明指针参数与其他参数的区别,不妨将函数 swap()改写成以下形式的函数 swap1(),并作比较。

```c
swap1(int x,int y)
{
    int z;
    z=x;
    x=y;
    y=z;
}
```

如有函数调用 swap1(a,b),实参 a、b 的值分别传递给形参 x、y。函数 swap1()完成形参 x、y 的值交换,但实参 a、b 的值未作任何改变,即实参向形参单向值传递,形参值的改变不影响对应的实参的值。所以不能达到 a、b 值互换的目的。

再看下面的程序:

```c
#include <stdio.h>
void main()
{
    int a,b,*pa,*pb;
    void swap2(int *,int *);
    pa=&a;
    pb=&b;
    scanf("%d,%d",pa,pb);
    printf("a=%d\tb=%d\n",a,b);
    swap2(pa,pb);
    printf("a=%d\tb=%d\n",*pa,*pb);
}
void swap2(int *p1,int *p2)
{
    int *p;
    p=p1;
    p1=p2;
    p2=p;
}
```

程序运行结果如下:

```
7856,12
a=7856  b=12
a=7856  b=12
```

程序设计者的本意是调用函数 swap2()交换 pa 和 pb 的值,使 pa 指向 b,pb 指向 a,这样输出 *pa 和*pb 的值得分别是 12 和 7856。但实际的输出分别是 7856 和 12,说明 pa 仍然指向 a,pb 仍然指向 b(见图 8-8)。

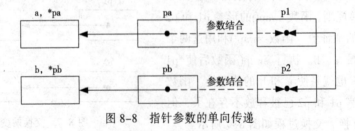

图 8-8　指针参数的单向传递

　　原因在于实参和形参之间的数据传递是单向传递，指针变量作形参也不例外。程序中尽管形参 p1 和 p2 的值互换了，但所对应的实参 pa 和 pb 的值并未变化。

　　例 8.10 表明，指针变量作函数形参时，对应的实参是一个变量的地址，将该变量的地址传给形参，形参所指向的对象是实参变量。此时在被调用函数中，可以用指针变量间接访问实参所对应的存储单元，返回到调用函数后，实参变量就得到了新的值。所以除函数调用返回一个值外，还可通过指针变量形参带回多个变化了的值。

　　**【例 8.11】**一个自然数是素数，且它的数字位置经过任意对换后仍为素数，则称为绝对素数，例如 13，试求所有两位绝对素数。

　　分析：考虑到求两位绝对素数要两次用到判断整数是否为素数的程序段，故将其定义成函数，并且设一个指针变量作函数形参，以便带回判断的结果。

　　程序如下：

```c
#include <stdio.h>
void main()
{
    int m,m1,flag1,flag2;
    void prime(int,int *);
    for(m=10;m<100;m++)
    {
        m1=(m%10)*10+m/10;              /*经过数字任意互换后的数*/
        prime(m,&flag1);
        prime(m1,&flag2);
        if(flag1&&flag2) printf("%4d",m);
    }
}
void prime(int n,int *f)
{
    int k;
    *f=1;
    for(k=2;k<=n/2;k++)
        if(!(n%k)) *f=0;
}
```

　　函数 prime() 用于判断 n 是否为素数，其中指针变量 f 间接访问它所指的对象 flag1 和 flag2，从而在主函数中 flag1 和 flag2 会获得具体的值，根据 flag1 和 flag2 的值可知 m 是否为绝对素数。

## 8.5.2　指向函数的指针变量

### 1. 指向函数的指针变量的定义

　　在 C 语言中，指针变量除能指向数据对象外，也可指向函数。程序装入内存运行时，一个函数包括的指令序列要占据一段内存空间，这段内存空间的起始地址（首字节编号）称为函数的入口地址，编译系统用函数名代表这一地址。运行中的程序调用函数时就是通过该地址找到这个函数对应的指令序列，故称函数的入口地址为函数的指针，简称函数指针。可以定义一个指针变量，用来存放函数的入口地址，通过这个指针变量也能调用函数。这种存放函数入口地址的指针变量称为指向函数的指针变量。

　　用函数名调用函数称为函数的直接调用，用函数指针变量调用函数称为函数的间接调用。

定义指向函数的指针变量的一般形式为：

类型符(*函数指针变量名)();

例如：

```
int (*p)();
```

定义了一个指向函数的指针变量 p。函数的返回值为 int 型。

注意：*p 两侧的括号是必需的，表示 p 先与*结合，是一个指针变量。然后与随后的()结合，表示指针变量 p 所指向的对象是函数。如果写成"int *p();"，因()优先级高于*，就变成是说明一个函数 p()，该函数的返回值是指向整型量的指针。

### 2. 用函数指针变量调用函数

指向函数的指针变量并不固定指向某个函数，在程序中把哪个函数的入口地址赋给它，它指向哪个函数。并可根据需要，向它赋不同的函数入口地址，使它指向不同的函数。

定义了指向函数的指针变量，就可向它赋某函数的入口地址。C 语言规定，函数名本身就是函数入口地址，这如同数组名是数组存储区域的起始地址一样。当一个指向函数的指针变量指向某个函数时，就可用它调用所指的函数。用函数指针变量调用函数的一般形式为：

(*指针变量名)(实参表)

【例 8.12】求 x，y 中的较小数。

程序如下：

```
#include <stdio.h>
void main()
{
    int min(int,int),(*p)(),x,y,z;
    printf("Enter x,y");
    scanf("%d%d",&x,&y);
    p=min;
    z=(*p)(x,y);
    printf("Min(%d,%d)=%d\n",x,y,z);
}
int min(int a,int b)
{
    return a<b?a:b;
}
```

指针变量 p 是指向返回 int 型值的函数的指针变量，语句 p=min;使 p 指向函数 min()，因此函数调用(*p)(x,y)等价于 min(x,y)。

由于函数指针变量取函数的入口地址值，因此对这类指针变量与整数进行加减等运算是没有意义的。

### 3. 函数指针变量作函数的参数

前面介绍过，函数的参数可以是变量名、数组名、指向变量的指针变量、指向数组的指针变量等。现在介绍指向函数的指针变量也可以作函数参数，以便实现函数地址的传递，也就是将函数名传给形参。这样，用不同的函数名作实参调用函数，就能获得不同的处理结果。

应当说，函数指针变量作函数的参数和其他类型的指针变量作函数的参数有相同的概念与处理方法，所不同的只是这时传递的是函数的地址。

【例 8.13】对给定的实数数组，求它的最大值、最小值和平均值。

分析：定义 3 个函数 max()、min()和 ave()，分别用于求数组的最大值、最小值和平均值。为了说明函数参数的用法，程序另设一个函数 fun()。主函数不直接调用上述 3 个基本函数，而是调用函数 fun()，并提供数组、数组表元素个数和基本求值函数名作为参数。由函数 fun()根据主函数提供的函数参数去调用实际函数。

程序如下：

```c
#include <stdio.h>
void main()
{
  float max(float [],int),min(float [],int);
  float ave(float [],int),fun(float [],int,float (*)());
  float a[]={1.0,2.0,3.0,4.0,5.0,6.0,7.0,8.0,9.0};
  float result;
  int  n=9;
  printf("\nThe results are:");
  result=fun(a,n,max);
  printf("\tMax=%4.2f",result);
  result=fun(a,n,min);
  printf("\tMin=%4.2f",result);
  result=fun(a,n,ave);
  printf("\tAverage=%4.2f\n",result);
}
float max(float a[],int n)
{
  int i;
  float r;
  for(r=a[0],i=1;i<n;i++)
  if (r<a[i]) r=a[i];
  return r;
}
float min(float a[],int n)
{
  int i;
  float r;
  for(r=a[0],i=1;i<n;i++)
    if (r>a[i]) r=a[i];
  return r;
}
float ave(float a[],int n)
{
  int i;
  float r;
  for(r=a[0],i=1;i<n;i++) r+=a[i];
  return r/n;
}
float fun(float a[],int n,float (*p)())
{
  return (*p)(a,n);
}
```

在程序中，主函数 main()第一次调用函数 fun()时，除将数组起始地址 a、数组元素个数 n，两实参分别传给函数 fun()的形参 a 与 n 外，还将函数名 max 作为实参，把函数 max()的入口地址传给函数 fun()的形参 p。形参 p 是指向函数的指针形参，上述传递使形参 p 指向函数 max()。这时，函数 fun()中的函数调用(*p)(a,n)就相当于函数调用 max(a,n)。主函数对函数 fun()的第二次调用,以函数 min()的名 min 作实参。这时,函数 fun()的形参 p 变为指向函数 min()。相应地,通过形参 p 的函数调用(*p)(a,n)相当于函数调用 min(a,n)。同样,主函数 main()在对函数 fun()的第三次调用时,以函数 ave()的名 ave 作实参,函数调用(*p)(a,n)相当于函数调用 ave(a,n)。

从上述例子看到,函数 fun()实际将调用哪一个函数事先是不知道的,完全由主函数提供的实参决定。因此,利用函数指针参数,能编制可实现各种具体功能的通用函数。

这里需要指出一点,在有引用函数名作为函数入口地址的函数中,如上述的主函数 main()中,使用函数 max()的名 max 作为函数 max()的入口地址,在函数定义之前引用它的名,必须先对它作函数说明,不管该函数的返回值是否为 int 型。对于只是函数调用的情况,在函数定义前调用返回 int 型值的函数是允许不对该函数作说明的。

上述例子只是为了说明函数指针参数的用法和意义。对于上例,实际编写程序时,可以没有函数 fun(),由主函数直接调用基本求值函数 max()、min()和 ave()即可。

【例 8.14】编写求 y=f(x)在区间[a,b]的定积分的函数。

分析:求定积分的方法已在例 5.14 中介绍过,这里不再重复。本例给出一个函数 fun(),用来求各种可积函数在任意区间的定积分。该函数的形参有 a、b、n 和 f,分别为积分区间下界、积分区间上界、积分区间等分数和被积函数。现调用该函数计算 $y = \dfrac{1}{4+x^2}$ 在区间[0,1]上的定积分。

程序如下:

```c
#include <stdio.h>
#include <math.h>
double f(double x)
{
    return 1.0/(4.0+x*x);
}
double fun(double a,double b,int n,double (*f)())
{
    double h,s=0,x,f0,f1;
    int i;
    h=(b-a)/n;
    x=a;
    f0=(*f)(x);
    for(i=1;i<=n;i++)
    {
        x+=h;
        f1=(*f)(x);
        s+=(f0+f1)*h/2;
        f0=f1;
    }
    return s;
}
void main()
{
    printf("I=%6.3f\n",fun(0.0,1.0,8,f));
}
```

### 8.5.3 返回指针的函数

在 C 语言中，函数可以返回整型值、字符值、实型值等，也可以返回某种指针类型的指针值，即地址。返回指针值的函数与前面介绍的函数在概念上是完全一致的，只是对这类函数的调用，将返回的值的类型是某种指针类型而已。

定义返回指针值函数的函数头的一般形式为：

类型符 *函数名(参数表)

例如：

int *f(int x,int i)

说明函数 f()返回指向 int 型数据的指针。其中 x、i 是函数 f 的形参。

**注意**：在函数名的两则分别为*运算符和()运算符，而()的优先级高于*，函数名先与()结合。"函数名()"是函数的说明形式。在函数名之前的*，表示函数返回指针类型的值。

【例 8.15】编写一个函数在给定的字符串中查找指定的字符。若找到，返回该字符的地址，否则，返回 NULL 值。然后调用该函数输出一字符串中从指定字符开始的全部字符。

分析：函数有两个参数，指向字符串首字符的指针和待查找的字符。

程序如下：

```
#include <stdio.h>
void main()
{
    char *sear_ch(char *,char);
    char ch,ch1[20],*str=ch1;
    gets(str);
    ch=getchar();
    str=sear_ch(str,ch);
    puts(str);
}
char *sear_ch(char *s,char c)
{
    char *p=s;
    while(*p&&*p!=c)
        p++;
    return *p?p:NULL;
}
```

【例 8.16】改写例 8.6 的函数 search()，使新的 search()函数具有单一的寻找功能，不再包含输出等功能。新的函数 search()的功能是从给定的班级成绩单中寻找指定学号的成绩表。函数 search()的参数与例 8.6 中的函数 search()的参数相同，但新的函数 search()返回找到的那名学生的成绩表（不包括学号）的指针。并调用该函数输出指定学生的成绩。

程序如下：

```
#include <stdio.h>
#include <string.h>
#define MAXN 3
int s[MAXN][6]={{5,70,80,96,70,90},
                {7,40,80,50,60,80},
                {8,50,70,40,50,75}};
void main()
{
    int i,num,*search(int (*)[],int,int),*p;
```

```
    printf("Enter the number of student:\n");
    scanf("%d",&num);
    p=search(s,MAXN,num);
    if(*(p-1)==num)
    {
        printf("The scores of No %d student are:\n",num);
        for(i=0;i<5;i++)
            printf("%d\t",*(p+i));
        printf("\n");
    }
    else
        printf("There is not the No %d student.\n",num);
}
int *search(int (*p)[6],int m,int no)
{
    int (*ap)[6];
    for(ap=p;ap<p+m;ap++)
        if (**ap==no) return *ap+1;
    return NULL;
}
```

# 8.6　指针数组与指向指针的指针

用指向同一数据类型的指针来构成一个数组，这就是指针数组。指针数组中的每个元素都是指向同一数据类型的指针变量。指针不但可以指向基本数据类型变量，还可以指向指针变量，这种指向指针型数据的指针变量称为指向指针的指针，也称为多级指针。

## 8.6.1　指针数组

指针数组的定义形式为：

类型符 *指针数组名[常量表达式]；

其中常量表达式用于指明数组元素的个数，类型符指明指针数组的元素指向的对象类型。指针数组名之前的 * 是必需的，由于它出现在数组名之前，使该数组成为指针数组。例如：

```
int *p[10];
```

定义指针数组 p，它有 10 个元素，每个元素都是指向 int 型量的指针变量。和一般的数组定义一样，数组名 p 是第一个元素即 p[0]的地址。

在指针数组的定义形式中，由于 [] 比 * 的优先级高，使数组名先与 [] 结合，形成数组的定义，然后再与数组名之前的 * 结合，表示此数组的元素是指针类型的。

注意：在*与数组名之外不能加圆括号，否则变成指向数组的指针变量。

例如：

```
int (*p)[10];
```

是定义指向由 10 个 int 型量组成的一维数组的指针。

指针数组比较适合于用来指向若干个字符串，使字符串处理更加方便灵活。例如，对字符串进行排序，按一般的处理方法可定义一个字符型的二维数组，每行存储一个字符串，排序时可能要交换两个字符串在数组中的位置。如用字符指针数组，就不必交换字符串的位置，而只需交换指针数组中各元素的指向。下面例 8.17 中的 sort 函数就是一个用字符指针数组实现字符串排序的函数。

【例 8.17】输入若干字符串，并按字母顺序排序后输出。

程序如下：

```
#include <stdio.h>
#include <string.h>
#define N 10
void main()
{
    void sort(char *[],int),write(char *[],int);
    char *name[N],str[N][30];
    int i;
    for(i=0;i<N;i++)
    {
        name[i]=str[i];
        gets(name[i]);
    }
    sort(name,N);
    write(name,N);
}
void sort(char *v[],int n)
{
    int i,j,k;
    char *t;
    for(i=0;i<n-1;i++)
    {
        k=i;
        for(j=i+1;j<n;j++)
            if(strcmp(v[k],v[j])>0) k=j;
        if(k!=i)
        {
            t=v[i];
            v[i]=v[k];
            v[k]=t;
        }
    }
}
void write(char *nameptr[],int n)
{
    int i;
    for(i=0;i<n;i++)
        puts(nameptr[i]);
}
```

## 8.6.2 指向指针的指针

定义指向指针的指针变量的一般形式为：

类型符 **变量名；

例如：

```
int i,*ip,**pp;
i=35;
ip=&i;
pp=&ip;
```

以上语句定义了指针变量 pp，它指向另一个指针变量 ip，ip 指针变量又指向一个 int 型变量 i。pp 的前面有两个 * 号，由于间接访问运算符 * 是按自右向左顺序结合的，因此**pp 相当于 *(*pp)，可以看出(*pp)是指针变量形式，它前面的 * 表示指针变量 pp 指向的又是一个指针变量，"int" 表示后一个指针变量指向的是 int 型变量，如图 8-9 所示。

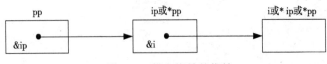

图 8-9　指向指针的指针

指向指针变量的指针变量与指针数组有着密切的关系。以例 8.17 程序中定义的指针数组 nameptr 为例，数组名 nameptr 就是&nameptr[0]，即 nameptr[0]的指针；nameptr+i 就是&nameptr[i]，即 nameptr[i]的指针，因数组 nameptr 的元素又是字符指针，所以 nameptr 或 nameptr+i 都是指向指针的指针。直接采用指向指针的指针，函数 write()中的参数 nameptr 的说明 char *nameptr[]可等价地改写成 char **nameptr。函数 sort()中的参数 v 的说明 char *v[]也可等价地改写成 char **v。

【例 8.18】写出下列程序的运行结果。

程序如下：

```c
#include <stdio.h>
void main()
{
    int ***p1,**p2,*p3,n;
    n=5;
    p1=&p2;
    p2=&p3;
    p3=&n;
    printf("%d\n",***p1);
}
```

程序运行结果如下：

5

这是一个多重指针的例子，读者可以自己画出指针指向示意图，弄清指针的指向关系。

### 8.6.3　main 函数的参数

在前面的程序中，main 函数是不带形参的。实际上，main 函数也可以带有形参，用来接收来自命令行的实参。这个命令行指的是运行 main 函数所在的执行文件的命令。

带形参的 main 函数的一般形式为：

```c
main(int argc,char *argv[])
{
    …
}
```

其中 argc 表示命令行中参数的个数(包括文件名)，argv 是一个指向字符串的指针数组。argv[0] 指向命令行中第一个字符串（文件名）的第一个字符，argv[1]指向命令行中第二个字符串的第一个字符，其余依此类推。argv 也可定义为 char **argv。

命令行的一般形式为：

文件名　参数 1　参数 2　…　参数 n

文件名和各参数之间用空格分隔。各参数都是字符串，字符串可以不带双引号，若字符串本身含有空格，则应该用双引号括起来。

【例8.19】输出运行文件时的命令行参数。

程序如下：

```
#include <stdio.h>
main(int argc,char *argv[])
{
    int k;
    for(k=1;k<argc;k++)
        printf("%s%c",argv[k],k<argc-1?' ':'\n');
}
```

设上述程序的可执行文件名为 file.exe，若执行该程序的命令行为：

```
file Computer Programming Language
```

则程序将输出：

```
Computer Programming Language
```

在以上命令行中，根据约定，main()函数的参数 argc 的值为 4，argv[0]、argv[1]、argv[2]、argv[3]分别指向字符串"file"、"Computer"、"Programming"、"Language"的第一个字符。在程序的 printf()函数调用中，格式符%c 输出一个字符，如果是输出命令行最后一个参数，该格式将输出一个换行符，如果是输出其他参数，则输出一个空格。

因函数的数组参数是指向数组第一个元素的指针变量，而不是数组名常量，所以在主函数 main()中可对 argv 执行增量运算。例如，在 argv[0]指向文件名字符串第一个字符的情况下，对 argv 执行增量运算++argv 后，argv[0]或*argv 就指向参数 1 的第一个字符。利用这一性质，上述程序为可改为：

```
main(int argc,char **argv)
{
    while(--argc>0)
        printf("%s%c",*++argv,argc>1?' ':'\n');
}
```

这里，++argv 使指针 argv 先加 1，让它一开始就指向参数 1，逐次增 1，使它指向下一个参数。

函数 printf()的第一个参数是字符串，上述程序对 printf()的调用可改写成：

```
printf((argc>1)?"%s ":"%s\n",*++argv);
```

用带参数的 main 函数可以直接从命令行得到参数值（这些值是字符串），在程序运行时，可以根据命令行中不同的输入进行相应的处理。利用 main 函数中的参数可以使程序从系统得到所需的数据，增加了处理问题的灵活性。

需要指出的是，main 函数的形参变量名并不一定要用 argc 和 argv，它们可以是其他任何名字，但习惯上使用 argc 和 argv。

# 8.7　指针与动态内存管理

到目前为止，所介绍的都是定长数据结构，即一旦确定了数据的类型，存储该数据所需的内存空间也随之确定。这种分配固定大小的内存管理方式称为静态内存管理。这种定长数据结构操作不方便，尤其是像数组这样的线性表要做删除和插入操作是十分困难的。为解决这类问题，C 语言提供了一组动态内存管理的标准库函数，配合指针使用，使得构造动态数据结构成为可能。

所谓动态内存管理是指在程序执行过程中动态地分配或回收存储空间的内存管理方法。动态内存分配不像数组等静态内存分配方法那样需要预先分配存储空间，而是由系统根据要求即时分配，分配的大小就是要求的大小。需要时可以调用动态内存管理函数获得所要的内存空间，使用结束时可以调用释放函数将其释放。

## 8.7.1　动态内存管理函数

常用的动态内存管理函数有 malloc、calloc、free 和 realloc，使用它们必须在程序中包含 stdlib.h 头文件。

### 1．malloc 函数

它的作用是在内存开辟指定大小的存储空间，并将此存储空间的起始地址作为函数值返回。malloc 函数的原型为：

```
void *malloc(unsigned int size)
```

它的形参 size 为无符号整型。函数值为指针（地址），这个指针指向 void 类型，也就是不规定指向任何具体的类型。如果想将这个指针值赋给其他类型的指针变量，应当进行显式的转换（强制类型转换）。例如可以用 malloc(8) 来开辟一个长度为 8 个字节的内存空间，函数的返回值是此段内存空间的起始地址。这个返回的指针值指向 void 型，如果想把此地址赋给一个指向 long 型的指针变量 p，则应进行以下显式转换：

```
p=(long *)malloc(8);
```

C 标准规定，具有 void *类型的指针变量在赋值与被赋值时，可以在任意类型的指针变量之间进行而不必强制类型转换，但为了提高程序的可读性，建议运用强制类型转换。

如果内存缺乏足够大的空间进行分配，则 malloc 函数返回空指针（NULL）。

### 2．calloc 函数

其函数原型为：

```
void *calloc(unsigned int num,unsigned int size)
```

它有两个形参 num 和 size。其作用是分配 num 个大小为 size 字节的内存空间。例如用 calloc(20,30) 可以开辟 20 个每个大小为 30 字节的内存空间，即总长为 600 字节。此函数返回值为该内存空间的首地址。如果分配不成功，则返回 NULL。

用 calloc 函数可以为一维数组开辟动态存储空间，num 为数组元素个数，每个数组元素长度为 size，这就是动态数组。例如：

```
p=calloc(20,4);
```

将建立一个 20 个元素的动态数组，把起始地址赋给指针变量 p，数组元素占用的字节数是 4 字节。

### 3．free 函数

free 函数的原型为：

```
void free(void *ptr)
```

其作用是将指针变量 ptr 指向的存储空间释放，即交还给系统，系统可以将其另行分配作它用。应当强调，ptr 值不能是任意的地址项，而只能是在程序中执行过的 malloc 或 calloc 函数所返回的地址。例如：

```
p=(long *)malloc(100);
…
free(p);
```

free 函数把原先开辟的 100 个字节的空间释放,虽然 p 是指向 long 型的,但可以传给指向 void 型的指针变量 ptr,系统会使其自动转换。free 函数无返回值。

下面的程序就是 malloc() 和 free() 两个函数配合使用的简单实例。它们为 40 个整型变量分配内存并赋值,然后系统再收回这些内存。程序中使用了 sizeof(),从而保证此程序可以移植到其他系统。

```
#include <stdlib.h>
#include <stdio.h>
void main()
{
    int *p,t;
    p=(int *)malloc(40*sizeof(int));   /*用 sizeof(int) 计算 int 类型数据的字节数*/
    if (!p)
    {
        printf("\t 内存已用完! \t");
        exit(0);                       /*分配失败,终止程序*/
    }
    for(t=0;t<40;++t)
        *(p+t)=t;                       /*将整数 t 赋给指针 p+t 指向的内存单元*/
    for(t=0;t<40;++t)
        printf("\t%d",*(p+t));
    free(p);
}
```

#### 4. realloc 函数

该函数用来使已分配的空间改变大小,即重新分配。其原型为:

```
void *recalloc(void *ptr,unsigned int size)
```

其作用是将 ptr 指向的存储区(是原先用 malloc 函数或 calloc 函数分配的)的大小改为 size 个字节。可以使原先的分配区扩大也可以缩小。它的函数返回值是一个指针,即新存储区的首地址。应当指出,新的首地址不一定与原首地址相同,因为为了增加空间,存储区会进行必要的移动。例如:

```
realloc(p,50);
```

将 p 所指向的已分配的动态内存空间改为 50 字节。如果重新分配不成功,返回 NULL。

## 8.7.2 动态内存管理的应用

#### 1. 建立动态数组

在使用数组进行数据处理时,有时数据个数是不确定的,而数组的大小必须在编译时确定。解决此问题的一种方法是将数组定义得足够大,这显然不可取,会浪费内存空间,但如果空间不够大,将引起数组下标越界,可能导致严重后果。更好的方法是建立一个动态数组。看下面的例子。

【例 8.20】输入一个数 max,输出从 0 到 max 间的所有整数及其平方和立方值。

程序 1:用二维动态数组实现。

```
#include <stdio.h>
#include <stdlib.h>
void main()
{
```

```
    int (*pi)[3];                                          /*定义二维动态数组*/
    int max,i,j;
    printf("请输入一个数给 max:");
    scanf("%d",&max);
    pi=(int(*)[3])malloc((max+1)*sizeof(int[3]));       /*分配内存空间*/
    if(!pi)
    {
        printf("内存分配失败");
        exit(1);
    }
    for(i=0;i<=max;i++)
    {
        pi[i][0]=i;
        pi[i][1]=i*i;
        pi[i][2]=i*i*i;
    }
    printf("输出从 0 到%d 间的所有整数及其平方和立方\n",max);
    printf("i\ti^2\ti^3\n");
    for(i=0;i<=max;i++)
    {
        for(j=0;j<3;j++)
        printf("%d\t",pi[i][j]);
        printf("\n");
    }
    free(pi);                                              /*释放内存*/
}
```

程序 2：用一维动态数组实现。

```
#include <stdio.h>
#include <stdlib.h>
void main()
{
    int *pi;                                               /*定义一维动态数组*/
    int max,i,j,elem_num;
    printf("请输入一个数给 max:");
    scanf("%d",&max);
    elem_num=(max+1)*3;                                   /*计算数组所需要的内存*/
    pi=(int *)malloc(elem_num*sizeof(int));              /*分配内存空间*/
    if(!pi)
    {
        printf("内存分配失败");
        exit(1);
    }
    for(i=0,j=0;j<=max;j++)
    {
        pi[i++]=j;
        pi[i++]=j*j;
        pi[i++]=j*j*j;
    }
    printf("输出从 0 到%d 间的所有整数及其平方和立方\n",max);
    printf("i\ti^2\ti^3\n");
    for(i=0;i<elem_num;i+=3)
        printf("%d\t%d\t%d\n",*(pi+i),*(pi+i+1),*(pi+i+2));
    free(pi);
}
```

## 2．建立动态数据结构

动态数据结构需要动态分配内存。内存的动态分配广泛应用于建立动态的数据结构中，第 9 章中的链表就是其实际应用的例子。

# 8.8  指针应用举例

指针是 C 语言中很有特色的数据类型，也是学习的难点。指针使用十分灵活，为了能更加深入地学习和掌握指针，本节将介绍几个实例。

【例 8.21】设计一个程序完成截取字符串 str 中从第 m 个位置开始的 n 个字符，返回所截字符串的首地址。

程序如下：

```c
#include <stdio.h>
static char substr[20];
char *cut(char[],int,int);                      /*声明 cut()函数*/
void main()
{
    static char str[]="yestadayoncemore";       /*定义字符串数组*/
    char *p;
    p=cut(str,3,4);                             /*调用 cut()函数*/
    printf("%s\n",p);
}
char *cut(char s[],int m,int n)
{
    int i;
    for(i=0;i<m;i++)                            /*找第 m 个字符的地址*/
        s++;
    for(i=0;i<n;i++)                            /*截取 n 个字符并分别赋值给数组 substr[]*/
    {
        substr[i]=*s;
        s++;
    }
    substr[i]='\0';                             /*加字符串结束标记*/
    return substr;                              /*返回字符数组首地址*/
}
```

【例 8.22】编程实现分别在 a 数组和 b 数组中放入 m 和 n 个由小到大的有序数，程序把两个数组中的数按由小到大的顺序归并在 c 数组中。

程序如下：

```c
#include <stdio.h>
#include <malloc.h>
void main()
{
    int m,n,i,j,k;
    printf("请输入需要合并的两个数组的大小(m,n):");
    scanf("%d,%d",&m,&n);
    int *a=(int*)malloc(m*sizeof(int));         /*给数组 a 动态分配空间*/
    int *b=(int*)malloc(n*sizeof(int));         /*给数组 b 动态分配空间*/
    int *c=(int*)malloc((m+n)*sizeof(int));     /*给数组 c 动态分配空间*/
```

```
    printf("请输入第一个升序数组的 m 个元素:");
    for(i=0;i<m;i++)
        scanf("%d",&a[i]);
    printf("请输入第二个升序数组的 n 个元素:");
    for(i=0;i<n;i++)
        scanf("%d",&b[i]);
    i=j=k=0;
    while(i<m&&j<n)                    /*判断 a、b 两数组下标是否越界*/
    {
        if(a[i]<b[j])                 /*比较 a、b 两个数组数值的大小*/
        {
            c[k]=a[i];                /*将两个数组中较小的值 a[i]赋给 c[k]*/
            k++;
            i++;
        }
        else
        {
            c[k]=b[j];                /*将两个数组中较小的值 b[j]赋给 c[k]*/
            k++;
            j++;
        }
    }
    if(i<m)                           /*将 a 中剩余元素依次赋值给 c 数组*/
        for(;i<m;i++)
        {
            c[k]=a[i];
            k++;
        }
    if(j<n)                           /*将 b 中剩余元素依次赋值给 c 数组*/
        for(;j<n;j++)
        {
            c[k]=b[j];
            k++;
        }
    for(i=0;i<m+n;i++)                /*将 c 数组元素依次输出*/
        printf("%4d",c[i]);
    printf("\n");
}
```

【例 8.23】编写一函数 select，其功能是：在 M 行 N 列的二维数组中，找出其中的最大值作为函数返回值，并通过形参传回此最大值所在的行标和列标。

程序如下：

```
#include <stdio.h>
#define M 3
#define N 3
void main()
{
    int a[M][N]={9,11,23,6,1,15,9,17,20},max,row,col;
    int select(int array[M][N],int *,int *);
    max=select(a,&row,&col);
    printf("二维数组最大值%d 在第%d 行和第%d 列.\n",max,row,col);
}
```

```
int select(int array[M][N],int *r,int *c)
{
    int *p=&array[0][0];
    int i,j,max=array[0][0];              /*让第一个元素作为最大值*/
    *r=1,*c=1;
    for(i=0;i<M;i++)
        for(j=0;j<N;j++)
        {
            if(*p>max)                    /*当前元素大于之前元素中的最大值*/
            {
                max=*p;                   /*保存临时最大值、行标和列标*/
                *r=i+1;
                *c=j+1;
            }
            p++;
        }
    return max;
}
```

【例 8.24】编写函数 sort，将 N 行 N 列二维数组中每一行的元素进行排序，第 0 行从小到大排序，第 1 行从大到小排序，第 2 行从小到大排序，第 3 行从大到小排序，其余各行依此类推。

程序如下：

```
#include <stdio.h>
#define N 4
void sort(int a[][N])
{
    int i,temp;
    int *p,*q;
    for(i=0;i<N;i++)
    {
        p=&a[i][0];                       /*指向每行的第一个元素*/
        for(;p<&a[i][0]+N-1;p++)          /*采用冒泡排序*/
            for(q=&a[i][N-1];q>p;q--)
                if(i%2?*q>*p:*q<*p)       /*偶数行从小到大排序，奇数行从大到小排序*/
                {
                    temp=*q;
                    *q=*p;
                    *p=temp;
                }
    }
}
void outarr(int a[][N])                   /*用指针输出二维数组*/
{
    int i=0;
    int *p=&a[0][0];
    for(;p<&a[0][0]+N*N;p++)
    {
        printf("%3d",*p);
        if(++i%N==0)
```

```
        printf("\n");
    }
}
void main()
{
    int a[N][N]={{2,3,4,1},{8,6,5,7},{11,12,10,9},{15,14,16,13}};
    outarr(a);
    sort(a);
    outarr(a);
}
```

# 本 章 小 结

1. 存储器中每一个存储单元都有一个地址。当定义一个变量时，系统会为该变量分配内存空间，内存空间的首地址称为该变量的地址，内存空间的内容称为该变量的值。

（1）变量或数组元素的地址是由系统分配的，用取地址运算符 & 可获取变量或数组元素的地址，使用的格式为：

&变量名或数组元素名

（2）运算符*的作用是将*施加在一个地址量上，以得到其中的数据。应用格式为：

*地址量

（3）下标运算符[]也用来访问地址中的数据，使用格式为：

地址量[整型表达式]

2. 专门用来存放地址的变量，就是指针变量，使用前需要先定义。定义指针变量的一般形式为：

类型符 *指针变量名；

3. 指针只有指向某一对象时，才有实际意义。要使指针指向某一对象，可以采用如下方式：

（1）指针变量可以在定义时初始化。

（2）先定义指针，然后用赋值语句给指针变量赋值。

如果定义了指向变量的指针，则对该变量的地址和变量的值可间接使用指针去访问。如果指针未通过初始化或赋值的方式指向某个对象，则指针的值是未定的。这时如果用该指针去访问数据，可能会导致各种错误。ANSI C 标准允许定义 void 型指针，void 型指针仅表示指向内存的某个地址，而它所指向的对象的数据类型并未指定。

注意：

- 指针所指向的对象一定要在相应的指针之前定义。
- 指针变量必须存放地址量。
- 未指向对象的指针不能引用。

4. 指针量可以进行运算，指针运算都是以数据类型为单位展开的。指针可以与整数相加减（指针值的变化和元素的数据类型有关）；如果两个指针指向同一数组的元素，则可以进行比较；两指针量也可以相减。

5. 可以方便地用指针来访问数组的各个元素。如果定义一个指针，并将该指针指向数组的某一个元素，则通过改变指针的值，可以存取数组中的每一个元素。

在指针变量 p 指向一维数组 a 的第一个元素的条件下，对 a[i]数组元素的引用方式可以是：
*(a+i)、*(p+i)、p[i]。

对于二维数组 a 的任一元素 a[i][j]的引用可以写成：*(a[i]+j)、*(*(a+i)+j)、(*(a+i))[j]。对于 a[0][0]
其等价表示形式有：*a[0]、**a 和(*a)[0]。假定 a 数组有 2 行 3 列，对 a[i][j]的引用还可以写成
*(&a[0][0]+3*i+j)。

行指针是指指向一个由 n 个元素所组成的一维数组的指针变量。例如：

```
int (*p)[4];
```

如果使 p 指向二维数组 a 的第一行，数组元素 a[i][j]的引用形式可写成*(p[i]+j)、*(*(p+i)+j)、
(*(p+i))[j]、p[i][j]。

6. 用字符型指针处理字符串更为方便和灵活。

7. 如果用指针变量作形参，用地址作实参，则可以使被调函数中的形参指向主调函数中的参数，从而通过在被调函数中处理指针指向的内容来处理主调函数的参数；用此方法也可以在被调函数中处理主调函数中的数组或字符串。

8. 当把函数名赋予一个指针变量时，指针变量中的内容就是函数的入口地址，该指针是指向这个函数的指针，简称函数指针。通过指针变量就可以找到并调用这个函数。函数指针的定义形式如下：

```
类型符 (*函数指针变量名)();
```

9. 如果函数的返回值是地址量，则函数的类型是指针型。指针型函数定义的一般格式如下：

```
类型符 *函数名([参数表])
{
    内部变量定义语句;
    执行语句;
}
```

10. 如果一个数组，其每一个元素都是指针，这个数组就称为指针数组。指针数组的定义格式为：

```
类型符 *指针数组名[常量表达式];
```

常用指针数组处理二维数组。

11. 指针变量自己也有地址，用来存放指针变量地址的指针称为二级指针。也就是说二级指针是指向指针的指针，是一种间接指向数据目标的指针。二级指针的定义格式为：

```
类型符 **变量名;
```

可以用二级指针访问数组或字符串。

12. 操作系统状态下，为执行某个程序或命令而键入的一行字符称为命令行。通常命令行含有可执行文件名，有的还带有若干参数，并以回车符结束。为了将命令行参数传递给程序的主函数，采用指针数组或二级指针作为 main 函数的形参，形式如下：

```
main(int argc,char *argv[]) 或 main(int argc,char **argv)
```

其中，argc 用来记录命令行中参数的个数，由 C 程序运行时自动计算出来；argv 用来存放命令行中的各个参数。argc 和 argv 这两个参数的名称属于准保留字，专用作 main 函数的参数。用户也可以使用其他参数名，但类型不可更改。

13. 动态存储区在用户的程序之外，不是由系统自动分配的，而是由用户在程序中通过动态申请获取的。其中，函数 calloc()和 malloc()用于动态申请内存空间，函数 realloc()用于重新改变已分配的动态内存的大小，函数 free()用于释放不再使用的动态内存。

利用动态内存管理可以建立动态数组和动态数据结构。

# 习　题

## 一、选择题

1. 若有语句：
```
int *point,a=4;
point=&a;
```
下面均代表地址的一组选项是（　　　）。

  A. a, point, *&a       B. &*a, &a, *point

  C. *&point, *point, &a     D. &a, &*point, point

2. 已知：
```
int a[3][4],*p=a;
```
则 p 表示（　　　）。

  A. 数组 a 的 0 行 0 列元素      B. 数组 a 的 0 行 0 列的地址

  C. 数组 a 的 0 行首地址       D. 以上均不对

3. 已知：
```
int a[3][4],*p;
```
若要指针变量 p 指向 a[0][0]，正确的表示方法是（　　　）。

  A. p=a      B. p=*a      C. p=**a      D. p=a[0][0]

4. 若有以下调用语句：
```
void main()
{
    …
    int a[50],n;
    …
    fun(n,&a[9]);
    …
}
```
则不正确的 fun 函数的首部是（　　　）。

  A. void fun(int m, int x[])      B. void fun(int s, int h[41])

  C. void fun(int p, int *s)       D. void fun(int n, int a)

5. 设已有定义：
```
char *st="how are you";
```
下列程序段中正确的是（　　　）。

  A. char a[11], *p; strcpy(p=a+1,&st[4]);     B. char a[11]; strcpy(++a, st);

  C. char a[11]; strcpy(a, st);        D. char a[], *p; strcpy(p=&a[1],st+2);

6. 已知：
```
char str[]="OK!";
```
对指针变量 ps 的说明和初始化是（　　　）。

  A. char ps=str;         B. char *ps=str;

  C. char ps=&str;         D. char *ps=&str;

7. 有如下定义：

```
int a[10]={1,2,3,4,5,6,7,8,9,10},*p=a;
```

则值为 9 的表达式是（　　　）。

A. * p+9　　　　　B. *(p+8)　　　　　C. *p+=9　　　　　D. p+8

8. 有如下程序：

```
#include <stdio.h>
void main()
{
    char ch[2][5]={"6937","8254"},*p[2];
    int i,j,s=0;
    for(i=0;i<2;i++) p[i]=ch[i];
    for(i=0;i<2;i++)
    for(j=0;p[i][j]>'\0';j+=2)
    s=10*s+p[i][j]-'0';
    printf("%d\n",s);
}
```

该程序的输出结果是（　　　）。

A. 69825　　　　　B. 63825　　　　　C. 6385　　　　　D. 693825

9. 下列程序段的输出结果是（　　　）。

```
#include <stdio.h>
void fun(int *x,int *y)
{
    printf("%d %d",*x,*y);
    *x=3;
    *y=4;
}
void main()
{
    int x=1,y=2;
    fun(&x,&y);
    printf("%d %d\n",x,y);
}
```

A. 21 4 3　　　　　B. 1 21 2　　　　　C. 1 23 4　　　　　D. 21 1 2

10. 以下程序的输出结果是（　　　）。

```
#include <stdio.h>
char cchar(char ch)
{
    if(ch>='A' && ch<='Z') ch=ch-'A'+'a';
    return ch;
}
void main()
{
    char s[]="ABC+abc=defDEF",*p=s;
    while(*p)
    {
        *p=cchar(*p);
        p++;
    }
    printf("%s\n",s);
}
```

A. abc+ABC=DEFdef　　　　　　　　　　B. abc+abc=defdef

C. abcaABCDEFdef　　　　　　　　　　D. abcabcdefdef

11. 若有以下定义和语句：

```
int s[4][5],(*ps)[5];
ps=s;
```

则对 s 数组元素的正确引用形式是（    ）。

A. ps+1           B. *(ps+3)           C. ps[0][2]           D. *(ps+1)+3

12. 有以下程序：

```
#include <stdio.h>
void fun(char *c,int d)
{
    *c=*c+1;
    d=d+1;
    printf("%c,%c,",*c,d);
}
void main()
{
    char a='A',b='a';
    fun(&b,a);
    printf("%c,%c\n",a,b);
}
```

程序运行后的输出结果是（    ）。

A. B,a,B,a           B. a,B,a,B           C. A,b,A,b           D. b,B,A,b

13. 阅读以下函数

```
fun(char *s1,char *s2)
{
    int i=0;
    while(s1[i]==s2[i]&& s2[i]!='\0')i++;
    return(s1[i]== && s2{i}!=='\0');
}
```

此函数的功能是（    ）。

A. 将 s2 所指字符串赋给 s1

B. 比较 s1 和 s2 所指字符串的大小，若 s1 比 s2 大，函数值为 1，否则函数值为 0

C. 比较 s1 和 s2 所指字符串是否相等，若相等，函数值为 1，否则函数值为 0

D. 比较 s1 和 s2 所指字符串的长度，若 s1 比 s2 长，函数值为 1，否则函数值为 0

14. 有以下程序段：

```
int a=5,*b,**c;
c=&b;
b=&a;
```

程序段执行后，表达式**c的值是（    ）。

A. 变量 a 的地址       B. 变量 b 的值       C. 变量 a 的值       D. 变量 b 的地址

15. 下面程序的输出结果是（    ）。

```
#include <stdlib.h>
#include <stdio.h>
void fun(float *p1,float *p2,float *s)
{
    s=(float *)calloc(1,sizeof(float));
    *s=*p1+*(p2++);
}
```

```
void main()
{
    float a[2]={1.1,2.2},b[2]={10.0,20.0},*s=a;
    fun(a,b,s);
    printf("%f\n",*s);
}
```
   A. 11.100000        B. 12.100000        C. 21.100000        D. 1.100000

## 二、填空题

1. 已知：

   ```
   int a[5],*p=a;
   ```
   则 p 指向数组元素_____，那么 p+1 指向_____。

2. 设有如下定义：

   ```
   int a[5]={0,1,2,3,4},*p1=&a[1],*p2=&a[4];
   ```
   则 p2-p1 的值为_____，*p2-*p1 的值为_____。

3. 若有定义：

   ```
   int a[]={2,4,6,8,10,12},*p=a;
   ```
   则*(p+1)的值是_____，*(a+5)的值是_____。

4. 若有定义：

   ```
   int a[2][3]={2,4,6,8,10,12};
   ```
   则 a[1][0]的值是_____，*(*(a+1)+0))的值是_____。

5. 对于 int *a[4];的理解就是数组 a 有_____个元素，每个元素都是_____类型，又因为指针变量可指向与其同类型的变量，故每个元素都只能指向_____变量。

6. 以下程序的功能是将无符号八进制数字构成的字符串转换为十进制整数。例如，输入的字符串为 556，则输出十进制整数 366。请将程序填写完整。

   ```
   #include <stdio.h>
   void main()
   {
       char *p,s[6];
       int n;
       p=s;
       gets(p);
       n=*p-'0';
       while(_____!='\0')n=n*8+*p-'0';
       printf("%d\n",n);
   }
   ```

7. 下列程序的输出结果是_____。

   ```
   #include <stdio.h>
   void fun(int *n)
   {
       while((*n)--);
       printf("%d",++(*n));
   }
   void main()
   {
       int a=100;
       fun(&a);
   }
   ```

8. 以下程序运行后的输出结果是_____。

```c
#include <stdio.h>
void main()
{
    char s[]="9876",*p;
    for(p=s;p<s+2;p++) printf("%s\n",p);
}
```

9. 以下程序的输出结果是_____。

```c
#include <stdio.h>
void main()
{
    int x=0;
    void sub(int *,int,int);
    sub(&x,8,1);
    printf("%d\n",x);
}
void sub(int *a,int n,int k)
{
    if(k<=n) sub(a,n/2,2*k);
    *a+=k;
}
```

10. 下面程序的运行结果是_____。

```c
#include <stdio.h>
void swap(int *a,int *b)
{
    int *t;
    t=a;
    a=b;
    b=t;
}
void main()
{
    int x=3,y=5,*p=&x,*q=&y;
    swap(p,q);
    printf("%d%d\n",*p,*q);
}
```

## 三、写出程序的运行结果

1. 
```c
#include <stdio.h>
static char sub[20];
void main()
{
    static char s[]="program";
    char *cut(char *,int,int),*p;
    p=cut(s,4,3);
    printf("%s\n",p);
}
char *cut(char *s,int m,int n)
{
    int i;
    for(i=0;i<n;i++)
```

```
      sub[i]=s[m+i-1];
      sub[i]='\0';
      return (sub);
    }
```

2. 
```
#include <stdio.h>
void main()
{
    char *ptr1,*ptr2;
    ptr1=ptr2="abcde";
    while(*ptr2!='\0')
        putchar(*ptr2++);
    while(--ptr2>=ptr1)
        putchar(*ptr2);
    putchar('\n');
}
```

3. 
```
#include <stdio.h>
main()
{
    int add(int,int),sub(int,int),fun(int (*)(),int,int);
    int (*ps)(),x,y,z;
    scanf("%d,%d",&x,&y);
    if (x<y)
        z=fun(add,x,y);
    else
        {
            ps=sub;
            z=fun(ps,x,y);
        }
    printf("X=%d,Y=%d,Z=%d\n",x,y,z);
}
add(int a,int b)
{
    return(a+b);
}
sub(int a,int b)
{
    return(a-b);
}
fun(int (*pf)(),int a,int b)
{
    return ((*pf)(a,b));
}
```
输入：10, 20✓ 和 40, 30✓。

4. 
```
#include <stdio.h>
void main()
{
    int strend(char *,char *);
    char *s1="program";
    char *s2="ram";
    int x;
    x=strend(s1,s2);
```

```
    printf("x=%d\n",x);
}
int strend(char *s,char *t)
{
    char *bs=s;
    char *bt=t;
    for(;*s;s++);
    for(;*t;t++);
    for(;*s==*t;s--,t--)
    if (t==bt||s==bs) break;
    if (*s==*t&&t==bt&&*s!='\0')
        return 1;
    else
        return 0;
}
```

## 四、编写程序题

1. 编写一个函数，分别求出实数的整数部分和小数部分。

2. 输入 10 个整数，将其中最小的数与第一个数对换，把最大的数与最后一个数对换。

3. 编写函数 sort(int *x,n)，实现将 n 个数从大到小排序。

4. 设有函数 sum()：

   double sum(double x[],int n)

   计算数组 x 各元素之和，其中 n 是求和元素的个数。设 y 是一个 double 型数组，说出下列表达式的意义，并编一个程序上机验证。

   sum(y,50)
   sum(&y[0],40)
   sum(&y[4],k)
   sum(y+4,2*k)

5. 编写函数 int search(char *s1,char *s2,char *s3)，从已知两个字符串 s1 与 s2 中，找出都包含的最长的单词保存到字符串 s3 中。

6. 编写一个求字符串子串的函数。函数设有 4 个参数：已知字符串 s1，存放子串的字符数组 s2[]，子串在字符串 s1 中的开始位置 p 和子串最多的字符数 m。

7. 编写函数 find(cha *s,char *word)，查找字符串 s 中是否包含词 word。约定字符串 s 中的词由 1 个或 1 个以上空格符分隔。

8. 回文是顺读和反读相同的字符串。例如 4224、aba、X 等。试编写函数，判断字符串是否是回文。

9. 编写利用牛顿迭代法求方程 $f(x)=0$ 根的函数，函数的形参有方程的函数及其导数、迭代初值及其精度。并以此函数求方程 $x^3-3x+1=0$ 及方程 $x^5+x^4+2x^3-5x^2+3x-1=0$ 在 $(0,1)$ 内的解，精度为 $10^{-5}$。

10. 求任意二维数组的所有元素之和。要求采用动态数组，数组大小在程序运行过程中动态确定。

# 第 **9** 章　结　构　体

在实际应用中，通常会有由多种不同类型的数据组成的实体。例如，一个学生的数据实体包含学号、姓名、性别、年龄、成绩、家庭住址等数据项。这些不同类型的数据项是相互联系的，应该组成一个有机的整体。如果用独立的简单数据项分别表示它们，就不能体现数据的整体性，不便于整体操作；由于这些数据项的类型不同，所以也不能用数组来表示。对于这种由多种不同类型的数据组成的数据实体，C 语言可以用结构体数据类型来描述，结构体中所包含的数据项称为结构体的成员。本章先介绍结构体类型的概念与使用，然后介绍一种最基本的动态数据结构——链表。

## 9.1　结构体类型的定义

结构体由若干成员组成，各成员可有不同的类型。在程序中要使用结构体类型，必须对结构体的组成进行描述。例如，学生信息可用结构体描述为：

```
struct student
{
  int num;
  char name[20];
  char sex;
  int age;
  float score;
  char addr[40];
};
```

其中，关键字 struct 引入结构体类型的定义。struct 之后任选的标识符是结构体类型的名字。用花括号括起来的是结构体成员的说明。

上例说明结构体类型 struct student 有 6 个成员，分别命名为 num、name、sex、age、score 和 addr。这 6 个成员分别表示学生的学号、姓名、性别、年龄、成绩和家庭住址，显然它们的类型是不同的。

需要特别指出的是，struct student 是程序设计者自己定义的类型，它与系统预定义的标准类型（如 int、char 等）一样，可以用来定义变量，使变量具有 struct student 类型。例如：

```
struct student st1,st2[20];
```

分别定义了 struct student 结构体类型的变量 st1 和 struct student 结构体类型的数组变量 st2。

结构体类型的定义格式为：

```
struct 结构体类型名
{
    成员说明列表
};
```

其中，花括号内的内容是该结构体类型的成员说明。每个成员说明的形式为：

```
类型符 成员名;
```

实际上，凡是相关的若干数据对象都可组合成一个结构体，在一个结构体名下进行管理。例如，由日、月、年组成的结构体类型为：

```
struct date
{
    int day;
    int month;
    int year;
};
```

又如，职工信息结构体类型为：

```
struct person
{
    char name[20];              /*姓名*/
    char address[40];          /*地址*/
    float salary;              /*工资*/
    float cost;                /*扣款*/
    struct date hiredate;      /*聘任日期*/
};
```

其中结构体类型 struct person 含有一个结构体类型成员 hiredate。

该例子说明结构体类型可以嵌套定义，即一个结构体类型中的某些成员又是其他结构体类型。但是这种嵌套不能包含自身，即不能由自己定义自己。

结构体类型说明中，详细列出了一个结构体的组成情况、结构体的各成员名及其类型。结构体类型说明了一个数据结构的模式，但不定义变量，并不要求分配实际的存储空间。

# 9.2　结构体变量

程序要实际使用结构体，必须定义结构体变量。编译程序在为结构体变量分配存储空间时，其中各成员的存储格式及其意义与结构体类型保持一致。定义结构体变量后，就可以使用结构体了，其使用方法有自身的特点。

## 9.2.1　结构体变量的定义

要定义一个结构体类型的变量，可以采取以下 3 种方法。

（1）先定义结构体类型，再定义体类型变量。

如上面已定义了一个结构体类型 struct student，可以用它来定义变量。例如：

```
struct student student1, student2;
```

定义 student1 和 student2 为 struct student 类型变量，即它们是具有 struct student 类型的结构体变量。

注意：将一个变量定义为标准类型（基本数据类型）与定义为结构体类型的不同之处是，后者不仅要求指定变量为结构体类型，而且要求指定为某一特定的结构体类型。例如，对 struct student，不能只指定为 struct 类型而不指定结构体名。而在定义变量为整型时，只需指定为 int 型即可。换句话说，可以定义许多种具体的结构体类型。

为了使用方便，人们通常用一个符号常量代表一个结构体类型。在程序开头，加上命令：

```
#define STU_TYPE struct student
```

这样在程序中，STU_TYPE 与 struct student 完全等效。例如，先定义结构体类型：

```
STU_TYPE
{
    int num;
    char name[20];
    char sex;
    int age;
    float score;
    char addr[40];
};
```

然后就可以直接用 STU_TYPE 定义变量。例如：

```
STU_TYPE student1,student2;
```

用这样的方法定义变量和用 int、float 定义变量的形式相仿，就不必再写关键字 struct。

如果程序规模比较大，往往将对结构体类型的定义集中放到一个以.h 为扩展名的头文件中，哪个源文件需要用到此结构体类型，则可用#include 命令将该头文件包含到此源文件中。这样做便于结构体类型的装配、修改及使用。

（2）在定义类型的同时定义变量。例如：

```
struct student
{
    int num;
    char name[20];
    char sex;
    int age;
    float score;
    char addr[40];
}student1,student2;
```

它的作用与前面定义的相同。即定义了两个 struct student 类型的变量 student1 和 student2。这种定义方法的一般格式为：

```
struct 结构体类型名
{
    成员说明列表
}变量名列表;
```

（3）直接定义结构体类型变量。

其一般格式为：

```
struct
{
    成员说明列表
}变量名列表;
```

即在结构体定义时不出现结构体类型名。这种形式虽然简单，但不能在再需要使用时，使用所定义的结构体类型。

关于结构体类型，有几点需要说明：

（1）类型与变量是不同的概念，不要混同。对结构体变量来说，在定义时一般先定义一个结构体类型，然后定义变量为该类型。只能对变量赋值、存取或运算，而不能对一个类型赋值、存取或运算。在编译时，对类型是不分配存储空间的，只对变量分配存储空间。

（2）对结构体中的成员，可以单独使用，它的作用与地位相当于普通变量。

（3）成员也可以是一个结构体变量。例如：

```
struct date
{
    int month;
    int day;
    int year;
};
struct member
{
    int num;
    char name[20];
    char sex;
    int age;
    struct date birthday;
    char addr[40];
}stu1,stu2;
```

先定义一个 struct date 结构体类型，它包括 3 个成员：month、day、year，分别代表月、日、年。然后在定义 struct member 结构体类型时，成员 birthday 的类型定义为 struct date 类型。已定义的类型 struct date 与其他类型（如 int、char）一样可以用来定义成员的类型。

（4）成员名可以与程序中的变量名相同，两者代表不同的对象。例如，程序中可以另外定义一个变量 num，它与 struct member 中的 num 相互独立，互不影响。

## 9.2.2　结构体变量的使用

引用一个结构体变量有两种方式：通过结构体变量名和通过指向结构体的指针变量。与之相对应，引用结构体成员的方式也有两种，分别用运算符 "." 和 "->" 来标记。由结构体变量名引用其成员的标记形式为：

结构体变量名.成员名

例如，stu1.num 表示引用结构体变量 stu1 中的 num 成员，因该成员的类型为 int，所以可以对它施行任何 int 型变量可以施行的运算。例如：

stu1.num=20312;

由指向结构体的指针变量引用结构体成员的标记形式为：

指针变量名->成员名

例如，定义变量如下：

```
struct node
{
    float x;
    struct node *next;
}p,u,*pt;
```

定义了两个结构体变量 p、u 和一个指向该结构体的指针变量 pt，分析以下语句：

pt=&p;

```
p.x=12.2;
p.next=&u;
p.next->x=-23.7;
u.next=NULL;
```

语句 pt=&p;使 pt 指向结构体变量 p，p.x=12.2;将 p 中成员 x 赋值 12.2，p.next=&u;使 p 中指针成员 next 指向结构体变量 u（它与 p 是同一类型），p.next->x=-23.7;使 p 的指针成员所指的结构体变量 u 中的成员 x 赋值-23.7，u.next=NULL;使 u 的指针成员置为 NULL，不指向任何变量，成为空指针。上述语句的执行情况可用图 9-1 描述各变量之间的关系。

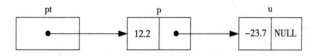

图 9-1　通过指向结构体的指针引用结构体

上述例子说明结构体的成员可以像普通变量一样使用。根据其类型决定其所有合法的运算。

如果结构体成员本身又是结构体类型,则可继续使用成员运算符取结构体成员的结构体成员,逐级向下，引用最低一级的成员。程序能对最低一级的成员进行赋值或存取。例如，对 stu1 某些成员的访问：

```
stu1.birthday.day=23;
stu1.birthday.month=8;
stu1.birthday.year=2003;
```

程序也能对结构体的最低一级的成员进行其他运算，包括取地址运算，引用成员的地址。例如：

```
scanf("%d",&stu1.age);
```

在早期的 C 语言中，程序只能对结构体变量（包括结构体变量的结构体成员）取地址运算，不允许对结构体进行赋值运算。ANSI C 已经取消了这个限制，允许结构体值赋给相同类型的结构体变量。

## 9.2.3　结构体变量的初始化

结构体变量和其他变量一样，可以在变量定义的同时进行初始化。

### 1. 对外部存储类型的结构体变量进行初始化

【例 9.1】分析下列程序的输出结果。

```
#include <stdio.h>
struct student
{
    long num;
    char name[20];
    char sex;
    char addr[40];
}a={3021103,"Jiang Linpan",'M',"123 Shaoshan Road"};
void main()
{
    printf("No:%ld\nName:%s\nSex:%c\nAddress:%s\n",a.num,a.name,a.sex,a.addr);
}
```

程序运行结果如下：

```
No:3021103
Name:Jiang Linpan
Sex:M
Address:123 Shaoshan Road
```

**2．对静态存储类型的结构体变量进行初始化**

上面例子的定义部分可以放到 main 函数中。程序如下：

```
#include <stdio.h>
main()
{ static struct student
{
   long num;
   char name[20];
   char sex;
   char addr[40];
   }a={3021103,"Jiang Linpan",'M',"123 Shaoshan Road"};
   printf("No:%ld\nName:%s\nSex:%c\nAddress:%s\n",a.num,a.name,a.sex,a.addr);
}
```

程序运行结果与例 9.1 程序相同。

**注意**：对自动结构体变量不能在定义时赋初值，只能在函数执行时用赋值语句对各成员分别赋值。

## 9.2.4 结构体变量的输入和输出

C 语言不允许把一个结构体变量作为一个整体进行输入或输出，而应按成员变量输入或输出。例如，若有一个结构体变量：

```
struct
{
   char name[15];
   char addr[20];
   long num;
}stud={"Wang Dawei","125 Beijing Road",3021118};
```

变量 stud 在内存中存储情况如图 9-2 所示，是按成员变量存放的。

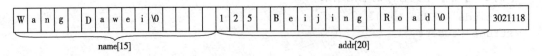

| W | a | n | g |   | D | a | w | e | i | \0 |   |   |   | 1 | 2 | 5 |   | B | e | i | j | i | n | g |   | R | o | a | d | \0 |   |   |   | 3021118 |

name[15]　　　　　　　addr[20]

图 9-2　结构体变量在内存中的存储情况

由于变量 stud 包含两个字符串数据和一个长整型数据，因此输出 stud 变量，应该使用如下方式：

```
printf("%s,%s,%ld\n",stud.name,stud.addr,stud.num);
```

输入 stud 变量的各成员值，则用：

```
scanf("%s%s%ld",stud.name,stud.addr,&stud.num);
```

由于成员项 name 和 addr 是字符数组，按 %s 字符串格式输入，故不要写成 &stud.name 和 &stud.addr，而 num 成员是 long 型，故应当用 &stud.num。

当然也可以用 gets 函数和 puts 函数输入和输出一个结构体变量中的字符数组成员。例如：
```
gets(stud.name);
puts(stud.name);
```
gets 函数输入一个字符串给 stud.name，puts 函数输出 stud.name 数组中的字符串。

# 9.3  结构体数组

一个结构体变量中可以存放一组数据（如一个学生的学号、姓名、成绩等数据）。如果有 10 个学生的数据需要参加运算和处理，显然应使用数组，这就是结构体数组。结构体数组与以前介绍过的数值型数组的不同之处在于每个数组元素都是一个结构体类型的数据，每个元素都包括结构体的各个成员。

## 9.3.1  结构体数组的定义

与定义结构体变量的方法一样，在结构体变量名之后指定元素个数，就能定义结构体数组。结构体数组定义的一般格式为：

结构体类型名 数组名[常量表达式];

例如：
```
struct student students[30];
struct person employees[100];
struct
{
   char name[20];
   int num;
   float price;
   float quantity;
}parts[200];
```
以上定义了一个数组 students，它有 30 个元素，每个元素的类型为 struct student 的结构体类型。定义数组 employees，有 100 个元素，每个元素都是 struct person 结构体类型。定义数组 parts，有 200 个元素，每个元素也是一个结构体类型。它们都是结构体数组，分别用于表示一个班级的学生、一个部门的职工、一个仓库的产品。

如同元素为标准数据类型的数组一样，结构体数组各元素在内存中也按顺序存放，也可初始化，对结构体数组元素的访问也要利用元素的下标。访问结构体数组元素的成员的标记方法为：

结构体数组名[元素下标].结构体成员名

例如，访问 parts 数组元素的成员：
```
parts[10].price=37.5;
scanf("%s",parts[3].name);
```

## 9.3.2  结构体数组的初始化

在对结构体数组初始化时，要将每个元素的数据分别用花括弧括起来，一般格式是：

结构类型 数组名[常量表达式]={初始化表};

例如：
```
struct student
{
   char name[20];
```

```
    long num;
    int age;
    char sex;
    float score;
}students[5]={{"Zhu Dongfen",3021101,18,'M',93},
               {"Zhang Fachong",3021102,19,'M',90.5},
               {"Wang Peng",3021103,16,'M',85},
               {"Zhan Hong",3021104,16,'F',95},
               {"Li Linggou",3021105,20,'F',67}};
```

这样，在编译时将一个花括号中的数据赋给一个元素，即将第一个花括号中的数据送给
students[0]，第二个花括号内的数据送给 students[1]，……如果初始化表中列出了数组的所有元素，
则数组元素个数可以省略。这和前面有关章节介绍的数组初始化相类似。此时系统会根据初始化
时提供的数据组的个数自动确定数组的大小。如果提供的初始化数据组的个数少于数组元素的个
数，则方括号内的元素个数不能省略，例如：

```
struct student
{
    …
}students[30]={{…},{…},{…}};
```

只对前 3 个元素赋初值，其他元素未赋初值，系统将对数值型成员赋以 0，对字符型数据赋
以空串即"\0"。

### 9.3.3　结构体数组的使用

一个结构体数组的元素相当于一个结构体变量，引用结构体数组元素有如下规则。

（1）引用某一元素的一个成员。例如：

```
students[i].num
```

这是序号为 i 的数组元素中的 num 成员。如果数组已如上初始化，且 i=2，则相当于
students[2].num，其值为 3021103。

（2）可以将一个结构体数组元素赋给同一结构体类型数组中的另一个元素，或赋给同一类型
的变量。例如：

```
struct student students[3],student1;
```

现在定义了一个结构体数组 students，它有 3 个元素，又定义了一个结构体变量 student1，则
下面的赋值合法：

```
student1=students[0];
students[2]=students[1];
students[1]=student1;
```

（3）不能把结构体数组元素作为一个整体直接进行输入或输出，只能以单个成员对象进行输
入或输出。例如：

```
scanf("%s",students[0].name);
printf("%1d",students[0].num);
```

【例 9.2】结构体数组的应用。

程序如下：

```
#include <stdio.h>
#define N 3
struct DATE                          /*日期结构*/
```

```
{
    int year;                        /*年*/
    int month;                       /*月*/
    int day;                         /*日*/
};
struct Student                       /*学生信息结构*/
{
    char no[10];                     /*学号*/
    char name[8];                    /*姓名*/
    char sex[3];                     /*性别*/
    struct DATE birthday;            /*出生日期 结构嵌套定义*/
    int score[4];                    /*三门课的分数和总分*/
};
void main()
{
    struct Student stud[N]=
    {{"J20073103","张大力","男",1989,5,15,75,90,83,0},
    {"J20073102","李秀芝","女",1986,6,24,85,90,83,0},
    {"J20073101","徐达明","男",1989,2,29,65,70,63,0}};
    int i;
    printf("      学生信息:\n");
    for(i=0;i<N;i++)
{
    printf("%s %s %s %4d %3d %3d %4d %4d %4d %4d\n",
    stud[i].no,stud[i].name,stud[i].sex,
    stud[i].birthday.year,stud[i].birthday.month,stud[i].birthday.day,
    stud[i].score[0],stud[i].score[1],stud[i].score[2],stud[i].score[3]);
    stud[i].score[3]=stud[i].score[0]+stud[i].score[1]+stud[i].score[2];
}
    printf("      输出学生信息:\n");
    for(i=0;i<N;i++)
    printf("%s %s %s %4d %3d %3d %4d %4d %4d %4d\n",
    stud[i].no,stud[i].name,stud[i].sex,
    stud[i].birthday.year,stud[i].birthday.month,stud[i].birthday.day,
    stud[i].score[0],stud[i].score[1],stud[i].score[2],stud[i].score[3]);
}
```

程序运行结果如下:

学生信息:
```
J20073103  张大力  男  1989  5  15  75  90  83   0
J20073102  李秀芝  女  1986  6  24  85  90  83   0
J20073101  徐达明  男  1989  2  29  65  70  63   0
```
输出学生信息:
```
J20073103  张大力  男  1989  5  15  75  90  83  248
J20073102  李秀芝  女  1986  6  24  85  90  83  258
J20073101  徐达明  男  1989  2  29  65  70  63  198
```

# 9.4  结构体类型的指针

一个结构体变量的指针就是该变量所占据的内存段的起始地址。可以定义一个指针变量,用来指向一个结构体变量,此时该指针变量的值是结构体变量的起始地址。指针变量也可以用来指向结构体数组中的元素。

## 9.4.1 指向结构体变量的指针

指向结构体的指针变量定义的一般格式为：

struct 类型名 *指针变量名；

例如：

struct date *pd,date3；

定义指针变量 pd 和结构体变量 date3。其中，指针变量 pd 能指向类型为 struct date 的结构体。赋值 pd=&date3，使指针 pd 指向结构体变量 date3。

通过指向结构体的指针变量引用结构体成员的方法是：

指针变量–>结构体成员名

例如，通过 pd 引用结构体变量 date3 的 day 成员，写成 pd–>day，引用 date3 的 month，写成 pd–>month 等。

"*指针变量"表示指针变量所指对象，所以通过指向结构体的指针变量引用结构体成员也可写成以下形式：

(*指针变量).结构体成员名

这里圆括号是必须的，因为运算符"*"的优先级低于运算符"."。*pd.day 等价于*(pd.day)，在这里是错误的。采用这种表示方法，通过 pd 引用 date3 的成员可写成(*pd).day、(*pd).month、(*pd).year。但是很少场合采用这种表示方法，习惯都采用运算符"–>"来标记。

【例 9.3】写出下列程序的执行结果。

```c
#include <stdio.h>
#include <string.h>
void main()
{
    struct student
    {
        long num;
        char name[20];
        char sex;
        float score;
    };
    struct student stu1,*p;
    p=&stu1;
    stu1.num=3021118;
    strcpy(stu1.name, "Li Lin");
    stu1.sex='M';
    stu1.score=91.5;
    printf("No:%ld\nName:%s\nSex:%c\nScore:%f\n",stu1.num,stu1.name,stu1.sex,stu1.score);
    printf("No:%ld\nName:%s\nSex:%c\nScore:%f\n", (*p).num, (*p).name, (*p).sex, (*p).score);
}
```

在主函数中定义了 struct student 类型，然后定义一个 struct student 类型的变量 stu1。同时又定义了一个指针变量 p，它指向 struct student 结构体类型。在函数的执行部分，将 stu1 的起始地址赋给指针变量 p，也就是使 p 指向 stu1，然后对 stu1 中的成员依次赋值，第一个 printf 函数直接输出 stu1 各成员的值。第二个 printf 函数也用来输出 stu1 的各成员，但使用的是(*p).num 这样的形式。

程序运行结果如下：

```
No:3021118
Name:Li Lin
Sex:M
Score:91.500000
No:3021118
Name:Li Lin
Sex:M
Score:91.500000
```

可见两个 printf 函数输出的结果是相同的。

上面程序中最后一个 printf 函数中的输出项列表可改为：

```
p->num,p->name,p->sex,p->score
```

### 9.4.2　指向结构体数组元素的指针

一个指针变量可以指向一个结构体数组元素，也就是将该结构体数组的数组元素地址赋给此指针变量。例如：

```
struct
{
    int a;
    float b;
}arr[3],*p;
p=arr;
```

此时使 p 指向 arr 数组的第一个元素，"p=arr;"等价于"p=&arr[0];"。若执行"p++;"则此时指针变量 p 此时指向 arr[1]，指针指向关系如图 9-3 所示。

【例 9.4】输入 3 个学生的信息并输出。

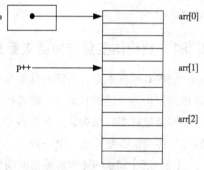

图 9-3　指向结构体数组元素的指针

```
#include <stdlib.h>
#include <stdio.h>
struct stud_type
{
    char name[20];
    long num;
    int age;
    char sex;
};
main()
{
    struct stud_type student[3],*p;
    int i;
    for(i=0,p=student;i<3;p++,i++)
    {
        printf("Enter all data of student[%d]:\n",i);
        scanf("%s%ld%d%c",p->name,&p->num,&p->age,&p->sex);
    }
    for(i=0,p=student;p<student+3;p++,i++)
    printf("%3d %-20s %8ld %6d %3c\n",i,p->name,p->num,p->age,p->sex);
}
```

程序运行结果如下：

```
Enter all data of student[0]:
Wang 34001 20M↙
Enter all data of student[1]:
Li 34002 21F↙
Enter all data of student[2]:
Liu 34003 18M↙
  0    Wang            34001   20   M
  1    Li              34002   21   F
  2    Liu             34003   18   M
```

# 9.5　结构体与函数

在定义函数时，函数的形参可以是结构体。在函数间传递结构体有两种形式，一是将结构体变量作为形参，通过函数间形参和实参结合的方式将整个结构体传递给函数，二是将指向结构体的指针作为形参，在调用时用结构体变量的地址作为实参。此外，函数返回的值还可以是结构体类型。

## 9.5.1　结构体变量作为函数参数

旧的 C 标准不允许用结构体变量作为函数参数，只允许指向结构体变量的指针作为函数参数，即传递结构体变量的首地址。新的标准以及许多 C 语言编译系统都允许用结构体变量作为函数参数，即直接将实参结构体变量的各个成员的值全部传递给形参的结构体变量。当然，实参和形参的结构体变量类型应当完全一致。

【例 9.5】将例 9.4 中的输出的功能用函数实现。

```
#include <stdlib.h>
#include <stdio.h>
struct stud_type
{
  char name[20];
  long num;
  int age;
  char sex;
};
main()
{
  void list(struct stud_type);
  struct stud_type student[3],*p;
  int i;
  for(i=0,p=student;i<3;p++,i++)
  {
    printf("Enter all data of student[%d]:\n",i);
    scanf("%s%ld%d%c",p->name,&p->num,&p->age,&p->sex);
  }
  for(i=0;i<3;i++)
    list(student[i]);                  /*调用 list 函数*/
}
void list(struct stud_type student)    /*定义 list 函数*/
```

```
{
    printf("%-20s %8ld %6d %3c\n",student.name,student.num,student.age,
    student.sex);
}
```

main 函数 3 次调用 list 函数。注意 list 函数的形参是 struct stud_type 类型，实参 student[i]也是 struct stud_type 类型。实参 student[i]中各成员的值都完整地传递给形参，在函数 list 中可以使用这些值。每调用一次 list 函数输出一个 student 数组元素的值。

student 在 main 函数中为数组名，在 list 函数中为结构体变量名，不代表同一对象。

## 9.5.2　指向结构体变量的指针作为函数参数

用结构体变量作为函数参数，这是 ANSI C 新标准的扩充功能。在过去的 C 版本中不能这样使用，而是通过指针来传递结构体变量的地址给形参，再通过形参指针变量引用结构体变量中成员的值。

【例 9.6】有一结构体变量 stu，内含学生学号、姓名和 3 门课的成绩。要求在 main 函数中给变量赋值，在另一函数 print 中将它们输出。

程序如下：

```
#include <stdio.h>
#include <string.h>
struct student
{
    long num;
    char name[20];
    float score[3];
};
void main()
{
    void print(struct student *);
    struct student stu;
    stu.num=3021210;
    strcpy(stu.name, "Li Dong");
    stu.score[0]=67.5;
    stu.score[1]=89;
    stu.score[2]=78.6;
    print(&stu);
}
void print(struct student *p)
{

printf("%ld\n%s\n%f\n%f\n%f\n",p->num,p->name,p->score[0],p->score[1],p->score[2]);
    printf("\n");
}
```

程序运行结果如下：

```
3021210
Li Dong
67.500000
89.000000
78.599998
```

struct student 被定义为外部类型，这样同一文件中的各个函数都可以用它来定义变量的类型。

main 函数中的 stu 变量定义为 struct student 类型，print 函数中的形参 p 被定义为指向 struct student 类型的指针变量。在 main 函数中对 stu 的各成员赋值。注意在调用 print 函数时，用&stu 作为实参，&stu 是结构体变量 stu 的地址。在调用函数时将该地址传递给形参 p（p 是指针变量）。这样 p 就指向 stu。在 print 函数中输出 p 所指向的结构体变量的各个成员值，也就是 stu 的成员值。

main 函数中的对各成员赋值也可以改用 scanf 函数输入。即：

```
scanf("%ld%s%f%f%f",&stu.num,stu.name,&stu.score[0],&stu.score[1],&stu.sco
re[2]);
```

用下列形式输入：

```
3021210 LiDong 67.5 89 78.6
```

**注意**：输入项表列中的 stu.name 前没有 & 符号，因为 stu.name 是字符数组名本身代表地址，不应写成&stu.name。

ANSI C 允许用整个结构体作为函数的参数传递，但是必须保证实参与形参的类型相同。上例中的 main 函数中的最后一行调用 print 函数，也可以改为：

```
print(stu);
```

即实参改用结构体变量（而不是指针）。同时 print 函数也应相应改为：

```
void print(struct student stud)
{
    printf("%ld\n%s\n%f\n%f\n%f\n",stu.num,stu.name,stu.score[0],stu.score
    [1],stu.score[2]);
    printf("\n");
}
```

把一个完整的结构体变量作为参数传递，虽然合法，但是要将全部成员值一个一个传递，既费时间又费空间，开销很大。如果结构体类型中的成员很多，或者有一些成员是数组，则程序运行效率会大大降低。在这种情况下，用指针作为函数参数比较好，能提高运行效率。

### 9.5.3　返回结构体类型值的函数

函数的返回值可以是结构体类型。例如，定义了结构体数组：

```
struct student stud[100];
```

数据输入可由如下形式的语句实现：

```
for(i=0;i<100;i++)
    stud[i]=input();
```

函数 input 的功能是输入一个结构体数据，并将输入结构体数据作为返回值，返回给第 i 个学生记录，实现第 i 个学生的数据输入。

函数 input 定义如下：

```
struct student input()
{
    int i;
    struct student stud;
    scanf("%ld",&stud.no);              /*输入学号*/
    gets(stud.name);                    /*输入学生姓名*/
    for(i=0;i<3;i++)                    /*输入学生的 3 门成绩*/
        scanf("%f",&stud.score[i]);
    return stud;                        /*返回结构体数据*/
}
```

# 9.6 链 表

到目前为止，程序中的变量都是通过定义引入的，这类变量在其生存期间，它固有的数据结构是不能改变的。本节将介绍系统程序中经常使用的动态数据结构，其中包括的变量不是通过变量定义建立的，而由程序根据需要向系统申请获得。动态数据结构由一组数据对象组成，其中数据对象之间具有某种特定的关系。动态数据结构最显著的特点是它包含的数据对象个数及其相互关系可以按需要改变。经常遇到的动态数据结构有链表、树、图等，在此只介绍其中简单的单向链表动态数据结构。

## 9.6.1 链表概述

链表是最简单也是最常用的一种数据结构。它是对动态获得的内存进行组织的一种结构。用数组存放数据时，必须事先定义固定的长度（即数组元素个数）。例如，有的班级有 50 人，而有的班只有 30 人，如果要用同一个数组先后存放不同班级的学生数据，则必须定义长度为 50 的数组。如果事先难以确定一个班的最多人数，则必须把数组定义得足够大，以能存放任何班级的学生数据。显然这将会浪费内存空间。链表则没有这种限制，它可以根据需要开辟内存单元。如图 9-4 所示为最简单的一种链表（单向链表）结构。链表有一个头指针变量，图中以 head 表示，它存放一个地址。该地址指向一个链表元素。链表中每一个元素称为结点，每个结点都包括两部分：一是用户需要用的实际数据，二是下一个结点的地址（指针）。可以看出，head 指向第一个结点，第一个结点又指向第二个结点，一直到最后一个结点，该结点不再指向其他结点，它称为表尾，它的地址部分放一个 NULL（表示"空地址"），链表到此结束。

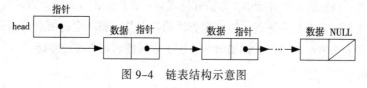

图 9-4    链表结构示意图

由图 9-4 可见，一个结点的后继结点位置由结点所包含的指针成员所指，链表中各结点在内存中的存放位置是任意的。如果寻找链表中的某一个结点，必须从链表头指针所指的第一个结点开始，顺序查找。另外，图 9-4 所示的链表结构是单向的，即每个结点只知道它的后继结点位置，而不能知道它的前驱结点。在某些应用中，要求链表的每个结点都能方便地知道它的前驱结点和后继结点，这种链表的表示应设有两个指针成员，分别指向它的前驱和后继结点，这种链表称为双向链表。为适应不同问题的特定要求，链表结构也有多种变形。

链表与数组的主要区别是，数组的元素个数是固定的，而组成链表的结点个数可按需要增减；数组元素的存储单元在数组定义时分配，链表结点的存储单元在程序执行时动态向系统申请；数组中的元素顺序关系由元素在数组中的位置（即下标）确定，链表中的结点顺序关系由结点所包含的指针来体现。对于不是固定长度的列表，用可能最大长度的数组来描述，会浪费很多内存空间。另外，对于元素的插入、删除操作非常频繁的列表处理场合，用数组表示列表也是不合适的。若用链表实现，会使程序结构清晰，处理的方法也较为简便。例如，在一个列表中间要插入一个新元素，如用数组表示列表，为完成插入工作，插入处之后的全部元素必须向后移动一个位置，空出的位置用于存储新元素。对于在一个列表中删除一个元素情况，为保持数组中元素相对位置连续递增，删除处之后的元素都得向前移一个位置。如用链表实现列表，链表结点的插入或删除操作不再需要移动结点，只需改变相关结点中后继结点的指针值即可，与结点的实际存储位置无关。操作细节见有关链表插入和删除操作的程序例子。

链表的结点是结构体变量，它包含若干成员，其中有些成员可以是任意类型，如标准类型、结构体类型等；另一些成员是指针类型，用来存放与之相连的结点的地址。单向链表的结点只包含一个这样的指针成员。下面是一个单向链表结点的类型说明：

```
struct student
{
    long num;
    float score;
    struct student *next;
};
```

其中 next 是成员名，它是指针类型，它指向 struct student 类型数据（这就是 next 所在的结构体类型）。用这种方法可以建立链表，链表的每一个节点都是 struct student 类型，它的 next 成员存放下一节点的地址。这种在结构体类型的定义中引用类型名定义自己的成员的方法只允许定义指针时使用。

### 9.6.2 链表的基本操作

链表的基本操作包括建立链表，链表的插入、删除、输出和查找等。链表结点的存储空间是程序根据需要向系统动态申请的，这时要用到 8.7 节中介绍的动态内存管理函数。

#### 1. 建立链表

所谓建立链表是指一个一个地输入各结点数据，并建立起各结点前后相链接的关系。建立单向链表有两种方法：插表头（先进后出）方法和链表尾（先进先出）方法。插表头方法的特点是：新产生的结点作为新的表头插入链表。链表尾方法的特点是：新产生的结点接到链表的表尾。如图 9-5 所示为用插表头方法建立链表，如图 9-6 所示为用链表尾方法建立链表。

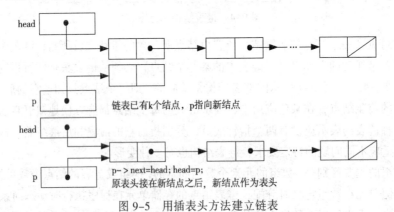

图 9-5　用插表头方法建立链表

从图 9-5 可知，用插表头的方法，链表只需要用 head 指针指示，产生的新结点的地址存入指针变量 p，使用赋值语句：

```
p->next=head;
```

将 head 指示的链表接在新结点之后。用赋值语句：

```
head=p;
```

使头指针指向新结点。

插表头算法抽象描述如下：

（1）head=NULL;　　　　　　　　　　　　/*表头指向空，表示链表为空*/

（2）产生新结点，地址赋给指针变量 p。

（3）p->next=head;head=p;　　　　　　　/*插表头操作*/

（4）循环执行（2），继续建立新结点。

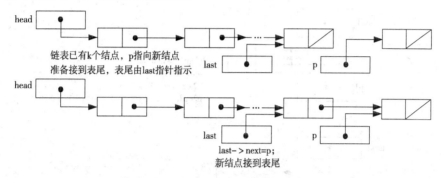

链表已有k个结点，p指向新结点
准备接到表尾，表尾由last指针指示

last->next=p;
新结点接到表尾

图 9-6　用链表尾方法建立链表

链表尾算法抽象描述如下：

（1）head=last=NULL;　　　　　　　　　　/*表头指向空，表示链表为空,last 是表尾指针*/

（2）产生新结点，地址赋给指针变量 p，p->next=NULL;　　　/*新结点作为表尾*/

（3）如果 head 为 NULL，则：

head=p;　　　　　　　　　　　　　　/*新结点作为表头，这时链表只有一个结点*/

否则：

last->next=p;　　　　　　　　　　　/*链表操作*/

（4）last=p;　　　　　　　　　　　　　　/*表尾指针指向新结点*/

（5）循环执行（2），继续建立新结点。

下面通过一个例子来说明如何建立一个链表。

【例 9.7】编写一个函数，建立一个有 n 名学生数据的单向链表。

分析：采用链表尾方法建立链表，思路如下：

（1）设 3 个指针变量：head，p1 和 p2，它们都指向结构体类型数据。

（2）head 和 p2 的初值为 NULL（即等于 0），p2 作为表尾指针。

（3）用 malloc 函数开辟一个结点，并使 p1 指向它。

（4）从键盘输入一个学生的数据给 p1 所指的结点。约定学号不为 0，如果输入的学号为 0，则表示建立链表的过程结束，如图 9-7（a）所示。

先使 head 的值为 NULL（即等于 0），这是链表为"空"时的情况（即 head 不指向任何结点，链表中无结点），以后增加一个结点就使 head 指向该结点。

（5）如果输入的是第 1 个结点数据（n=1），则 p2=head=p1，即把 p1 的值赋给 head 和 p2，新结点既是表头也是表尾，如图 9-7（b）所示，p1 所指向的新开辟的结点就成为链表中第 1 个结点。

（6）重复（3）、（4），产生新结点如图 9-7（c）所示。由于 n≠1，将新结点链接到表尾，如图 9-7（d）所示，表尾指针 p2 指向新的表尾，如图 9-7（e）所示。

当新结点输入的数据为 0 时，此新结点不被链接到链表中，循环终止。如图 9-7（f）是链表建立过程结束时的情形。

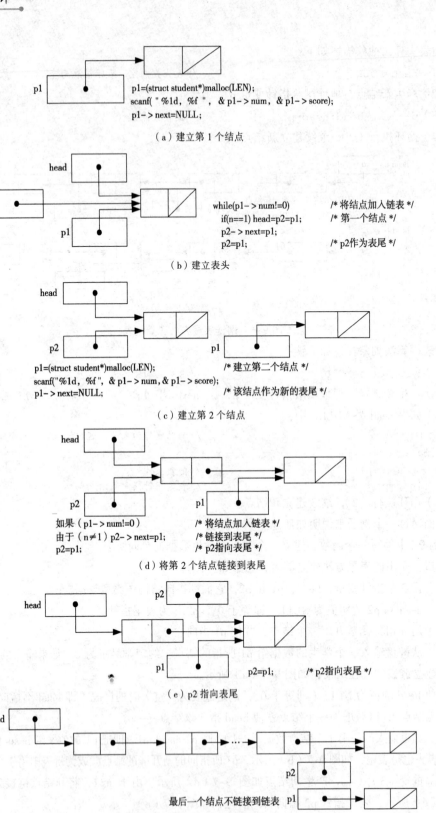

（a）建立第 1 个结点

（b）建立表头

（c）建立第 2 个结点

（d）将第 2 个结点链接到表尾

（e）p2 指向表尾

（f）链表建立过程结束

图 9-7　链表建立过程

建立链表的函数如下：

```
#define NULL 0
#define LEN sizeof(struct student)
struct student
{
  long num;
  float score;
  struct student *next;
};
int n;
struct student *create()                    /*此函数带回一个指向链表头的指针*/
{
  struct student *head,*p1,*p2;
  n=0;
  head=NULL;
  p1=(struct student *)malloc(LEN);         /*创建第一个结点*/
  scanf("%ld,%f",&p1->num,&p1->score);
  p1->next=NULL;
while(p1->num!=0)                           /*将结点加入链表*/
{
  ++n;
  if(n==1) head=p1;                         /*若是第一个结点，则作表头*/
  else p2->next=p1;                         /*若不是第一个结点，则作表尾*/
  p2=p1;
  p1=(struct student *)malloc(LEN);         /*开辟下一个结点*/
  scanf("%ld,%f",&p1->num,&p1->score);
  p1->next=NULL;
}
  free(p1);                                 /*释放最后一个结点所占的内存*/
  return(head);                             /*返回链表的头指针*/
}
```

关于函数的说明：

（1）第一行为#define 命令行，令 NULL 代表 0，用它表示空地址。第二行令 LEN 代表 struct student 结构体类型数据的长度，sizeof 是求字节运算符。

（2）create 函数是指针类型，即此函数带回一个指针值，它指向一个 struct student 类型数据。实际上 create 函数带回一个链表起始地址。

（3）在一般系统中，malloc 带回的是指向字符型数据的指针。而 p1、p2 是指向 struct student 类型数据的指针变量，两者所指的是不同类型的数据。因此必须用强制类型转换的方法使之类型一致，在 malloc(LEN)之前加了( struct student * )，它的作用是使 malloc 返回的指针转换为指向 struct student 类型数据的指针。

**注意**：*号不可省略，否则变成转换为 struct student 类型，而不是指针类型。

（4）函数返回的是 head 的值，也就是链表的首地址。n 代表结点个数。

**2. 链表的插入操作**

链表的插入操作是要将一个结点插入到一个已有链表中的某个位置。该操作可以分两步完成，先找到插入点，再插入结点。操作步骤如图 9-8 所示。

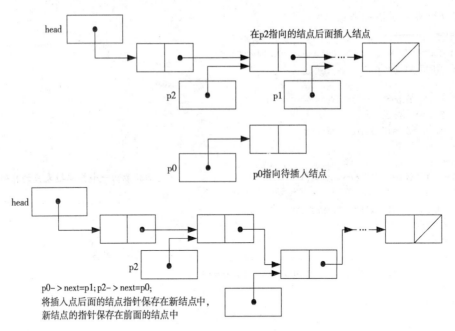

图 9-8　链表的插入操作

链表的插入操作算法描述如下：

指针 head 指向链表的头结点，p0 指向待插入的结点，p1 和 p2 一前一后指示插入点。

（1）最初 p1=head;。

（2）移动指针 p2=p1，p1=p1->next，直到找到插入点。

（3）插入结点 p0->next=p1，p2->next=p0。

仍然以例 9.7 建立的有 n 名学生数据的单向链表为例，设已有的链表各结点是按学号由小到大顺序排列的。

用指针变量 p0 指向待插入的结点，最初 p1=head，找插入点的操作如下：

```
当 p0->num>p1->num 且 p1->next!=NULL
{  p2=p1;
   p1=p1->next;
}
```

插入结点操作如下：

```
if p1==head 则
   结点作为表头插入
else if p1->next==NULL 则
   结点作为表尾插入
else
   插入在 p2 所指结点之后
```

插入结点的函数 insert 如下：

```
struct student *insert(struct student *head, struct student *stud)
{
   struct student *p0,*p1,*p2;
   p1=head;                              /*p1 指向第一个结点*/
   p0=stud;                              /*p0 指向要插入的结点*/
```

```
    if(head==NULL)                            /*原来是空表*/
      {head=p0;p0->next=NULL;}                 /*使 p0 指向的结点作为链表第一个结点*/
    else
      {
        while((p0->num>p1->num)&&(p1->next!=NULL))
        {p2=p1;p1=p1->next;}                   /*找插入点*/
        if(head==p1)
        {
          p0->next=head;
          head=p0;
        }                                     /*作为表头*/
        else if(p1->next==NULL)
        {
          p1->next=p0;
          p0->next=NULL;                       /*作为表尾*/
        }
        else
        {
          p2->next=p0;                         /*插到 p2 指向的结点之后*/
          p0->next=p1;
        }
      }
    ++n;                                       /*结点数加 1*/
    return(head);
}
```

insert 函数的参数是两个结构体类型指针变量 head 和 stud。从实参传递待插入结点的地址给
stud，语句 p0=stud;的作用是使 p0 指向待插入结点。函数类型是指针类型，函数返回值是链表起
始地址 head。

### 3．链表的删除操作

从一个链表中删去一个结点，只要改变链接关系即可，即修改结点指针成员的值，如图 9-9
所示。

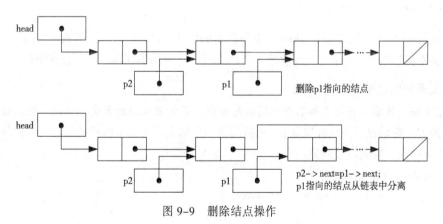

图 9-9　删除结点操作

删除结点算法描述如下：

用指针 p1 指向待删结点，p2 指向待删结点的前一个结点。

（1）p1 = head，从第一个结点开始检查。

（2）当 p1 指向的结点不是满足删除条件的结点且没有到表尾时，p2 = p1，p1 = p1->next（移动指针 p1，继续查找）。

（3）如果找到了删除结点 p1!=NULL，则要分两种情形：

如果 p1 == head（删除的是头结点）则：

```
head=head->next;                      /*删除头结点*/
```

否则：

```
p2->next=p1->next;                    /*删除 p1 指向的结点*/
```

（4）free(pl)，释放被删除结点的内存空间。

以例 9.7 建立的学生链表为例，删除学号为 num 的结点。判断条件为：

```
p1->num==num
```

删除学生链表中一个结点的函数 del 如下：

```
struct student *del(struct student *head,long num)  /*形参 num 为需删除的学号*/
{
   struct student *p1,*p2;
   if(head==NULL)
      {printf("\nlist null!\n");goto end;}          /*链表为空*/
   p1=head;                                          /*从头结点开始查找*/
   while(num!=p1->num && p1->next!=NULL)
   /*p1 指向的不是所要找的结点，并且没有到表尾*/
   {p2=p1;p1=p1->next;}                              /*后移一个结点*/
   if(num==p1->num)                                  /*找到了需删除的结点*/
      {
         if(p1==head)          /*若 p1 指向的是头结点，第二个结点成为新的头结点*/
            head=p1->next;
         else                  /*否则将下一个结点的地址赋给前一结点*/
            p2->next=p1->next;
         printf("delete:%ld\n",num);
         free(p1);
         n--;                                        /*链表结点数减 1*/
      }
   else printf("% ld not been found!\n",num);        /*找不到删除结点*/
   end:return(head);
}
```

del 函数的类型是指向 struct student 类型数据的指针，它的返回值是链表的头指针。函数参数为 head 和要删除的学号 num。当删除第一个结点时，head 的值在函数执行过程中被改变。

### 4．链表的输出操作

要依次输出链表中各结点的数据比较容易处理。首先要知道链表头结点的地址，也就是要知道 head 的值，然后设一个指针变量 p，先指向第一个结点，输出 p 所指的结点，然后使 p 后移一个结点，再输出。直到链表的尾结点。

输出链表的函数 print 如下：

```
void print(struct student *head)
{
   struct student *p;
   prinft("\nNow,These %d nodes are:\n",n);
   p=head;
   if(head!=NULL)
   do
```

```
    {
        printf("%ld %5.1f\n",p->num,p->score);
        p=p->next;
    }while(p!=NULL);
}
```

p 首先指向第一个结点，在输出完第一个结点之后，将 p 原来所指向的结点中的 next 值赋给 p（即 p=p->next），而 p->next 的值就是下一个结点的起始地址。将它赋给 p 就是使 p 指向下一个结点。

head 的值由实参传过来，也就是将已有的链表的头指针传给被调函数，在 print 函数中从 head 所指的第一个结点开始，顺序输出各个结点。

### 5. 链表的查找操作

链表的查找是指在已知链表中查找值为某指定值的结点。链表的查找过程是从链表的头指针所指的第一个结点出发，顺序查找。若发现有指定值的结点，以指向该结点的指针值为查找结果；如果查找至链表结尾，未发现指定值的结点，查找结果为 NULL，表示链表中没有指定值的结点。为简单起见，以指定的学号作为查找结点的关键字。

查找一个结点的函数 find 如下：

```
struct student *find(struct student *head,long num)
{
    struct student *p1;
    if(head==NULL) {printf("\n list null! \n");goto end;}
    p1=head;
    while(num!=p1->num && p1->next!=NULL)
        p1=p1->nxet;
    if(num==p1->num)
        printf("find: %ld %5.2f\n",num, p1->score);
    else
    {
        printf("%ld not been found!\n",num);
        p1=NULL;
    }
    end:
        return(p1);
}
```

find 函数的类型是指向 struct student 类型数据的指针，其返回值是查找的结果，函数参数为 head 和要查找的学号 num。

# 9.7  结构体应用举例

结构体是 C 语言中十分重要的数据类型。结构体的使用为处理复杂的数据结构（如动态数据结构等）提供了有效的手段。下面介绍几个实例，以帮助读者进一步理解结构体类型的用法。

【例 9.8】用结构体类型描述复数，编一程序，计算并输出复数四则运算的结果，要求复数加、减、乘和除分别用 4 个函数实现。

程序如下：

```
#include <stdio.h>
struct complex                    /*用结构体类型描述复数*/
```

```
{
    float re,im;
};
out(struct complex z)                                    /*输出复数*/
{
    printf("%.2f",z.re);
    if(z.im>0) printf("+%.2fi\n",z.im);
    else printf("-%.2fi\n",-z.im);
}
struct complex add(struct complex x,struct complex y)     /*复数的加法运算*/
{
    struct complex z;
    z.re=x.re+y.re;
    z.im=x.im+y.im;
    return z;
}
struct complex sub(struct complex x,struct complex y)     /*复数的减法运算*/
{
    struct complex z;
    z.re=x.re-y.re;
    z.im=x.im-y.im;
    return z;
}
struct complex mul(struct complex x,struct complex y)     /*复数的乘法运算*/
{
    struct complex z;
    z.re=x.re*y.re-x.im*y.im;
    z.im=x.re*y.im+x.im*y.re;
    return z;
}
struct complex div(struct complex x,struct complex y)     /*复数的除法运算*/
{
    struct complex z;
    z.re=(x.re*y.re+x.im*y.im)/(y.re*y.re+y.im*y.im);
    z.im=(x.im*y.re-x.re*y.im)/(y.re*y.re+y.im*y.im);
    return z;
}
void main()
{
    struct complex x,y,z;
    printf("请输入两个复数: ");
    scanf("%f+%fi,%f+%fi",&x.re,&x.im,&y.re,&y.im);
    printf("两个复数相加的结果为: ");
    z=add(x,y);
    out(z);
    printf("两个复数相减的结果为: ");
    z=sub(x,y);
    out(z);
    printf("两个复数相乘的结果为: ");
    z=mul(x,y);
    out(z);
    printf("两个复数相除的结果为: ");
```

```
        z=div(x,y);
        out(z);
    }
```

程序运行结果如下：

请输入两个复数：1+2i,3+4i↙
两个复数相加的结果为：4.00+6.00i
两个复数相减的结果为：-2.00-2.00i
两个复数相乘的结果为：-5.00+10.00i
两个复数相除的结果为：0.44+0.08i

【例 9.9】设计一个洗牌和发牌的程序，用 H 代表红桃，D 代表方片，C 代表梅花，S 代表黑桃，用 1～13 代表每一种花色的面值。

设计一个函数 shuffle 来洗牌。程序如下：

```
#include <stdio.h>
#include <stdlib.h>
#include <time.h>
struct card
{
    char *face;
    char *suit;
};
typedef struct card Card;                    /*类型定义参见10.4节*/
void fillDeck(Card *,char *[],char *[]);
void shuffle(Card *);
void deal(Card *);
main()
{
    Card deck[52];
    char *face[]={"1","2","3","4","5","6","7","8","9","10","11","12","13"};
    char *suit[]={"H","D","C","S"};
    srand(time(NULL));
    fillDeck(deck,face,suit);
    shuffle(deck);
    deal(deck);
    return 0;
}
void fillDeck(Card *wDeck,char *wFace[],char *wSuit[])
{
    int i;
    for(i=0;i<=51;i++)
    {
        wDeck[i].face= wFace[i%13];
        wDeck[i].suit=wSuit[i/13];
    }
}
void shuffle(Card *wDeck)
{
    int i,j;
    Card temp;
    for(i=0;i<=51;i++)
    {
        j=rand()%52;
        temp=wDeck[i];
```

```
        wDeck[i]=wDeck[j];
        wDeck[j]=temp;
    }
}
void deal(Card *wdeck)
{
    int i;
    for(i=0;i<=51;i++)
        printf("%2s--%2s%c",wdeck[i].suit,wdeck[i].face,(i+1)%4? '\t':'\n');
}
```

程序运行结果如下：

| | | | |
|---|---|---|---|
| D--11 | D--8 | S--13 | D--12 |
| D--1 | S--12 | H--10 | S--4 |
| C--9 | C--1 | S--9 | S--6 |
| D--7 | C--12 | D--3 | C--3 |
| C--7 | H--12 | C--8 | S--1 |
| H--2 | C--2 | D--10 | H--9 |
| H--5 | S--10 | H--3 | C--10 |
| D--6 | C--13 | S--8 | H--4 |
| H--6 | C--6 | D--9 | C--4 |
| D--13 | S--11 | H--8 | S--7 |
| S--2 | C--11 | D--4 | H--11 |
| D--2 | H--7 | H--13 | S--3 |
| S--5 | D--5 | H--1 | C--5 |

【例 9.10】结构体数组排序。

分析：在第 7 章讨论一维数组时，以 int 型数组为例，介绍了 3 种排序算法和两种查找算法。在第 8 章，这些算法的应用扩展到了字符串。这里以 3 位学生信息的结构体数组为例，介绍两种排序：结构体数组排序，要求按学号递增排列，采用简单比较排序；指针数组排序，要求按总分递减排列，采用冒泡排序。

这两项任务由一个程序实现，程序功能模块和函数原型如图 9-10 所示。

为实现指针数组排序，要定义一个结构体指针数组：

```
struct Student *ptscore[N];
```

排序前后指针数组中的指针变化如图 9-11 所示。

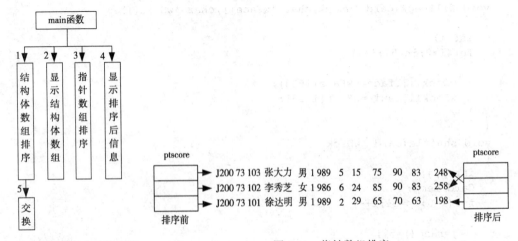

图 9-10　功能模块和函数原型　　　　　　　图 9-11　指针数组排序

程序如下：

```c
#include <stdio.h>
#include <string.h>
#define N 3                      /*3位学生的信息*/
struct DATE                      /*日期结构*/
{
   int year;                     /*年*/
   int month;                    /*月*/
   int day;                      /*日*/
};
struct Student                   /*学生信息结构*/
{
   char no[11];                  /*学号*/
   char name[8];                 /*姓名*/
   char sex[3];                  /*性别*/
   struct DATE birthday;         /*出生日期结构嵌套定义*/
   int score[4];                 /*3门课的分数和总分*/
};
void swap1(struct Student *,struct Student *);    /*交换*/
void csort(struct Student *,int);                 /*按学号递增简单比较排序*/
void Display1(struct Student *,int);              /*输出学生信息数组*/
void pbsort(struct Student *[],int);              /*按总分递减冒泡排序*/
void Display2(struct Student *[],int);            /*输出学生信息数组*/
void main()
{
   struct Student stud[N]=
               {{"J20073103","张大力","男",1989,5,15,75,90,83,0},
                {"J20073102","李秀芝","女",1986,6,24,85,90,83,0},
                {"J20073101","徐达明","男",1989,2,29,65,70,63,0}};
   struct Student *ptscore[N];
   int i,j;
   for(i=0;i<N;i++)                                /*统计总分*/
      for(j=0;j<3;j++)
         stud[i].score[3]+=stud[i].score[j];
   printf("简单比较排序\n");
   printf("结构体数组 stud[%d](排序前):\n",N);
   Display1(stud,N);
   csort(stud,N);
   printf("结构体数组 stud[%d](排序后):\n",N);
   Display1(stud,N);
   for(i=0;i<N;i++)  /*建立指针数组链式反应*/
      ptscore[i]=&stud[i];
   printf("指针数组排序\n");
   printf("结构体数组 stud[%d](排序前):\n",N);
   Display2(ptscore,N);
   pbsort(ptscore,N);
   printf("结构体数组 stud[%d](排序后):\n",N);
   Display2(ptscore,N);
}
void swap1(struct Student *pa,struct Student *pb)    /*交换*/
{
   struct Student temp;
   temp=*pa;
   *pa=*pb;
```

```
            *pb=temp;
        }
        void csort(struct Student *p,int n)                    /*按学号递增简单比较排序*/
        {
            int i,j;
                for(i=0;i<n-1;i++)
                    for(j=i+1;j<n;j++)
                        if(strcmp(p[i].no,p[j].no)>0)
                            swap1(&p[i],&p[j]);
        }
        void Display1(struct Student stud[],int n)             /*输出学生信息数组*/
        {
            int i;
            for(i=0;i<n;i++)
                printf("%s %s %s %4d %3d %3d %4d %4d %4d %4d\n",
                    stud[i].no,stud[i].name,stud[i].sex,stud[i].birthday.year,
                    stud[i].birthday.month,stud[i].birthday.day,stud[i].score[0],
                    stud[i].score[1],stud[i].score[2],stud[i].score[3]);
        }
        void pbsort(struct Student *ptscore[],int n)           /*按总分递减冒泡排序*/
        {
            int i,j;  struct Student *temp;
            for(i=0;i<n-1;i++)
                for(j=0;j<n-i-1;j++)
                    if(ptscore[j]->score[3]<ptscore[j+1]->score[3])
                    {
                        temp=ptscore[j];
                        ptscore[j]=ptscore[j+1];
                        ptscore[j+1]=temp;
                    }
        }
        void Display2(struct Student *ptscore[],int n)         /*输出学生信息数组*/
        {
            int i;
            for(i=0;i<n;i++)
                printf("%s %s %s %4d %3d %3d %4d %4d %4d %4d\n",
                    ptscore[i]->no,ptscore[i]->name,ptscore[i]->sex,
                    ptscore[i]->birthday.year,ptscore[i]->birthday.month,
                    ptscore[i]->birthday.day,
                    ptscore[i]->score[0],ptscore[i]->score[1],
                    ptscore[i]->score[2],ptscore[i]->score[3]);
        }
```

程序运行结果如下：

简单比较排序
结构体数组 stud[3](排序前)：
J20073103 张大力 男 1989   5  15   75   90   83  248
J20073102 李秀芝 女 1986   6  24   85   90   83  258
J20073101 徐达明 男 1989   2  29   65   70   63  198
结构体数组 stud[3](排序后)：
J20073101 徐达明 男 1989   2  29   65   70   63  198
J20073102 李秀芝 女 1986   6  24   85   90   83  258
J20073103 张大力 男 1989   5  15   75   90   83  248
指针数组排序

结构体数组 stud[3](排序前)：
```
J20073101 徐达明 男 1989  2  29  65   70   63  198
J20073102 李秀芝 女 1986  6  24  85   90   83  258
J20073103 张大力 男 1989  5  15  75   90   83  248
```
结构体数组 stud[3](排序后)：
```
J20073102 李秀芝 女 1986  6  24  85   90   83  258
J20073103 张大力 男 1989  5  15  75   90   83  248
J20073101 徐达明 男 1989  2  29  65   70   63  198
```

**注意**：结构体数组排序，在内存中的学生信息要移动，排序效率低，且只能保持一种排序。指针数组排序，仅指针数组中的指针值被修改，在内存中的学生信息并不移动，排序效率高，而且可以保持多种排序（即可按结构的不同成员排序）。

【例 9.11】链表的结点信息包括学生学号、成绩，结点定义如下：
```c
struct plist
{
    int no;
    float score;
    struct plist *next;
};
```
设已经建立两个具有上述结构的链表，且两个链表都是按学号升序排列的，要求编写一个函数，将两个链表合并，仍按学号升序排列。

分析：编写程序时要考虑以下几点。

（1）函数应有两个链表指针形参 p1、p2，它们指向各自的表头。

（2）最初新链表的头指针 head = NULL，新链表的当前结点指针 p= NULL。

（3）产生新链表的头结点。
```c
if(p1->no<p2->no)              /*比较两个链表中当前结点的学号*/
    {head=p=p1;p1=p1->next;}
else
    {head=p=p2;p2=p2->next;}
```
（4）当两个链表的指针均没指向表尾，则选择两个链表中的结点并入到新链表。
```c
if(pl->no<p2->no)
    将 p1 指向的结点接到新链表的表尾：p->next=p1;
    并移动 p 和 p1;
else
    将 p2 指示的结点接到新链表的表尾：p->next=p2;
    并移动 p 和 p2;
```
（5）当某一个链表已到表尾，则另一个链表的剩余部分直接链接到新链表的表尾。
```c
if(p1!=NULL)
    p->next=p1;
else
    p->next=p2;
```
程序如下：
```c
struct plist *merge(struct plist *p1,struct plist *p2)
/*p1 和 p2 分别为两个链表的头指针*/
{
struct plist *p,*head;
```

```
if(p1->no<p2->no)
    {head=p=p1;p1=p1->next;}          /*产生新链表的头结点*/
else
    {head=p=p2;p2=p2->next;}
while(p1!=NULL && p2!=NULL)
    if(p1->no<p2->no)
    {
        p->next=p1;                   /*p1 指示的结点并入到新链表*/
        p=p1;                         /*p 指向新链表的表尾*/
        p1=p1->next;                  /*p1 指向后继结点*/
    }
    else
    {
        p->next=p2;                   /*p2 指示的结点并入到新链表*/
        p=p2;                         /*p 指向新链表的表尾*/
        p2=p2->next;                  /*p2 指向后继结点*/
    }
    if(p1!=NULL)                      /*p1 没有到达表尾*/
        p->next=p1;                   /*p1 指示的链表剩余部分接新链表的表尾*/
    else
        p->next=p2;                   /*p2 指示的链表剩余部分接新链表的表尾*/
    return head;
}
```

# 本 章 小 结

1. 结构体是一种构造类型，它由若干成员组成。每一个成员既可以是一个基本数据类型也可以是一个构造类型。在使用结构体之前必须先进行定义。要定义一个结构体类型的变量，可以采取 3 种方法：先定义结构体类型，再定义变量；在定义类型的同时定义变量；直接定义结构体类型变量。

注意：

（1）结构体是一个数据类型，只不过结构体类型是一种构造数据类型。只能对结构体变量赋值、存取或运算，而不能对结构体类型赋值、存取或运算。

（2）一个结构体变量所占的存储空间，是各个成员所占空间的和。

（3）在定义结构体变量时，可以进行初始化。

2. 结构体变量的引用格式为：

结构体变量名.成员名；

不能将一个结构体变量作为一个整体进行输入或输出，只能对结构体变量中的各个成员进行输入或输出。结构体变量中的各个成员等价于普通变量，可以进行各种运算。

3. 可以先定义结构体类型，然后定义结构体类型数组，方法同普通类型数组的定义一样。一个结构体数组的元素相当于一个结构体变量，引用结构体数组元素同引用普通类型数组元素类似。

4. 可以定义一个指针变量用来指向一个结构体变量或结构体数组，这就是结构体指针变量。

可以通过指向结构体变量或数组的指针，来访问结构体变量或数组的成员。设 p 是指向结构体的指针变量，则：

(*p).成员名

或：

p->成员名

等价于：

结构体变量.成员名

5. 链表是一种重要的动态数据结构。链表中的每个元素称为结点，一个链表由若干结点组成。要建立链表，必须先定义结点的数据类型。通常用结构体变量作为链表中的结点。

链表的结点是根据需要而动态申请的内存空间，没有名字，使用时只能通过指针访问其中的成员。

**注意：**

（1）链表有一个头指针变量，它存放链表第一个结点的地址。

（2）链表中每个结点都包括两部分：数据域和指针域。数据域用来存放用户数据，指针域用来存放下一个结点的地址。

（3）链表的最后一个结点的指针域常常设置为 NULL（空），表示链表到此结束。

6. 链表的常见操作有：链表的建立、删除、插入和输出。其基本思路是，通过改变各结点指针域的值，从而形成不同的链接关系。

# 习　　题

## 一、选择题

1. 设有以下定义语句：

```
struct stu
{
    int a;
    float b;
}stutype;
```

则下面的叙述不正确的是（　　　）。

A. struct 是结构体类型的关键字

B. struct stu 是用户定义的结构体类型

C. stutype 是用户定义的结构体类型名

D. a 和 b 都是结构体成员名

2. 若有以下定义和语句：

```
struct student
{
    int age;
    int num ;
};
struct student stu [3]={{1001,20},{1002,19},{1003,21}};
void main()
{
    struct student *p;
```

```
    p=stu;
    …
}
```

则以下不正确的引用是（    ）。

A. (p++)->num    B. p++    C. (*p).num    D. p=&stu.age

3. 根据下面的定义，能输出 Mary 的语句是（    ）。

```
struct person
{
    char name[9];
    int age;
}
struct person class[10]={"John",17,"Paul",19,"Mary",18,"adam",16}
```

A. printf("%s\n",class[3].name);    B. printf("%s\n",class[1].name[1]);

C. printf("%s\n",class[2].name);    D. printf("%s\n",class[0].name);

4. 有以下结构体和变量的定义，且如下图所示指针 p 指向变量 a，指针 q 指向变量 b，则不能把结点 b 连接到结点 a 之后的语句是（    ）。

```
struct node
{
    char data;
    struct node *next;
}a,b,*p=&a,*q=&b;
```

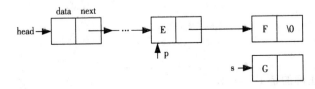

A. a.next=q;    B. p.next=&b;    C. p->next=&b;    D. (*p).next=q;

5. 若已建立如下图所示的单向链表结构：

在该链表结构中，指针 p、s 分别指向图中所示结点，则不能将 s 所指的结点插入到链表末尾，仍构成单向链表的语句组是（    ）。

A. p=p->next; s->next=p; p->next=s;

B. p=p->next;s->next=p->next; p->next=s;

C. s->next=NULL; p=p->next; p->next=s;

D. p=(*p).next;(*s).next=(*p).next; (*p).next=s;

6. 下列程序的输出结果是（    ）。

```
#include <stdio.h>
struct abc
{
```

```
    int a,b,c;
};
void main()
{
    struct abc s[2]={{1,2,3},{4,5,6}};
    int t;
    t=s[0].a+s[1].b;
    printf("%d \n",t);
}
```

  A. 5                B. 6                C. 7                D. 8

7. 以下程序的输出结果是（     ）。

```
#include <stdio.h>
struct st
{
    int x;
    int *y;
}*p;
int dt[4]={10,20,30,40};
struct st aa[4]={50,&dt[0],60,&dt[0],60,&dt[0],60,&dt[0]};
void main()
{
    p=aa;
    printf("%d\n",++(p->x));
}
```

  A. 10             B. 11             C. 51             D. 60

## 二、填空题

1. 以下定义的结构体类型拟包含两个成员，其中成员变量 number 用来存入整型数据，成员变量 link 是指向自身结构体的指针，请将定义补充完整。

```
struct node
{
    int number;
    _____link;
}
```

2. 设有如下定义：

```
struct sk
{
    int n;
    float x;
}data,*p=&data;
```

若要使用 p 访问 data 中的成员 n，其引用形式是_____。

3. 有以下定义和语句，可用 a.day 引用结构体成员 day，请写出引用结构体成员 a.day 的其他两种形式_____、_____。

```
struct
{
    int day;
    char mouth;
    int year;
}a,*b;
b=&a;
```

4. 设有以下定义：

```
struct ss
{
   int data;
   struct ss *link;
}a,b,c;
```

且已建立如下图所示链表结构，删除结点 b 的赋值语句为_____。

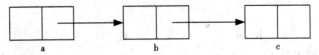

5. 已知学生记录描述为：

```
struct student
{
   int no;
   char name[20];
   char set;
   struct
   {
     int year;
     int month;
     int day;
   }birth;
};
   struct student s;
```

设变量 s 中代表生日的成员 birth 是"1989 年 10 月 25 日"，相应的赋值语句是_____。

## 三、写出程序的运行结果

1. 
```
#include <stdio.h>
void main()
{
   union
   {
     int x;
     struct sc
     {
       char c1;
       char c2;
     }b;
   }a;
a.x=0x1234;
printf("%x,%x\n",a.b.c1,a.b.c2);
}
```

2. 
```
#include <stdio.h>
struct n
{
   int x;
   char c;
};
```

```
    void func(struct n);
    void main()
    {
        struct n a={10,'x'};
        func(a);
        printf("%d,%c",a.x,a.c);
    }
    void func(struct n b)
    {
        b.x=20;
        b.c='y';
    }
```

3. 
```
    #include <stdio.h>
    void main()
    {
        struct EXAMPLE
        {
            struct
            {
                int x;
                int y;
            }in;
            int a;
            int b;
        }e;
        e.a=1;
        e.b=2;
        e.in.x=e.a*e.b;
        e.in.y=e.a+e.b;
        printf("%d,%d",e.in.x,e.in.y);
    }
```

4. 
```
    #include <stdio.h>
    struct comm
    {
        char *name;
        int age;
        float sales;
    };
    void exam(struct comm*);
    void main()
    {
        struct comm x[2],y,z,*p;
        y.name="Chang";
        y.age=30;
        y.sales=200.0;
        x[0].name="Liu";
        x[0].age=55;
        x[0].sales=350.0;
        x[1].name="Li";
        x[1].age=45;
        x[1].sales=300.0;
```

```
    p=x;
    p++;
    printf("\n%s  %d  %4.1f",p->name,p->age,p->sales);
    z=y;
    p=&z;
    printf("\n%s  %d  %4.1f",p->name,p->age,p->sales);
    exam(&y);
}
void exam(struct comm *q)
{
    printf("\n%s",q->name);
}
```

## 四、编写程序题

1. 用结构体类型编一程序，输入一个学生的学号、姓名及 3 门课的成绩，计算并输出其平均成绩。

2. 有 30 个学生，每个学生的数据包括学号、姓名和 3 门课的成绩，从键盘输入每个学生的数据，计算：

   （1）每个学生的平均成绩。

   （2）计算 30 个学生每门课程的平均分。

   （3）按学生平均分从低到高的次序输出每个学生的各科成绩、3 门课的平均成绩。

   （4）输出每门课程的平均分。

   要求用 input 函数输入，用 average1 函数求每个学生 3 门课的平均分，用 average2 函数求 30 个学生每门课程的平均分，用 sort 函数实现按学生平均分排序，用 output 函数输出总成绩表。

3. 职工数据包括职工号、姓名及工资等数据项。要求在 input 函数中输入 10 位职工的数据，在另一函数 output 查找并输出工资最高者和最低者的姓名与工资。要求用指针方法。

4. 建立一个链表，每一个结点包括的成员为学生学号、平均成绩。用 malloc 函数开辟新结点。要求链表包括 8 个结点，从键盘输入结点中的有效数据。要求用函数 create 来建立链表。

5. 在第 4 题的基础上，实现下列操作：

   （1）新增加一个学生的数据。这个新结点要求按学号顺序插入。写一函数 insert 来插入结点。

   （2）删除第 5 个结点，并从内存中释放该结点。程序中要求验证删除的结点确已释放。

   （3）查找特定学生的信息。

   （4）将链表结点数据输出到屏幕上。

6. 将一个链表反转排列，即将链表头当链表尾，链表尾当链表头。

# 第10章

## 共用体与枚举

共用体与枚举也是 C 语言的两种由用户定义的数据类型。定义的共用体变量中，可以存放不同类型的数据，即不同类型的数据可以共用一个共同体空间，这些不同类型的数据项在内存中所占用的起始单元是相同的。枚举是用标识符表示的整数常量的集合。从其作用上看，枚举常量是自动设置值的符号常量。本章介绍共用体和枚举的概念、定义和使用。

## 10.1 共 用 体

到目前为止所介绍的各种数据类型的变量，它的值虽能改变，但其类型是不能改变的。而在某些特殊应用中，要求某存储区域中的数据对象在程序执行的不同时间能存储不同类型的值。共用体就是为满足这种需要而引入的。

共用体使几种不同类型的值存放在同一内存区域中。例如，把一个整型值和字符值放在同一个存储区域，既能以整数存取，又能以字符存取。共用体不同于结构体，某一时刻，存于共用体中的只有一种数据值。而结构体是所有成分都存储着的。共用体是多种数据值覆盖存储，几种不同类型的数据值从同一地址开始存储，但任意时刻只存储其中一种数据，而不是同时存放多种数据。分配给共用体的存储区域大小至少要有存储其中最大一种数据所需的存储空间。

### 10.1.1 共用体变量的定义

共用体类型的定义形式与结构体类型的定义形式相同，只是其类型关键字不同，共用体的关键字为 union。一般格式为：

```
union 共用体类型名
{
    成员说明列表
};
```

例如：

```
union data
{
    int i;
    char ch;
    float f;
};
```

同定义结构体变量一样，定义共同体变量也有 3 种方式：

（1）先定义共用体类型，再定义共用体类型变量。

例如：

```
union data
{
    int i;
    char ch;
    float f;
};
union data a,b,c;
```

（2）在定义共用体类型的同时定义共用体类型变量。

例如：

```
union data
{
    int i;
    char ch;
    float f;
}a,b,c;
```

（3）定义共用体类型时，省略共用体类型名，同时定义共用体类型变量。

例如：

```
union
{
    int i;
    char ch;
    float f;
}a,b,c;
```

## 10.1.2　共用体变量的引用

在定义共用体变量之后，就可以引用该共用体变量的某个成员，引用方式与引用结构体变量中的成员相似。例如，引用上面所定义的共用体变量 a 的成员：

```
a.i
a.ch
a.f
```

但是应当注意，一个共用体变量不是同时存放多个成员的值，而只能存放其中的一个值，这就是最后赋给它的值。例如：

```
a.i=278;
a.ch='D';
a.f=5.78;
```

共用体变量 a 中最后的值是 5.78。所以不能企图通过下面的 printf 函数得到 a.i 和 a.ch 的值，但能得到 a.f 的值。

```
printf("%d,%c,%f",a.i,a.ch,a.f);
```

也可以通过指针变量引用共用体变量中的成员，例如：

```
union data *pt,x;
pt=&x;
pt->i=278;
pt->ch='D';
pt->f=5.78;
```

pt 是指向 union data 类型变量的指针变量，先使它指向共用体变量 x。此时 pt->i 相当于 x.i，这和结构体变量中的用法相似。

不能直接用共用体变量名进行输入或输出。

新的 ANSI C 标准允许在两个同类型的共用体变量之间赋值，如果 a、b 均已定义为上面已定义的 union data 类型，则执行"b=a;"后，b 的内容与 a 完全相同。

从类型的定义及成员的引用来看，共用体似乎与结构体没有什么不同。其实共用体与结构体本质上是完全不同的。以前面定义的共用体变量 a 为例，来看看共用体不同于结构体的特点。

（1）共用体变量 a 所占的内存单元的字节数不是 3 个成员的字节数之和，而是等于 3 个成员中最长字节的成员所占内存空间的字节数。也就是说，a 的 3 个成员共享 4 个字节的内存空间，如图 10-1 所示。

（2）变量 a 中不能同时存在 3 个成员，只是可以根据需要用 a 存放一个整型数，或存放一个字符数据，或存放一个浮点数。

例如：

```
a.ch='a';
a.i=100;
a.f=3.14;
```

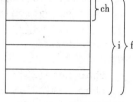

图 10-1　共用体成员
所占内存空间

字符"a"占用了 a 的 1 个字节，变量 i 占用了 a 的 4 个字节，变量 f 占用了 a 的 4 个字节（以 Visual C++ 6.0 为例）。3 条赋值语句，如果按顺序执行，只有最后一个语句 a.f=3.14;的结果保留下来，前面的字符"a"被 100 覆盖了，整型数 100 被 3.14 覆盖了。

（3）可以对共用体变量进行初始化，但在花括号中只能给出第一个成员的初值。例如下面的说明是正确的：

```
union memo
{
    char ch;
    int i;
    float x;
}y1={'a'};
```

【例 10.1】写出下列程序的执行结果。

程序如下：

```
#include <stdio.h>
void main()
{
    union exx
    {
        int a,b;
        struct
        {
            int c,d;
        }lpp;
    }e={10};
    e.b=e.a+20;
    e.lpp.c=e.a+e.b;
    e.lpp.d=e.a*e.b;
    printf("%d,%d\n",e.lpp.c,e.lpp.d);
}
```

程序运行结果如下：

```
60,3600
```

## 10.1.3　共用体变量的应用

从前面的介绍可知，共用体虽然可以有多个成员，但在某一时刻，只能使用其中的一个成员。共用体一般不单独使用，通常作为结构体的成员，这样结构体可根据不同情况放不同类型的数据。

例如，需要把学生和教师的数据放在一起处理。学生和教师的数据相同的部分有：姓名、编号和身份。但也有不同的部分：学生需要保存 10 门课程的分数，分数用浮点数表示，教师则保存工作情况简介，用字符串表示。教师和学生的不同部分可以用共用体描述。例如：

```
union condition
{
   float score[10];
   char situation[80];
};
struct person
{
   char name[20];
   char num[10];
   char kind;
   union condition state;
}personnel[30];
```

结构体的成员 state 为共用体，根据 kind 的值来决定 state 是存放 10 门课程的分数，还是存放教师工作情况简介。例如，教师的 kind 为字符"t"，学生的 kind 为字符"s"。

人员数据的输入及显示程序如下：

```
#include <stdio.h>
#include <conio.h>
#include <string.h>
union condition
{
   float score[10];
   char situation[80];
};
struct person
{
   char name[20];
   char num[10];
   char kind;
   union condition state;
}personnel[30];
void main()
{
   int i,j;
   for(i=0;i<30;i++)
{  puts(" ");
   puts("Enter name: ");
   scanf("%s",personnel[i].name);
   puts("Enter num: ");
   scanf("%s",personnel[i].num);
   puts("Enter kind: ");
   personnel[i].kind=getchar();
   if(personnel[i].kind=='t')
```

```
    {
       puts("Enter situation: ");
       scanf("%s",personnel[i].state.situation);
    }
    else
       for(j=0;j<10;j++)
          scanf("%f",&personnel[i].state.score[j]);
    }
    for(i=0;i<30;i++)
    {
       printf("%s\n",personnel[i].name);
       printf("%s\n",personnel[i].num);
       printf("%c\n",personnel[i].kind);
       if(personnel[i].kind=='t')
          puts(personnel[i].state.situation);
       else
          for(j=0;j<10;j++)
       printf("%6.1f",personnel[i].state.score[j]);
    }
}
```

程序中向共用体输入什么数据是根据 kind 成员的值来确定的。kind 的值为"t"则输入字符串到 personnel[i].state.situation，否则输入 10 个浮点数到 personnel[i].state.score[j]。

# 10.2 枚 举

在实际应用中，有的变量只有几种可能的取值。如表示颜色的名称，表示月份的名称等。为了提高程序描述问题的直观性，ANSI C 引入允许程序员定义枚举类型的机制。程序用枚举方法列举一组标识符作为枚举类型的值的集合。当一个变量具有这种枚举类型时，它就能取枚举类型的标识符值。枚举类型定义的一般格式为：

enum 枚举类型名{标识符 1,标识符 2,…,标识符 n};

例如，定义一个枚举类型和枚举变量如下：

enum colorname{red,yellow,blue,white,black};
enum colorname color;

变量 color 是枚举类型 enum colorname，它的值只能是 red、yellow、blue、white 或 black。例如，下面的赋值是合法的：

color=red;
color=white;

而下面的赋值则不合法：

color=green;
color=orange;

针对枚举类型有几点说明：

（1）enum 是关键字，标识枚举类型，定义枚举类型必须以 enum 开头。

（2）在定义枚举类型时，花括号中的名字称为枚举元素或枚举常量。它们是程序设计者自己指定的，定名规则与标识符相同。这些名字并无固定的含义，只是一个符号，程序设计者仅仅是为了提高程序的可读性才使用这些名字。

（3）枚举元素不是变量，不能改变其值。例如，下面这些赋值是不对的：

```
red=8;
yellow=9;
```

但枚举元素作为常量，它们是有值的。从花括号的第一个元素开始，值分别是 0、1、2、3、4，这是系统自动赋给的，可以输出。例如：

```
printf("%d",blue);
```

输出的值是 2。但是定义枚举类型时不能写成：

```
enum colorname{0,1,2,3,4};
```

必须用符号 red、yellow、……或其他标识符。

可以在定义类型时对枚举常量初始化：

```
enum colornmae{red=3,yellow,blue,white=8,black};
```

此时，red 为 3，yellow 为 4，blue 为 5，white 为 8，black 为 9。因为 yellow 在 red 之后，red 为 3，yellow 顺序加一，同理 black 为 9。

（4）枚举常量可以进行比较。例如：

```
if(color==red) printf("red");
if(color!=black) printf("It is not black! ");
if(color>white) printf("It is black! ");
```

它们是按所代表的整数进行比较的。

（5）一个枚举变量的值只能是这几个枚举常量之一，可以将枚举常量赋给一个枚举变量。但不能将一个整数赋给它。例如：

```
color=black;            /*正确*/
color=5;                /*错误*/
```

（6）枚举常量不是字符串，不能用下面的方法输出字符串"red"。

```
printf("%s",red);
```

如果想先检查 color 的值，若是 red，就输出字符串"red"，可以这样：

```
color=red;
if(color==red) printf("red");
```

【例 10.2】枚举类型应用举例。

程序如下：

```
#include <stdio.h>
void main()
{
    enum colorname{red,yellow,blue,white,black};
    enum colorname color;
    for(color=red;color<black;color++)
    switch(color)
    {
        case red:printf("red\n");break;
        case yellow:printf("yellow\n");break;
        case blue:printf("blue\n");break;
        case white:printf("white\n");break;
        case black:printf("blac\n");break;
    }
}
```

color 作为循环变量，它的值是枚举常量，color++表示按顺序变化，由 red 变成 yellow，由 yellow 变成 blue，……在 switch 结构中，根据 color 的当前值由程序输出事先指定的字符串。当然也可以输出其他任意指定的字符串。

枚举类型变量常用于循环控制变量，枚举常量用于多路选择控制情况。如例 10.2 中 color 作为循环变量，它的值（枚举常量）便用于多路选择控制情况。又如下面的程序片段读入每月的月收入，求出年收入总金额。

```
{
    enum{Jan=1,Feb,Mar,Apr,May,Jun,Jul,Aug,Sep,Oct,Nov,Dec}month;
    int yearearn,monthearn;
    for(yearearn=0,month=Jan;month<=Dec;month++)
    {
        printf("Enter the monthly earning for");
        switch(month)
        {
            case Jan:printf("January.        \n");
            case Feb:printf("February.       \n");
            case Mar:printf("March.          \n");
            case Apr:printf("April.          \n");
            case May:printf("May.            \n");
            case Jun:printf("June.           \n");
            case Jul:printf("July.           \n");
            case Aug:printf("August.         \n");
            case Sep:printf("September.      \n");
            case Oct:printf("October.        \n");
case Nov:printf("November.       \n");
            case Dec:printf("December.       \n");
        }
        scanf("%d",&monthearn);
        yearearn+=monthearn;
        printf("\n");
    }
    printf("The total earnings for the year are %d\n",yearearn);
}
```

# 10.3 位运算与位段结构

位（Bit）是指二进制数的一位，其值为 0 或 1。位段以位为单位定义结构体（或共用体）中成员所占存储空间的长度。含有位段的结构体类型称为位段结构。

## 10.3.1 位运算

在 C 语言中，数占用存储空间的最小单位是字节（Byte）。一个字节由 8 个二进制位组成。若干个字节组成一个存储单元，称为字（Word），反映了计算机并行处理的最大二进制位数。16 位计算机的字长为 2 字节，32 位计算机的字长为 4 字节。Turbo C 2.0 是针对 16 位计算机的，而 Visual C++ 6.0 是针对 32 位计算机。字长越长，数的范围就越大，精度也越高。

数在计算机中常用二进制表示，最右边的一位称为最低有效位或最低位，最左边的一位称为最高有效位或最高位。在计算机内部常用补码来表示数，这也是 C 语言采用的表示方法，这在使用时应注意。

位运算符主要有：&，|，~，^，>>和<<。

（1）&（按位"与"）

运算规则为：

0&0=0，0&1=0，1&0=0，1&1=1

例如，–5&3 的值为 3。其中–5 的补码（为简便起见，用 8 位二进制表示）为 1111 1011，3 的补码为 0000 0011，按位与的结果为 0000 0011，即值为十进制数 3。

（2）|（按位"或"）

运算规则为：

0|0=0，0|1=1，1|0=1，1|1=1

例如，–5|3 的值为–5。–5 与 3 按位或后得 11111011，其真值为–0000101，即–5。

（3）^（按位"异或"）

运算规则为：

0^0=0，0^1=1，1^0=1，1^1=0

例如，–5^3 的值为–8。

（4）~（按位"取反"）

运算规则为：

~0=1，~1=0

例如，~7 的值为–8。

（5）<<（左移）

例如，3<<2，将 3 左移 2 位，右边（最低位）补 0，结果为 12，相当于 $3 \times 2 \times 2$ 的结果。

（6）>>（右移）

移动对象为正数时，高位补 0。为负数时，逻辑右移，高位补 0；算术右移，高位补 1。Visual C++ 6.0 和 Turbo C 2.0 采用的是算术右移，有的 C 语言版本则采用逻辑右移。

例如，–3>>2，将 3 右移 2 位，左边（最高位）补 1，结果为–1。

## 10.3.2　位段结构

位段结构也是一种结构体类型，只不过其中含有以位为单位定义存储长度的整数类型位段成员。在某些应用中，特别是对硬件端口的操作，需要标志某些端口的状态或特征。而这些状态或特征只需要一个机器字中的一位或连续若干位来表示。采用位段结构既节省存储空间，又可方便操作。

位段结构中位段的定义格式为：

unsigned <成员名>:<二进制位数>

例如：

```
struct bytedata
{
    unsigned a:2;          /*位段 a，占 2 位*/
    unsigned:6;            /*无名位段，占 6 位，但不能访问*/
    unsigned:0;            /*无名位段，占 0 位，表示下一位段从下一字边界开始*/
    unsigned b:10;         /*位段 b，占 10 位*/
    int i;                 /*成员 i，从下一字边界开始*/
}data;
```

对 16 位的 Turbo C 2.0 而言，data 变量的内存分配示意图如图 10-2 所示。

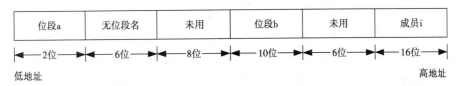

图 10-2　data 变量的内存分配示意图

应该注意的是，16 位的 Turbo C 2.0 的字边界在 2 倍字节处，其他的 C 语言的字边界可能在若干倍字节处（如 Visual C++ 6.0 在 4 倍字节处）。

位段数据的引用，同结构体成员中的数据引用一样，但应注意位段的最大取值范围不要超出二进制位数确定的范围，否则超出部分会丢弃。

**注意：**

（1）一个位段必须存储在同一存储单元（即字）之中，不能跨两个单元。如果其单元空间不够，则剩余空间不用，从下一个单元起存放该位段。

（2）可以通过定义长度为 0 的位段的方式使下一位段从下一存储单元开始。

（3）可以定义无名位段。

（4）位段的长度不能大于存储单元的长度。

（5）位段无地址，不能对位段进行取地址运算。

（6）位段可以以%d、%o、%x 格式输出。

（7）位段若出现在表达式中，将被系统自动转换成整数。

【例 10.3】试编一个程序，将一个十六进制整数（占 2 字节）的各位循环左移 4 个二进制位，如 2fe1 循环左移 4 个二进制位后为 fe12。

分析：可先取出十六进制整数的最高 4 个二进制位，然后将该整数左移 4 个二进制位，最后将先前取出的最高 4 个二进制位放入低 4 个二进制位位置。具体步骤如下：

（1）取出十六进制整数 x 的最高 4 个二进制位至 y：y=x>>(16-4)&0xf。

（2）将该整数 x（占 2 字节）左移 4 个二进制位：x=(x<<4)&0xffff。

（3）将先前取出的最高 4 个二进制位放入低 4 个二进制位：x=x|y。

程序如下：

```
#include <stdio.h>
void main()
{
    int x,y;
    printf("\n 请输入十六进制整数：");
    scanf("%x",&x);
    y=x>>(16-4)&0xf;
    x=(x<<4)&0xffff;                /*16 位的 C 语言程序不需要"按位与"0xffff*/
    x=x|y;
    printf("循环左移 4 个二进制位得：%x\n",x);
}
```

程序运行结果如下：

请输入十六进制整数：2fe1

循环左移 4 个二进制位得：fe12

# 10.4　用 typedef 定义类型名

在使用标准类型定义或声明变量时，可只写标准类型名指明变量数据类型。而用前面介绍的结构体、共用体和枚举等类型定义或声明变量时要冠以表明数据类型类别的关键字，如 struct、union、enum 等。但 C 语言也提供用 typedef 定义类型，为类型命名的机制。用 typedef 定义新的类型名后，对于结构体、共用体或枚举类型，使用它们定义或声明变量时不必再冠以类型类别关键字。

## 1. 简单的名字替换

例如：

```
typedef int INTEGER;
```

意思是将 int 型定义为 INTEGER，这两者等价，在程序中就可以用 INTEGER 作为类型名来定义变量了。例如：

```
INTEGER x,y;          /*相当于int x,y;*/
```

## 2. 定义一个类型名代表一个结构体类型

例如：

```
typedef struct
{
    long num;
    char name[20];
    float score;
}STUDENT;
```

将一个结构体类型定义为花括号后的名字 STUDENT，可以用它来定义变量。例如：

```
STUDENT student1,student2,*p;
```

上面定义了两个结构体变量 student1、student2 以及一个指向该类型的指针变量 p。同样可以用于共用体和枚举类型。

## 3. 定义数组类型

例如：

```
typedef int COUNT[20];
COUNT a,b;
```

定义 COUNT 为整型数组，a、b 为 COUNT 类型的整型数组。

## 4. 定义指针类型

例如：

```
typedef char *STRING;
STRING p1,p2,p[10];
```

定义 STRING 为字符指针类型，p1、p2 为字符指针变量，p 为字符指针数组。

还可以有其他方法。归纳起来，用 typedef 定义一个新类型名的方法如下：

（1）先按定义变量的方法写出定义体（如 char a[20]; ）。

（2）将变量名换成新类型名（如 char NAME[20]; ）。

（3）在最前面加上 typedef（如 typedef char NAME[20]; ）。

（4）然后可以用新类型名去定义变量（如 NAME c,d; ）。

需要指出的是，用 typedef 定义类型，只是为类型命名，或为已有类型命名别名。作为类型定义，它只定义数据结构，并不要求分配存储单元。用 typedef 定义的类型来定义变量与直接写出变量的类型定义变量具有完全相同的效果。

# 本 章 小 结

1. 共用体数据类型是指将不同的数据项存放于同一段内存单元的一种构造数据类型。同定义结构体变量一样，定义共同体变量也有 3 种方式：先定义共用体类型，再定义共用体类型变量；在定义共用体类型的同时定义共用体类型变量；定义共用体类型时，省略共用体类型名，同时定义共用体类型变量。

**注意：**

（1）共用体变量所占内存长度等于最长的成员的长度。

（2）不能直接引用共用体变量，只能引用共用体变量中的成员。引用格式为：

共用体变量.成员名

（3）在同一段内存中可以用来存放几种不同类型的成员，但在每一瞬间只能存放其中一种，而不是同时存放几种。

（4）共用体变量中起作用的成员是最后一次存放的成员，在存入一个新的成员后原有成员就失去作用。引用共用体变量应注意当前存放在共用体变量中的究竟是哪一个成员。

（5）共用体变量的地址和它的各成员的地址都是同一个地址。

2. 枚举类型是指变量的取值只能限于事前已经一一列举出来的值的范围。定义枚举类型的格式为：

enum 枚举类型名 (枚举常量列表);

枚举变量的定义格式为：

enum 枚举类型名 枚举变量名;

**注意**

（1）枚举常量是有值的，C 语言按定义时的顺序使它们的值为 0，1，2，……也可以改变枚举元素的值，在定义时由程序员指定。

（2）一个整数不能直接赋给一个枚举变量，应先进行强制类型转换才能赋值。

3. 位运算是 C 语言有别于其他高级语言的一种强大的运算，它使得 C 语言具有了某些低级语言的功能，使程序可以进行二进制的运算。位运算符主要有：&（按位"与"）、|（按位"或"）、^（按位"异或"）、~（按位"取反"）、<<（左移）、>>（右移）。

位段结构也是一种结构体类型，只不过其中含有以位为单位定义存储长度的整数类型位段成员。采用位段结构既节省存储空间，又可方便操作。

4. 常常将一个复杂类型给它一个别名，以便于书写。用 typedef 可以定义新的类型名来代替已有的类型名，其格式为：

typedef 原有类型 新声明的类型别名;

**注意**：typedef 的作用仅仅是给已有类型一个别名，typedef 本身并不具有定义一个新的类型的能力。

# 习　题

## 一、选择题

1. 以下对 C 语言中共用体类型数据的叙述，正确的是（　　　）。

    A. 可以对共用体变量名直接赋值

    B. 一个共用体变量中可以同时存放其所有成员

    C. 一个共用体变量中不可能同时存放其所有成员

    D. 共用体类型定义中不能出现结构体类型的成员

2. 以下对枚举类型名的定义中正确的是（　　　）。

    A. enum a={one,two,three};
           B. enum a {one=9,two=-1,three};

    C. enum a={"one","two","three"};
     D. enum a {"one","two","three"};

3. 以下程序的输出结果是（　　　）。

```
#include <stdio.h>
union myun
{
    struct
    {
        int x,y,z;
    }u;
    int k;
}a;
void main()
{
    a.u.x=4;
    a.u.y=5;
    a.u.z=6;
    a.k=0;
    printf("%d\n",a.u.x);
}
```

    A. 4　　　　　　　　B. 5　　　　　　　　C. 6　　　　　　　　D. 0

4. 以下程序的输出结果是（　　　）。

```
#include <stdio.h>
void main()
{
    enum team {my,your=4,his,her=his+10};
    printf("%d %d %d %d\n",my,your,his,her);
}
```

    A. 0 1 2 3　　　　　B. 0 4 0 10　　　　　C. 0 4 5 15　　　　　D. 1 4 5 15

5. 设有以下定义：

```
typedef union
{
    long i;
    int k[5];
    char c;
}DATE;
```

```
struct date
{
    int cat;
    DATE cow;
    double dog;
}too;
    DATE max;
```

则下列语句的执行结果是（　　　）。

```
printf ("%d",sizeof (struct date ) +sizeof(max));
```

 A．26     B．30     C．18     D．8

6. 若有以下定义：

```
union data
{
    int i;
    char c;
    float f;
}a;
int n;
```

则下列语句正确的是（　　　）。

 A．a=5;    B．a={2,'a',1.2};  C．printf("%d\n",a); D．n=a;

7. 设有以下定义，则下面不正确的叙述是（　　　）。

```
union data
{
    int i;
    char c;
    float f;
}un;
```

 A．un 所占的内存长度等于成员 f 的长度

 B．un 的地址和它的各成员地址都是同一地址

 C．un 可以作为函数参数

 D．不能对 un 赋值，但可以在定义 un 时对它初始化

8. 以下各选项企图说明一种新的类型名，其中正确的是（　　　）。

 A．typedef v1 int;      B．typedef v2=int;

 C．typedef int v3;      D．typedef v4: int;

9. 在位运算中，操作数每左移一位，则结果相当于（　　　）。

 A．操作数乘以 2  B．操作数除以 2  C．操作数除以 4  D．操作数乘以 4

10. 若 x=2，y=3，则 x&y 的结果是（　　　）。

 A．0      B．2      C．3      D．5

11. 表达式~0x13 的值是（　　　）。

 A．0xFFEC    B．0xFF71    C．0xFF68    D．0xFF17

12. 设有以下定义：

```
struct packed
{
    unsigned one:1;
    unsigned two:2;
```

```
    unsigned three:3;
    unsigned four:4;
}data;
```

则下列位段数据的引用中不能得到正确数值的是（　　　　）。

A. data.one=4　　　　　B. data.two=3　　　　　C. data.three=2　　　　　D. data.four=1

## 二、填空题

1. 在下列程序段中，枚举变量 c1 和 c2 的输出值分别是_____和_____。

```
#include <stdio.h>
void main()
{
    enum color{red,yellow,blue=4,green,white}c1,c2;
    c1=yellow;
    c2=white ;
    printf("%d,%d\n",c1,c2);
}
```

2. 下面程序的运行结果是_____。

```
#include <stdio.h>
typedef union student
{
    char name[10];
    long sno;
    char sex;
    float score[4];
}STU;
void main()
{
    STU a[5];
    printf("%d\n",sizeof(a));
}
```

3. 在 C 语言中，&运算符作为单目运算符时表示的是_____，作为双目运算符时表示的是_____运算。

4. 与表达式 a&=b 等价的另一书写形式是_____。

5. 若 x=0123，则表达式(5+(int)(x))&(2)的值是_____。

6. 读程序段：

```
int a=1,b=2;
if(a&b) printf("***\n");
else printf("$$$\n");
```

以上程序段的输出结果是_____。

7. 设有 "char a,b;"，若要通过 a&b 运算屏蔽掉 a 中的其他位，只保留第 2 和第 8 位（右起为第 1 位），则 b 的二进制数是_____。

8. 测试 char 型变量 a 第 6 位是否为 1 的表达式是_____（设最右位是第一位）。

9. 设二进制数 x 的值是 11001101，若想通过 x&y 运算使 x 中的低 4 位不变，高 4 位清零，则 y 的二进制数是_____。

10. 读程序段：

```
int a=-1;
a=a|0377;
printf("%d,%o\n",a,a);
```

以上程序段的输出结果是_____。

## 三、写出程序的运行结果

1.
```c
#include <stdio.h>
void main()
{
    enum team{qiaut,cubs=4,pick,dodger=qiaut-2};
    printf("%d,%d,%d,%d\n",qiaut,cubs,pick,dodger);
}
```

2.
```c
#include <stdio.h>
void main()
{
    union bt
    {
        int k;
        char c[2];
    }a;
    a.k=-7;
    printf("%o,%o\n",a.c[0],a.c[1]);
}
```

3.
```c
#include <stdio.h>
void main()
{
    union u_tag
    {
        int ival;
        float fval;
        char *pval;
    }uval,*p;
    uval.ival=10;
    uval.fval=9.0;
    uval.pval="C language";
    printf ("\n%s",uval.pval);
    p=&uval;
    printf("%d",p->ival);
}
```

4.
```c
#include <stdio.h>
void bitpat(int x)
{
    int i;
    for(i=15;i>=0;i--)
    printf("%d",(x>>i)&0x0001);
}
void main()
{
    int a=65;
    bitpat(a);
}
```

# 第**11**章 文件操作

在实际的应用系统中，输入/输出数据可以从标准输入/输出设备进行，但在数据量大、数据访问频繁以及数据处理结果需长期保存的情况下，一般将数据以文件的形式保存。文件是存储在外部介质（如磁盘）上的用文件名标识的数据集合。通常情况下，计算机处理的大量数据都是以文件的形式存放的，操作系统也是以文件为单位管理数据。如果想访问存放在外部介质上的数据，必须先按文件名找到所指定的文件，然后再从该文件中读取数据。如要向外部介质存储数据也必须先建立一个文件（以文件名标识），才能向它写入数据。本章将介绍文件的基本概念和常用的文件操作。

## 11.1  文  件  概  述

现在，几乎每一种高级语言都具备文件处理功能。要注意的是，高级语言处理文件的能力离不开相应的操作系统的支持，C 语言的文件操作也不例外。C 语言实现文件操作主要有两种途径：其一是通过操作系统完成对文件的输入/输出操作。由于操作系统是以文件为单位对数据进行管理的，因此可以直接引用操作系统的系统调用，这属于低级的输入/输出，使用方法相对复杂，在现在的程序设计中已经很少使用。其二是通过由 C 语言的编译系统提供的用于文件操作的库函数，也称为标准输入/输出（Input/Output，I/O）库函数。在介绍具体的库函数之前，先介绍有关文件的基本概念。

### 11.1.1  文件的概念

文件（File）是存储在外部介质上一组相关信息的集合。例如，程序文件是程序代码的集合，数据文件是数据的集合。每个文件都有一个名字，称为文件名。一批数据是以文件的形式存放在外部介质（如磁盘）上的，而操作系统以文件为单位对数据进行管理。也就是说，如果想寻找保存在外部介质上的数据，必须先按文件名找到指定的文件，然后再从该文件中读取数据。要向外部介质上存储数据也必须以文件名为标识先建立一个文件，才能向它输出数据。

在程序运行时，常常需要将一些数据（运行的中间数据或最终结果）输出到磁盘上存放起来，以后需要时再从磁盘中读入到计算机内存，这就要用到磁盘文件。磁盘既可作为输入设备，也可作为输出设备，因此，有磁盘输入文件和磁盘输出文件。除磁盘文件外，操作系统把每一个与主机相连的输入/输出设备都当作文件来管理，称为标准输入/输出文件。例如，键盘是标准输入文件，显示器和打印机是标准输出文件。

　　C 语言把文件看作一个字节序列，即由一连串的字节组成，称为流（Stream），以字节为单位访问，输入/输出数据流的开始和结束仅受程序控制而不受物理符号（如回车换行符）控制，把这种文件称为流式文件。换句话说，C 语言中的文件并不是由记录（Record）组成的。

　　根据文件数据的组织形式，C 语言的文件可分为 ASCII 文件和二进制文件。ASCII 文件又称文本（Text）文件，它的每一个字节放一个 ASCII 代码，代表一个字符。二进制文件是把内存中的数据按其在内存中的存储形式原样输出到磁盘上存放。例如，整数 107 621，在 Visual C++ 6.0 中占 4 个字节，如果按 ASCII 形式输出，则占 6 个字节，即各位数字字符的 ASCII 码，用十六进制表示分别是：31 30 37 36 32 31。而按二进制形式输出，在磁盘上只占 4 个字节，即 107 621 所对应的二进制数，用十六进制表示是 00 01 A4 65。

　　在 ASCII 文件中，一个字节代表一个字符，因而便于对字符进行逐个处理，也便于输出字符。但一般占用存储空间较多，而且要花费时间转换（二进制形式与 ASCII 码间的转换）。用二进制形式输出数值，可以节省外存空间和转换时间，但一个字节并不对应一个字符，不能直接输出字符形式。一般中间结果数据需要暂时保存在外存以后又需要读入到内存的，常用二进制文件保存。

## 11.1.2　C 语言的文件系统

　　从 C 语言对文件的处理方法来看，可以将文件分为两类：缓冲文件系统和非缓冲文件系统。缓冲文件系统，称为标准文件系统。

　　缓冲文件系统的特点是：系统自动地在内存中为每一个正在读写的文件开辟一个缓冲区，利用缓冲区完成文件读写操作。当从磁盘文件读数据时，并不直接从磁盘文件读取数据，而是先由系统将一批数据一次从磁盘文件读入到内存缓冲区（充满缓冲区），然后再从缓冲区逐个地将数据送给接收变量。当向磁盘文件写入数据时，先将数据送到内存的缓冲区，装满缓冲区后再一起写入到磁盘。用缓冲区可以一次读入或输出一批数据，而不是执行一次输入或输出函数就去访问一次磁盘，这样做的目的是减少对磁盘的实际读写次数，提高系统的效率。因为输入/输出设备的速度要比 CPU 慢得多，频繁地与磁盘交换信息必将占用大量的 CPU 时间，从而降低程序的运行速度。使用缓冲后，CPU 只要从缓冲区中取数据或者把数据输入缓冲区，而不要等待速度低的设备完成实际的输入/输出操作。缓冲区的大小由各个具体的 C 语言版本确定，一般为 512 字节。将数据写入文件或从文件中读出数据的过程如图 11-1 所示。

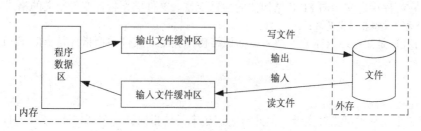

图 11-1　文件的读写过程

　　非缓冲文件系统不由系统自动设置缓冲区，而由用户自己根据需要设置。

　　在传统的 UNIX 系统下，用缓冲文件系统来处理文本文件，用非缓冲文件系统处理二进制文件。

1983 年，ANSI C 标准决定不采用非缓冲文件系统，而只采用缓冲文件系统。即既用缓冲文件系统处理文本文件，也用它来处理二进制文件，也就是将缓冲文件系统扩充为可以处理二进制文件。

一般把缓冲文件系统的输入/输出称为标准输入/输出（标准 I/O），非缓冲文件系统的输入/输出称为系统输入/输出（系统 I/O）。在 C 语言中，没有输入/输出语句，对文件的读写都是用库函数来实现的。ANSI 规定了标准输入/输出函数，用它们对文件进行读写。本章主要介绍 ANSI C 的文件系统及其读写方法。

### 11.1.3  文件类型指针

在缓冲文件系统中，涉及到的关键概念是文件类型指针。对于每个正在使用的文件都要说明一个 FILE 类型的结构体变量，该结构体变量用于存放文件的有关信息。例如，文件当前位置、与该文件对应的内存缓冲区地址、缓冲区中未被处理的字符数、文件操作方式等。在 C 语言中，无论是一般磁盘文件还是设备文件，都要通过文件结构的数据集合进行输入/输出处理。在缓冲文件系统中，每个被使用的文件都在内存中开辟一个区域，用来存放文件的有关信息。这些信息保存在一个结构体类型的变量中。该结构体类型是在 stdio.h 头文件中由系统定义的，取名为 FILE。例如，在 Visual C++ 6.0 中的定义如下：

```
struct _iobuf
{
    char *_ptr;
    int _cnt;
    char *_base;
    int _flag;
    int _file;
    int _charbuf;
    int _bufsiz;
    char *_tmpfname;
};
typedef struct _iobuf FILE;
```

不同的编译系统可能使用不同的定义，但基本含义不会有太大变化，因为它最终都要通过操作系统去控制这些文件。用户不必关心 FILE 结构体的细节，只要知道对于每一个要操作的文件，系统都为它开辟一个如上的结构体变量。有几个文件就开辟几个这样的结构体变量，分别用来存放各个文件的有关信息。这些结构体变量不用变量名来标识，而通过指向结构体类型的指针变量去访问，这就是文件类型指针。

在 C 程序中，凡是要对已打开的文件进行操作，都要通过指向该文件的 FILE 结构体的指针。为此，需要在程序中定义指向 FILE 结构体的指针变量。文件类型指针变量定义的格式为：

```
FILE *文件类型指针变量名;
```

其中，FILE 是文件结构体的类型名，标识结构体类型。文件类型指针是指向 FILE 结构体的指针。

例如：

```
FILE *fp1,*fp2,*fp3;
```

定义了 3 个文件类型指针变量，但此时它们还未具体指向哪一个结构体。实际引用时将保存有文件信息的结构体的首地址赋给某个文件类型指针变量，就可通过这个文件类型指针变量找到与它相关的文件。如果有 n 个文件，一般应设 n 个文件类型指针，使它们分别指向 n 个文件（确切地说，指向该文件信息的结构体），以实现对文件的访问。

注意：C语言中标准设备文件是由系统控制的，它们由系统自动打开和关闭，标准设备文件的文件结构的指针由系统命名，用户在程序中可以直接使用，无需再进行说明。C语言中提供了 3 个常用标准设备文件的指针，标准输入文件（键盘）的文件类型指针是 stdin，标准输出文件（显示器）的文件类型指针是 stdout，标准错误输出文件（显示器）的文件类型指针是 stderr。

## 11.2　文件的打开与关闭

打开和关闭文件都是文件操作的基本步骤。在对文件进行读写操作之前首先要打开文件，操作结束后应该关闭文件。

### 11.2.1　打开文件

所谓打开文件是在程序和操作系统之间建立起联系，程序把所要操作文件的一些信息通知给操作系统。这些信息中除包括文件名外，还要指出读写方式及读写位置。如果是读，则需要先确认此文件是否已存在；如果是写，则检查原来是否有同名文件，如有则先将该文件删除，然后新建立一个文件，并将读写位置设定于文件开头，准备写入数据。打开文件需调用 fopen 函数。它的一般调用格式为：

```
FILE *fp;
fp=fopen(文件说明符,操作方式);
```

其中，文件说明符指定打开的文件名，可以包含盘符、路径和文件名，它是一个字符串。文件路径中的"\"要写成"\\"，例如，要打开 d:\cpp 中的 test.dat 文件，文件说明符要写成"d:\\dpp\\test.dat"。操作方式指定打开文件的读写方式，该参数是字符串，必须小写。文件操作方式用具有特定含义的符号表示，如表 11–1 所示。函数返回一指向文件块的首地址，以后对文件的操作就利用这个文件块。如果打开文件失败，则返回 NULL。

表 11–1　文件操作方式

| 文件操作方式 | 含　义 | 文件操作方式 | 含　义 |
| --- | --- | --- | --- |
| r（只读） | 为输入打开一个文本文件 | r+（读写） | 为读/写打开一个文本文件 |
| w（只写） | 为输出打开一个文本文件 | w+（读写） | 为读/写建立一个新的文本文件 |
| a（追加） | 向文本文件尾增加数据 | a+（读写） | 为读/写打开一个文本文件 |
| rb（只读） | 为输入打开一个二进制文件 | rb+（读写） | 为读/写打开一个二进制文件 |
| wb（只写） | 为输出打开一个二进制文件 | wb+（读写） | 为读/写建立一个新的二进制文件 |
| ab（追加） | 向二进制文件尾增加数据 | ab+（读写） | 为读/写打开一个二进制文件 |

fopen 函数以指定的方式打开指定的文件。文件操作方式符的含义如下：

（1）用"r"方式打开文件时，只能从文件向内存输入数据，而不能从内存向该文件写数据。以"r"方式打开的文件应该已经存在，不能用"r"方式打开一个并不存在的文件（即输入文件），否则将出错。

（2）用"w"方式打开文件时，只能从内存向该文件写数据，而不能从文件向内存输入数据。如果该文件原来不存在，则打开时建立一个以指定文件名命名的文件。如果原来的文件已经存在，则打开时将文件删空，然后重新建立一个新文件。

（3）如果希望向一个已经存在的文件的尾部添加新数据（保留原文件中已有的数据），则应

用 "a" 方式打开。但此时该文件必须已经存在，否则会返回出错信息。打开文件时，文件的位置指针在文件末尾。

（4）用 "r+"、"w+"、"a+" 方式打开的文件可以输入/输出数据。用 "r+" 方式打开文件时，该文件应该已经存在，这样才能对文件进行读/写操作。用 "w+" 方式则建立一个新文件，先向此文件中写数据，然后可以读取该文件中的数据。用 "a+" 方式打开的文件，则保留文件中原有的数据，文件的位置指针在文件末尾，此时，可以进行追加或读操作。

（5）如果不能完成文件打开操作，函数 fopen 将返回错误信息。出错的原因可能是：用 "r" 方式打开一个并不存在的文件；磁盘故障；磁盘已满无法建立新文件等。此时 fopen 函数返回空指针值 NULL（NULL 在 stdio.h 文件中已被定义为 0）。

（6）用以上方式可以打开文本文件或二进制文件。ANSI C 规定可用同一种缓冲文件系统来处理文本文件和二进制文件。

（7）在用文本文件向内存输入时，将回车符和换行符转换为一个换行符，在输出时将换行符换成回车和换行两个字符。在用二进制文件时，不进行这种转换，在内存中的数据形式与输出到外部文件的数据形式完全一致，一一对应。

在常见的文件打开操作语句中，通常需要同时判断打开过程是否出错。例如，以只读方式打开文件名为 practice.dat 的文件，则语句如下：

```
if((fp=fopen("practice.dat","r"))==NULL)
{
    printf("不能打开文件.\n");              /*如果文件出错，显示提示信息*/
    exit(0);                              /*调用 exit 函数终止程序运行*/
}
```

语句中的 exit 函数使程序终止运行并关闭所有文件。一般使用时，exit(0) 表示程序正常返回。若函数参数为非 0 值，表示出错返回，如 exit(1)等，也可以使括号内参数空缺，即 exit()。

由系统打开的 3 个标准文件 stdin、stdout 和 stderr，在使用的时候不需要调用 fopen 函数打开，可以直接使用它们的文件类型指针进行操作。

**注意**：若打开文件时，设定的文件操作方式与后面对该文件的实际使用情况不一致，会使系统产生错误。例如，以 "r" 方式打开已存在的文件，要进行写操作是不行的，而应当将 "r" 改为 "r+" 或 "a+"。

## 11.2.2　关闭文件

文件使用完毕后，应当关闭，这意味着释放文件类型指针以供别的程序使用，同时也可以避免文件中数据的丢失。用 fclose 函数关闭文件，其调用格式为：

```
fclose(文件类型指针);
```

fclose 函数用于关闭已打开的文件，切断缓冲区与该文件的联系，并释放文件类型指针。正常关闭返回值为 0，否则返回一个非 0 值，表示关闭出错。

关闭的过程是先将缓冲区中尚未存盘的数据写入磁盘，然后撤销存放该文件信息的结构体，最后令指向该文件的指针为空值（NULL）。此后，如果再想使用刚才的文件，则必须重新打开。应该养成在文件访问完之后及时关闭的习惯，一方面是避免数据丢失，另一方面是及时释放内存，减少系统资源的占用。

# 11.3　文件的顺序读写操作

文件操作实际是指对文件的读写。文件的读操作就是从文件中读出数据，即将文件中的数据输入计算机；文件的写操作是向文件中写入数据，即向文件输出数据。实际上对文件的处理过程就是实现数据输入/输出的过程。C 语言对文件的操作都是通过调用标准 I/O 库函数来实现的。

## 11.3.1　文件的字符输入/输出函数

fgetc 函数和 fputc 函数按字符方式读写文件。把一个字符写入一个打开的磁盘文件上，用 fputc 函数。从指定文件当前指针下，读取一个字符可用 fgetc 函数。

### 1. 字符输入函数 fgetc()

该函数的调用格式为：

```
字符变量=fgetc(文件类型指针);
```

fgetc 函数从指定的文件中读取一个字符，即从文件类型指针所指向的文件（该文件必须是以读或读写方式打开的）中读取一个字符返回，读取的字符赋给字符变量。若读取字符时文件已经结束或出错，fgetc 函数返回文件结束标记 EOF，此时 EOF 的值为-1。

例如，要从磁盘文件中顺序读入字符并在屏幕上显示，可通过调用 fgetc 函数实现：

```
while((c=fgetc(fp))!=EOF)
    putchar(c);
```

注意：文件结束标记 EOF 是不可输出字符，不能在屏幕上显示。因为 EOF 是在头文件 stdio.h 中定义的符号常量，其值为-1，而 ASCII 码中没有用到-1，可见，用它作为文件结束标记是合适的。

### 2. 字符输出函数 fputc()

该函数的调用格式为：

```
fputc(字符,文件类型指针);
```

fputc 函数将一个字符输出到指定文件中。即将字符输出到文件类型指针所指向的文件。若输出操作成功，该函数返回输出的字符，否则返回 EOF。

### 3. feof 函数

在读二进制文件时，读入某字节的二进制数据有可能为-1，而这又恰好是 EOF 的值，这就出现了需要读入有用数据而即被处理为文件结束的情况，引起二义性。为解决这个问题，系统给出 feof 函数来判断文件是否真正结束。其调用的一般格式为：

```
feof(文件类型指针);
```

该函数可以判断文件类型指针是否已指向文件结束处，若是，则返回非 0 值（真），否则，返回 0（假）。从键盘读入数据，按【Ctrl+Z】键（显示器显示 ^Z），即输入文件结束符。feof 函数可用于二进制文件和 ASCII 码文件，要想连续顺序读二进制文件或文本文件，可以用以下循环结构：

```
while(!feof(fp))
{
    c=fgetc(fp);
    printf("%c",c);
    …
}
```

【例 11.1】首先从键盘输入若干字符，逐个将它们写入文件 file1.txt 中，直到输入一个 "*" 为止。然后从该文件中逐个读出字符，并在屏幕上显示出来。

分析：建立一个文件即打开文件后，对文件进行写操作，输出文本文件即在建立文件后，对文件进行读操作。注意，读写操作是对文件而言的，输入/输出是对内存（或主机）而言的。对文件进行读操作，将读出的内容赋给某些变量，这叫输入，而对文件进行写操作，是指将某些变量或表达式的值输出。

程序如下：

```c
#include <stdio.h>
#include <stdlib.h>
void main()
{
    FILE *fp;                                   /*定义文件类型指针*/
    char ch;
    if((fp=fopen("file1.txt","w"))==NULL)       /*打开输出文件，准备建立文本文件*/
    {
        printf("不能打开文件!\n");
        exit(1);
    }
    printf("输入若干字符(以*结束):\n");
    while((ch=fgetc(stdin))!='*')   /*从键盘逐个输入字符，输入 "*" 时结束循环*/
        fputc(ch,fp);                           /*向磁盘文件写入一个字符*/
    fclose(fp);                                 /*关闭文件*/
    if((fp=fopen("file1.txt","r"))==NULL)       /*打开输入文件,准备输出文本文件*/
    {
        printf("不能打开文件!\n");
        exit(1);
    }
    printf("输出文本文件:\n");
    while((ch=fgetc(fp))!=EOF)    /*从磁盘逐个读入字符，遇到文件结束标志时结束循环*/
        fputc(ch,stdout);                       /*在显示器上输出一个字符*/
    fclose(fp);
    printf("\n");
}
```

程序运行结果如下：

输入若干字符串(以*结束):
Good preparation, Great opportunity.✓
Practice makes perfect.*✓
输出文本文件:
Good preparation, Great opportunity.
Practice makes perfect.

程序中使用了读文件函数 fgetc 和写文件函数 fputc，且函数中使用的文件类型指针名为 stdin 和 stdout，分别指示使用键盘和显示器标准设备文件，因而读文件的结果是从键盘输入一个字符，再写入到磁盘文件中，写文件的结果是将字符显示在显示器屏幕上。

第 3 章介绍的字符输入/输出函数 getchar 和 putchar 其实是 fgetc 和 fputc 的宏，这时文件类型指针定义为标准输入 stdin 和标准输出 stdout，即：

```c
#define getchar() fgetc(stdin)
#define putchar() fputc(c,stdout)
```

#### 4．文件读写时的数据流动

根据例 11.1 程序，用图 11-2 和图 11-3 示意读写时的数据流动。深入理解了读写时的数据流动，编写文件处理程序就会感到较容易了。为了提高读写效率，文件是按块（一个块一般是 512 字节）读写的。下面讨论文件读写时的数据流动，不考虑文件的组块和解块功能，简化为一个个字符（或一个个字节）读写，并不失文件读写时的数据流动的一般概念。

对文件进行写操作时的数据流动如图 11-2 所示。

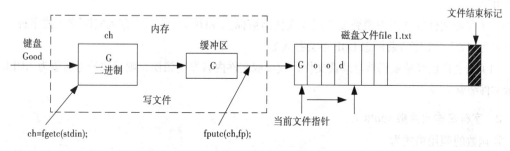

图 11-2　写时的数据流动

执行 ch=fgetc(stdin);从键盘读入一个字符，转换为二进制码存入 ch。执行 fputc(ch,fp);首先从 ch 中取出二进制码，转换为字符送到文件缓冲区，再写到当前文件指针所指定的磁盘位置，并且当前文件指针向后移动一个数据字节。重复上述操作，完成建立（写）文件的操作。

对文件进行读操作时的数据流动如图 11-3 所示。

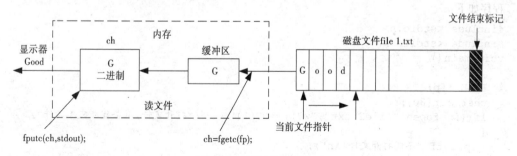

图 11-3　读时的数据流动

执行 ch=fgetc(fp);，从当前文件指针的磁盘位置读一个字符，送到文件缓冲区，再送到 ch（转换为二进制码），并且当前文件指针向后移动一个数据字节。执行 fputc(ch,stdout);，将 ch 中的二进制码转换为字符在显示器上显示出。重复上述操作，完成输出（读）文件。

### 11.3.2　文件的字符串输入/输出函数

对文件的输入/输出，除了以字符为单位进行处理之外，还允许以字符串为单位进行处理，这也被称为行处理。C 语言提供 fgets 和 fputs 函数实现文件的按字符串的读写。

#### 1．字符串输入函数 fgets()

该函数的调用格式为：

```
fgets(字符数组,字符数,文件类型指针);
```

fgets 函数从文件类型指针所指向的文件中读取长度不超过 n-1（设字符数参数为 n）个字符

的字符串，并将该字符串放到字符数组中。如果操作正确，函数的返回值为字符数组的首地址。如果文件结束或出错，则函数的返回值为 NULL。

分以下几种情况：

（1）从文件中已经读入了 n-1 个连续的字符，还没有遇到文件结束标志或行结束标志 "\n"，则 s 中存入 n-1 个字符，字符串尾以串结束标记 "\0" 结束。

（2）从文件中读入字符遇到了行结束标志 "\n"，则 s 中存入实际读入的字符，字符串尾为 "\n" 和 "\0"。

（3）在读文件的过程中遇到文件尾（文件结束标志 EOF），则 s 中存入实际读入的字符，字符串尾为 "\0"。文件结束标志 EOF 不会存入数组。

（4）当文件已经结束仍然继续读文件，或读取文件内容发生错误，则函数的返回值为 NULL，表示文件结束。

### 2. 字符串输出函数 fputs()

该函数的调用格式为：

```
fputs(字符串,文件类型指针);
```

fputs 函数将字符串写入文件类型指针指向的文件。输出的字符串写入文件时，字符 "\0" 被自动舍去。函数调用成功，则返回 0，否则返回 EOF。

【例 11.2】首先从键盘输入若干字符串，逐个将它们写入文件 file2.txt 中，直到按【Ctrl+Z】键，即输入文件结束符时结束。然后从该文件中逐个读出字符串，并在屏幕上显示出来。

程序如下：

```
#include <stdio.h>
#include <stdlib.h>
void main()
{
    FILE *fp;
    char str[80];
    if((fp=fopen("file2.txt","w"))==NULL)        /*打开文件,准备建立文本文件*/
    {
        printf("不能打开文件!\n");
        exit(1);
    }
    printf("输入多行字符串(按Ctrl+Z结束):\n");
    fgets(str,80,stdin);                          /*从键盘输入一个字符串*/
    while(!feof(stdin))                           /*不断输入,直到输入结束标志*/
    {
        fputs(str,fp);                            /*向文件写入一个字符串*/
        fgets(str,80,stdin);                      /*从键盘输入一个字符串*/
    }
    fclose(fp);
    if((fp=fopen("file2.txt","r"))==NULL)        /*打开文件,准备输出文本文件*/
    {
        printf("不能打开文件!\n");
        exit(1);
    }
    printf("输出文本文件:\n");
    fgets(str,80,fp);                             /*从文件读一个字符串*/
    while(!feof(fp))                              /*未遇到文件结束标志时,继续循环*/
```

```
    {
       printf("%s",str);                         /*在屏幕上输出一个字符串*/
       fgets(str,80,fp);                         /*从文件读一个字符串*/
    }
    fclose(fp);
}
```

程序运行结果如下：

输入多行字符串(按 Ctrl+Z 结束)：

Good preparation, Great opportunity.✓

Practice makes perfect.✓

^Z✓

输出文本文件：

Good preparation, Great opportunity.

Practice makes perfect.

程序运行时，每次从标准输入设备 stdin（即键盘）中读取一行字符送入 str 数组，用 fputs 函数把该字符串写入 file2.txt 文件中。在输入完所有的字符串之后，按【Ctrl+Z】键便结束循环。

### 11.3.3 文件的格式化输入/输出函数

在第 3 章中介绍了 scanf 和 printf 两个格式化输入/输出函数，它们适用于标准设备文件。C 标准函数库还提供了 fscanf 和 fprintf 两个格式化输入/输出函数，以满足磁盘文件格式化输入输出的需要。

#### 1. 格式化输入函数 fscanf()

该函数的调用格式为：

fscanf(文件类型指针,格式控制串,输入项表);

其中格式控制串和输入项表的内容、含义及对应关系与 scanf 函数相同。

fscanf 函数从文件类型指针指向的文件中，按格式控制符读取相应数据赋给输入项表中的对应变量地址中。例如：

fscanf(fp,"%d,%f",&i,&t);

从指定的磁盘文件上读取 ASCII 字符，并按"%d"和"%f"型格式转换成二进制形式的数据送给变量 i 和 t。

#### 2. 格式化输出函数 fprintf()

该函数的调用格式为：

fprintf(文件类型指针,格式控制串,输出项表);

格式控制串和输出项表的内容及对应关系与 printf 函数相同。

fprintf 函数将输出项表中的各个常量、变量或表达式，依次按格式控制符说明的格式写入文件类型指针指向的文件。该函数调用的返回值是实际输出的字符数。

【例 11.3】首先提供 n 个学生的信息，逐个将它们写入文件 file3.txt 中。然后从该文件中逐个读出学生的信息，并在屏幕上显示出来。

程序如下：

```
#include <stdio.h>
#include <stdlib.h>
struct Date                         /*日期结构体*/
{
    int year;                       /*年*/
```

```
    int month;                          /*月*/
    int day;                            /*日*/
};
struct Student                          /*学生信息结构体*/
{
    char no[10];                        /*学号*/
    char name[9];                       /*姓名*/
    char sex[3];                        /*性别*/
    struct Date birthday;               /*出生日期*/
    int score[4];                       /*3门课程成绩及总分*/
};
#define N 3                             /*3位学生信息*/
void main()
{
    FILE *fp;
    struct Student stud[N]={
        {"J20073103","张大力","男",{1989,5,15},{75,90,83,0}},
        {"J20073102","李秀芝","女",{1986,6,24},{85,90,83,0}},
        {"J20073101","徐明达","男",{1989,2,29},{65,70,63,0}}};
    struct Student stud1;
    int i,j;
    for(i=0;i<N;i++)                    /*计算总分*/
        for(j=0;j<3;j++)
        stud[i].score[3]+=stud[i].score[j];
    if((fp=fopen("file3.txt","w"))==NULL)        /*打开文件，准备建立文本文件*/
    {
        printf("不能打开文件!\n");
        exit(1);
    }
    for(i=0;i<N;i++)                    /*向文件写入N个学生的信息*/
    fprintf(fp,"%s %s %s %5d %3d %3d %4d %4d %4d %4d\n",
        stud[i].no,stud[i].name,stud[i].sex,
        stud[i].birthday.year,stud[i].birthday.month,
        stud[i].birthday.day,stud[i].score[0],
        stud[i].score[1],stud[i].score[2],stud[i].score[3]);
    fclose(fp);
    if((fp=fopen("file3.txt","r"))==NULL)        /*打开文件，准备输出文本文件*/
    {
        printf("不能打开文件!\n");
        exit(1);
    }
    printf("输出文本文件:\n");
    fscanf(fp,"%s %s %s %d %d %d %d %d %d %d",
        &stud1.no,&stud1.name,&stud1.sex, &stud1.birthday.year,
        &stud1.birthday.month,&stud1.birthday.day,&stud1.score[0],
        &stud1.score[1],&stud1.score[2],&stud1.score[3]);
    while(!feof(fp))
    {
        printf("%s %s %s %4d %3d %3d %4d %4d %4d %4d\n",
            stud1.no,stud1.name,stud1.sex,stud1.birthday.year,
            stud1.birthday.month,stud1.birthday.day, stud1.score[0],
            stud1.score[1],stud1.score[2],stud1.score[3]);
        fscanf(fp,"%s %s %s %d %d %d %d %d %d %d",
```

```
        &stud1.no,&stud1.name,&stud1.sex,&stud1.birthday.year,
        &stud1.birthday.month,&stud1.birthday.day,&stud1.score[0],
        &stud1.score[1],&stud1.score[2],&stud1.score[3]);
    }
    fclose(fp);
}
```

### 11.3.4  文件的数据块输入/输出函数

这类函数是 ANSI C 标准对缓冲文件系统所做的扩充，以方便文件操作实现一次读写一组数据的功能。例如，采用这种方式对数组和结构体进行整体的输入/输出是比较方便的。

#### 1. 文件数据块读函数 fread()

该函数的调用格式为：

```
fread(数据地址,读数据的字节数,数据项数目,文件类型指针);
```

fread 函数对文件类型指针所指向的文件读取指定的数据项数，每次读取指定字节数的数据块，将读取的各数据块存到数据地址所指向的内存区。该函数的返回值是实际读取的数据项数目。若读成功，返回数据项数目；若读失败或遇到文件结束符，返回 0。

#### 2. 文件数据块写函数 fwrite()

该函数的调用格式为：

```
fwrite(数据地址,写数据的字节数,数据项数目,文件类型指针);
```

fwrite 函数的参数及其功能与 fread 函数类似，只是对文件的操作而言是互逆的，一个是读取，一个是写入。若写成功，返回数据项数目，否则返回 0。

如果文件以二进制形式打开，用以 fread 和 fwrite 函数可以读写任何类型的数据。例如：

```
fread(a,4,2,fp);
```

其中 a 是一个实型数组名。一个实型变量占 4 个字节。该函数从 fp 所指向的文件读入 2 个 4 字节的数据，存储到数组 a 中。

注意，用 fread 和 fwrite 函数进行读写时，必须采用二进制。

【例 11.4】从例 11.3 建立的 file3.txt 文本文件中读取数据生成 file3.dat 二进制文件，然后将 file3.dat 文件在屏幕上显示出来。

程序如下：

```
#include <stdio.h>
#include <stdlib.h>
struct Date
{
    int year;
    int month;
    int day;
};
struct Student
{
    char no[10];
    char name[9];
    char sex[3];
    struct Date birthday;
    int score[4];
};
```

```
void bfcreate();        /*从 file3.txt 读入数据，建立二进制文件 file3.dat 的函数声明*/
void bfprint();         /*输出二进制文件 file3.dat 的函数声明*/
void main()
{
    bfcreate();
    printf("file3.dat 二进制文件:\n");
    bfprint();
}
void bfcreate()         /*从 file3.txt 读入数据，建立二进制文件 file3.dat*/
{
    FILE *fp1,*fp2;
    struct Student stud;
    if((fp1=fopen("file3.txt","r"))==NULL)
    {
        printf("不能打开文件!\n");
        exit(1);
    }
    if((fp2=fopen("file3.dat","wb"))==NULL)
    {
        printf("不能打开文件!\n");
        exit(1);
    }
    fscanf(fp1,"%s %s %s %d %d %d %d %d %d %d",
        &stud.no,&stud.name,&stud.sex,
        &stud.birthday.year,&stud.birthday.month,&stud.birthday.day,
        &stud.score[0],&stud.score[1],&stud.score[2],&stud.score[3]);
    while(!feof(fp1))
    {
        fwrite(&stud,sizeof(struct Student),1,fp2);
        fscanf(fp1,"%s %s %s %d %d %d %d %d %d %d",
            &stud.no,&stud.name,&stud.sex,
            &stud.birthday.year,&stud.birthday.month,&stud.birthday.day,
            &stud.score[0],&stud.score[1],&stud.score[2],&stud.score[3]);
    }
    fclose(fp1);
    fclose(fp2);
}
void bfprint()          /*输出二进制文件 file3.dat*/
{
    FILE *fp;
    struct Student stud;
    if((fp=fopen("file3.dat","rb"))==NULL)
    {
        printf("不能打开文件!\n");
        exit(1);
    }
    fread(&stud,sizeof(struct Student),1,fp);
    while(!feof(fp))
    {
        printf("%s %s %s %4d %3d %3d %4d %4d %4d %4d\n",
            stud.no,stud.name,stud.sex,
```

```
                stud.birthday.year,stud.birthday.month,stud.birthday.day,
                stud.score[0],stud.score[1],stud.score[2],stud.score[3]);
                fread(&stud,sizeof(struct Student),1,fp);
        }
        fclose(fp);
}
```

# 11.4　文件的随机读写操作

前面讨论的文件从文件的第一个数据开始，依次进行读写，称为顺序文件（Sequential File）。但在实际对文件的应用中，还往往需要对文件中某个特定的数据进行处理，这就要求对文件具有随机读写的功能，也就是强制将文件的指针指向用户所希望的指定位置。这类可以随机读写的文件称为随机文件（Random File）。

## 11.4.1　文件的定位

文件中有一个位置指针，指向当前的读写位置，读写一次指针向后移动一次（一次移动多少字节，由文件的数据类型而定）。但为了主动调整指针位置，可用系统提供的文件指针定位函数。

#### 1. 位置指针重返文件头函数 rewind()

该函数可以使文件指针重新指向文件的开头，函数本身无返回值。调用的一般格式为：

```
rewind(文件类型指针);
```

#### 2. 改变文件位置指针函数 fseek()

随机文件实现的关键是控制当前文件指针的移动，可由 fseek 函数完成。fseek 函数的调用格式为：

```
fseek(文件类型指针,偏移量,起始点);
```

其中"偏移量"是离起点的字节数，可为整型或长整型。起始点指出以什么位置为基准进行移动，用下列符号或数字表示：

（1）文件开始位置用 SEEK_SET 或 0 表示。

（2）文件当前位置用 SEEK_CUR 或 1 表示。

（3）文件末尾位置用 SEEK_END 或 2 表示。

以文件开始位置为基准，偏移量只能是正值；以文件末尾位置为基准，偏移量只能是负值；以文件文件当前位置（即文件当前指针）为基准，偏移量可以是正值，也可以是负值。

下面是 fseek 函数调用的几个例子。

```
fseek(fp,100L,SEEK_SET);      /*将文件指针从文件开始移到第100字节处*/
fseek(fp,50L,1);              /*将文件指针从当前位置向文件尾移动50个字节*/
fseek(fp,-50L,1);            /*将文件指针从当前位置向文件头移动50个字节*/
fseek(fp,-30L,2);            /*将文件指针从文件末尾向文件头移动30个字节*/
```

#### 3. 查询文件指针函数 ftell()

该函数的调用格式为：

```
ftell(文件类型指针);
```

ftell 函数的返回值为文件开始处到当前指针处的偏移字节数。如果返回-1，则表示出错。

## 11.4.2　二进制随机文件

对于随机文件，数据块的字节数必须是固定不变的，否则，无法计算出文件当前指针的位置。对于文本文件，因一行的字节数不等，一般不能用随机文件。随机文件可以随机读或写。

【例 11.5】从例 11.3 建立的 file3.txt 文本文件中读取数据生成 bfile3.dat 二进制随机文件，然后将 bfile3.dat 文件在屏幕上显示出来。

程序如下：

```c
#include <stdio.h>
#include <stdlib.h>
struct Date
{
    int year;
    int month;
    int day;
};
struct Student
{
    char no[11];
    char name[8];
    char sex[3];
    struct Date birthday;
    int score[4];
};
int nrec(char no[]);
void bfcreate();
void bfprint();
void main()
{
    bfcreate();
    printf("bfile3.dat 二进制文件:\n");
    bfprint();
}
int nrec(char no[])                   /*计算记录数*/
{
    return ((no[7]-48)*10+no[8]-48)-1;
}
void bfcreate()                       /*从 file3.txt 读入数据建立二进制文件 bfile3.dat*/
{
    FILE *fp1,*fp2;
    struct Student stud;
    if((fp1=fopen("file3.txt","r"))==NULL)
    {
        printf("不能打开文件!\n");
        exit(1);
    }
    if((fp2=fopen("bfile3.dat","wb"))==NULL)
    {
        printf("不能打开文件!\n");
        exit(1);
    }
    fscanf(fp1,"%s %s %s %d %d %d %d %d %d %d",
        &stud.no,&stud.name,&stud.sex,
```

```
      &stud.birthday.year,&stud.birthday.month,&stud.birthday.day,
      &stud.score[0],&stud.score[1],&stud.score[2],&stud.score[3]);
   while(!feof(fp1))
   {
      /*计算文件当前指针，并将文件当前指针移到此处*/
      fseek(fp2,nrec(stud.no)*sizeof(struct Student),0);
      fwrite(&stud,sizeof(struct Student),1,fp2);
      fscanf(fp1,"%s %s %s %d %d %d %d %d %d %d",
         &stud.no,&stud.name,&stud.sex,
         &stud.birthday.year,&stud.birthday.month,&stud.birthday.day,
         &stud.score[0],&stud.score[1],&stud.score[2],&stud.score[3]);
   }
   fclose(fp1);
   fclose(fp2);
}
void bfprint()                    /*输出二进制文件 bfile3.dat*/
{
   FILE *fp;
   struct Student stud;
   if((fp=fopen("bfile3.dat","rb"))==NULL)
   {
      printf("不能打开文件!\n");
      exit(1);
   }
   fread(&stud,sizeof(struct Student),1,fp);      /*读二进制文件 bfile3.dat*/
   while(!feof(fp))
   {
      printf("%s %s %s %4d %3d %3d %4d %4d %4d %4d\n",
         stud.no,stud.name,stud.sex,
         stud.birthday.year,stud.birthday.month,stud.birthday.day,
         stud.score[0],stud.score[1],stud.score[2],stud.score[3]);
      fread(&stud,sizeof(struct Student),1,fp);
   }
   fclose(fp);
}
```

程序中以学生学号计算出每位学生信息的偏移量，然后应用 fseek 函数确定文件当前指针的位置。

【例 11.6】编写一个程序，对文件 file3.dat 加密，加密方式是对文件中所有第奇数个字节的中间两个二进制位进行取反。

分析：对中间两个二进制位取反的办法是将读出的数与二进制数 00011000（也就是十进制数 24）进行异或运算，将异或后的结果写回原位置。

程序如下：

```
#include <stdio.h>
#include <stdlib.h>
void main()
{
   FILE *fp;
   unsigned char ch1,ch2;
   if((fp=fopen("file3.dat","rb+"))==NULL)
   exit(1);
   ch2=24;
```

```
    ch1=fgetc(fp);
    while(!feof(fp))
    {
        printf("%c  ",ch1);
        ch1=ch1^ch2;
        fseek(fp,-1L,1);              /*指针回移 1 个字节*/
        fputc(ch1,fp);                /*将加密后的结果写回*/
        fseek(fp,1L,1);               /*跳过第偶数个字节*/
        ch1=fgetc(fp);
    }
    fclose(fp);
}
```

# 11.5  文件操作时的出错检测

由于 C 语言中对文件的操作都是通过调用有关的函数来实现，所以用户必须直接掌握函数调用的情况，特别是掌握函数调用是否成功。为此，C 语言提供了用来反映函数调用情况的检测函数，包括 ferror 和 clearerr 函数。

### 1．报告文件操作错误状态函数

ferror 函数用于报告文件操作错误状态，其调用格式为：

ferror(文件类型指针);

函数 ferror 的功能是测试文件指针所指的文件是否有错误。如果没有错误，返回值为 0；否则，返回一个非 0 值，表示出错。

### 2．清除错误标志函数

clearerr 函数用于清除错误标志，调用格式为：

clearerr(文件类型指针);

该函数清除 fp 所指的文件的错误标志，即将文件错误标志和文件结束标记置为 0。

在用 feof 和 ferror 函数检测文件结束和出错情况时，遇到文件结束或出错，两个函数的返回值均为非 0 值。对于出错或已结束的文件，在程序中可以有两种方法清除出错标记：调用 clearerr 函数清除出错标记，或者对出错文件调用一个正确的文件读写函数。

【例 11.7】从键盘上输入一个长度小于 20 的字符串，将该字符串写入文件 file4.txt 中，并测试是否有错。若有错，则输出错误信息，然后清除文件出错标记，关闭文件。否则输出刚才输入的字符串。

程序如下：

```
#include <stdio.h>
#include <string.h>
#include <stdlib.h>
void main()
{
    int err;
    FILE *fp;
    char str[20];
    if((fp=fopen("file4.txt","w"))==NULL)
    {
        printf("不能打开文件!\n");
```

```
        exit(1);
    }
    printf("输入一个字符串:");
    gets(str);                          /*接收从键盘输入的字符串*/
    fputs(str,fp);                      /*将输入的字符串写入文件*/
    if(err=ferror(fp))                  /*调用函数ferror，若出错则进行出错处理*/
    {
        printf("文件错误: %d\n",err);
        clearerr(fp);                   /*清除出错标记*/
        fclose(fp);
    }
    else
    {
        rewind(fp);
        fgets(str,20,fp);               /*读入字符串*/
        if (feof(fp)&&strlen(str)==0)   /*若文件结束且读入的字符串长为0*/
            printf("file4.txt is NULL.\n"); /*则文件为空，输出提示*/
        else
            printf("输出: %s\n",str);    /*输出读入的字符串*/
        fclose(fp);
    }
}
```

# 11.6  文件应用举例

前面讨论了文件的基本操作，本节再介绍一些应用实例来加深对文件的认识，以便能在实践中更好地使用文件。

【例11.8】从file5.txt文件中读出信息，再将信息逆序写到file6.txt文件中。

分析：从file5.txt文件中读出信息保存于字符数组中，再将字符数组中的内容逆序写到file6.txt文件中。

程序如下：

```
#include <stdio.h>
#include <stdlib.h>
#define BUFFSIZE 1000
void main()
{
    FILE *fp1,*fp2;
    int i;
    char buf[BUFFSIZE];
    if((fp1=fopen("file5.txt","r"))==NULL)      /*以只读方式打开文件file5.txt*/
    {
        printf("不能打开文件!\n");
        exit(1);
    }
    if(!(fp2=fopen("file6.txt","w")))           /*以只写方式打开文件file6.txt*/
    {
        printf("不能打开文件!\n");
        exit(1);
    }
    i=0;
```

```
   while(!feof(fp1))                        /*判断是否文件末尾*/
   {
      buf[i++]=fgetc(fp1);                  /*读出信息送入缓存区*/
      if(i>=BUFFSIZE)                       /*缓存区不足*/
      {
         printf("数组缓冲区不足!");
         exit(1);
      }
   }
   --i;
   while(--i>=0)                            /*控制逆序操作*/
      fputc(buf[i],fp2);                    /*写入到文件 file6.txt*/
   fclose(fp1);                             /*关闭文件 file5.txt*/
   fclose(fp2);                             /*关闭文件 file6.txt*/
}
```

【例 11.9】有两个磁盘文件 file7.txt 和 file8.txt，各存放一行已经按升序排列的字母（不多于 20 个），要求依然按字母升序排列，将两个文件中的内容合并，输出到一个新文件 file9.txt 中去。

分析：首先，分别从两个有序的文件读出一个字符，将 ASCII 值小的字符写到 file9.txt 文件，直到其中一个文件结束而终止。然后，将未结束文件复制到 file9.txt 文件，直到该文件结束而终止。

程序如下：

```
#include <stdio.h>
#include <stdlib.h>
void ftcomb(char [],char [],char []);
void ftshow(char []);
void main()
{
   ftcomb("file7.txt","file8.txt","file9.txt");
   ftshow("file9.txt");
}
void ftcomb(char fname1[20],char fname2[20],char fname3[20])   /*文件合并*/
{
   FILE *fp1,*fp2,*fp3;
   char ch1,ch2;
   if((fp1=fopen(fname1,"r"))==NULL)
   {
      printf("不能打开文件!\n");
      exit(1);
   }
   if((fp2=fopen(fname2,"r"))==NULL)
   {
      printf("不能打开文件!\n");
      exit(1);
   }
   if((fp3=fopen(fname3,"w"))==NULL)
   {
      printf("不能打开文件!\n");
      exit(1);
   }
   fscanf(fp1,"%c",&ch1);
   fscanf(fp2,"%c",&ch2);
   while(!feof(fp1) && !feof(fp2))
   {
```

```
            if(ch1<ch2)
            {
               fprintf(fp3,"%c",ch1);
               fscanf(fp1,"%c",&ch1);
            }
            else if(ch1==ch2)
            {
               fprintf(fp3,"%c",ch1);
               fscanf(fp1,"%c",&ch1);
               fprintf(fp3,"%c",ch2);
               fscanf(fp2,"%c",&ch2);
            }
            else
            {
               fprintf(fp3,"%c",ch2);
               fscanf(fp2,"%c",&ch2);
            }
      }
   while(!feof(fp1))                          /*复制未结束文件 1*/
      {
         fprintf(fp3,"%c",ch1);
         fscanf(fp1,"%c",&ch1);
      }
   while(!feof(fp2))                          /*复制未结束文件 2*/
      {
         fprintf(fp3,"%c",ch2);
         fscanf(fp2,"%c",&ch2);
      }
   fclose(fp1);
   fclose(fp2);
   fclose(fp3);
}
void ftshow(char fname[20])                   /*输出文本文件*/
{
   FILE *fp;
   char ch;
   if((fp=fopen(fname,"r"))==NULL)
   {
      printf("不能打开文件!\n");
      exit(1);
   }
   ch=fgetc(fp);
   while(!feof(fp))
   {
      putchar(ch);
      ch=fgetc(fp);
   }
   fclose(fp);
   printf("\n");
}
```

【例 11.10】在 number.dat 文件中放有 10 个不小于 2 的正整数，编写程序实现：

（1）在 prime 函数中判断和统计 10 个整数中的素数以及个数。

（2）在主函数中将全部素数以及素数个数追加到文件 number.dat 的尾部，同时输出到屏幕上。

程序如下：

```c
#include <stdio.h>
#include <stdlib.h>
int prime(int a[],int n)
{
    int i,j,k=0,flag=0;
    for(i=0;i<n;i++)
    {
        for(j=2;j<a[i];j++)
            if (a[i]%j==0)
                {flag=0;break;}
            else
                flag=1;
        if(flag) a[k++]=a[i];
    }
    return k;
}
void main()
{
    int n,i,a[10];
    FILE *fp;
    if((fp=fopen("number.dat","r+"))==NULL)
    {
        printf("不能打开文件!\n");
        exit(1);
    }

    for(n=0;n<10;n++)
        fscanf(fp,"%d",&a[n]);
    n=prime(a,n);
    fseek(fp,0,2);              /*文件指针定位到文件末尾*/
    printf("The number of prime is %d.\n",n);
    fprintf(fp,"The number of prime is %d.\n",n);
    printf("All primes are ");
    fprintf(fp,"All primes are ");
    for(i=0;i<n;i++)
    {
        printf("%5d",a[i]);
        fprintf(fp,"%5d",a[i]);
    }
    fclose(fp);
}
```

【例 11.11】将 $\sin x$ 在 $\dfrac{2\pi i}{360}$（$i=0,1,2,\cdots,359$）上的值保存在文件 dsin.dat 中，并从该文件中读取数据，以这些数据为基础，计算 $\sin x$ 在 $[0,2\pi]$ 上的定积分。

程序如下：

```c
#include <stdio.h>
#include <math.h>
#include <stdlib.h>
#define SIZE 360
#define PI 3.14159
void main()
{
    double data[SIZE],s=0;
```

```
   int i;
   FILE *fp;
   for(i=0;i<SIZE;i++)
      data[i]=sin(2*i*PI/SIZE);
   fp=fopen("dsin.dat","wb");
   if(fp==NULL)
   {
      printf("不能打开文件!\n");
      exit(1);
   }
   fwrite((char *)data,1,sizeof(data),fp);    /*将 sin(x) 上的值写入文件 dsin.dat*/
   fclose(fp);
   fp=fopen("dsin.dat","rb");
   if(fp==NULL)
   {
      printf("不能打开文件!\n");
      exit(1);
   }
   fread((char *)data,1,sizeof(data),fp);     /*从文件 dsin.dat 中读数据到数组 data*/
   for(i=0;i<SIZE;i++)
      s+=data[i];
   s*=2*PI/SIZE;                               /*利用矩形法求定积分*/
   printf("s=%le\n",s);
   fclose(fp);
}
```

# 本 章 小 结

1. 文件是高级语言的重要功能。在高级语言中几乎都有关于文件操作的专门语句。在文件操作方面，C 语言与其他高级语言的不同之处在于：C 语言没有提供单独的文件操作语句，有关文件的操作均是通过库函数进行的。这样在明确文件的基本概念之后，要学习和掌握的就是如何使用与文件操作有关的库函数。

2. 在 C 语言中引入了流（Stream）的概念。它将数据的输入/输出看作是数据的流入和流出，这种把数据的输入/输出操作对象抽象化为一种流，而不管它的具体结构的方法很利于编程。在 C 语言中流可分为两大类，即文本流（Text Stream）和二进制流（Binary Stream）。所谓文本流是指在流中流动的数据是以字符形式出现，二进制流是指流动的是二进制数字序列。

在 C 语言中流就是一种文件形式，它实际上就表示一个文件或设备（从广义上讲，设备也是一种文件）。当流到磁盘而成为文件时，意味着要启动磁盘写入操作，这样流入一个字符（文本流）或流入一个字节（二进制流）均要启动磁盘操作，将大大降低传输效率。为此，C 语言在输入/输出时使用了缓冲技术，即在内存为输入的磁盘文件开辟了一个缓冲区（默认为 512 字节），当流到该缓冲区装满后，再启动磁盘一次，将缓冲区内容装到磁盘文件中去。读取文件也是类似。

在 C 语言中将此种文件输入/输出操作称为标准输入/输出（因这种输入/输出操作是 ANSI C 推荐的标准），也称流式输入/输出。还有一种是不带缓冲文件输入/输出，称为非标准文件输入/输出或低级输入/输出，它将由操作系统直接管理。

3. 在 C 语言中，用文件指针标识文件，当一个文件被打开时，可取得该文件指针。不要把文件指针和 FILE 结构体指针（文件类型指针）混为一谈，它们代表两个不同的地址。文件指针指出了对文件当前读写的数据位置，而 FILE 结构体指针是指出了打开文件所对应的 FILE 结构体在内存中的地址，这个指针实际也包含了文件指针的信息。FILE 结构体中的各字段是供 C 语言内部使用的，用户不必关心其细节。

4. 文件在读写之前必须打开，读写结束必须关闭。文件的打开和关闭用 fopen 函数、fclose 函数实现。文件可按只读、只写、读写和追加 4 种操作方式打开，同时还必须指定文件的类型是二进制文件还是文本文件。

5. 文件可按字符、字符串、数据块为单位读写，文件也可按指定的格式进行读写。常用的读写函数有字符读写函数 fgetc 和 fputc、字符串读写函数 fgets 和 fputs、数据块读写函数 fread 和 fwrite、格式化读写函数 fscanf 和 fprintf，这些函数的说明包含在头文件 stdio.h 中。

6. 一般文件的读写都是顺序读写，就是从文件的开头开始，依次读取数据。在实际问题中，有时要从指定位置开始，也就是随机读写，这就要用到文件的位置指针。文件的位置指针指出了文件下一步的读写位置，每读写一次后，指针自动指向下一个新的位置。程序员可以通过使用文件位置指针移动函数来实现文件的定位读写。常用的与文件位置指针有关的函数有 fseek、ftell 和 rewind 等。

# 习　　题

## 一、选择题

1. 若有以下定义：

```
#include <stdio.h>
struct std
{
    char num[6];
    char name[8];
    float mark[4];
}a[30];
FILE  *fp;
```

设文件中以二进制形式存有 10 个班的学生数据，且已正确打开，文件指针定位于文件开头。若要从文件中读出 30 个学生的数据放入 a 数组中，以下不能实现此功能的语句是（　　　　）。

A.　for(i=0;i<30;i++)

　　　　fread(&a[i],sizeof(struct std),1L,fp);

B.　for(i=0;i<30;i++)

　　　　fread(a+i,sizeof(struct std),1L,fp);

C.　fread(a,sizeof(struct std),30L,fp);

D.　for(i=0;i<30;i++)

　　　　fread(a[i],sizeof(struct std),1L,fp);

2. 函数调用语句 fseek(fp,-20L,2);的含义是（　　　　）。

　　A. 将文件位置指针移动到距离文件第 20 个字节处

　　B. 将文件位置指针从当前位置向后移动 20 个字节

　　C. 将文件位置指针从文件末尾处向后退 20 个字节

　　D. 将文件位置指针移动到离当前位置 20 个字节处

3. rewind 函数的作用是（　　　　）。

　　A. 使位置指针重新返回文件的开头

B. 将位置指针指向文件中所要求的特定位置

　　C. 使位置指针指向文件的末尾

D. 使位置指针自动移动到下一个字符位置

4. 设有以下结构体类型：
```
struct st
{
    char name[8];
    int num;
    float s[4];
}student[50];
```
并且结构体数组 student 中的元素都已有值，若要将这些元素写到硬盘文件 fp 中，以下不正确的语句是（　　）。

A. fwrite(student,sizeof( struct st),50,fp);　　　　B. fwrite(student,50*sizeof( struct st),1,fp);

C. fwrite(student,25*sizeof( struct st),25,fp);　　　D. for(i=0;i<50;i++)

　　　　　　　　　　　　　　　　　　　　　　fwrite(student+i,sizeof(struct st),1,fp);

5. 阅读以下程序及对程序功能的描述，其中正确的描述是（　　）。
```
#include <stdio.h>
void main()
{
    FILE *in, *out ;
    char ch,infile[10],outfile[10] ;
    scanf("%s",infile) ;
    printf("Enter the infile name :\n") ;
    scanf("%s",outfile) ;
    if((in=fopen(infile,"r"))==NULL)
    {
        printf("cannot open infile\n") ;
        exit(0) ;
    }
    if((out=fopen(outfile,"w"))==NULL)
    {
        printf("cannot open outfile\n") ;
        exit(0) ;
    }
    while(!feof(in))
    fputc(fgetc(in),out) ;
    fclose(in) ;
    fclose(out) ;
}
```
A. 程序完成将磁盘文件的信息在屏幕上显示的功能

B. 程序完成将两个磁盘文件合二为一的功能

C. 程序完成将一个磁盘文件复制到另一个磁盘文件中的功能

D. 程序完成将两个磁盘文件合并且在屏幕上输出的功能

## 二、填空题

1. 在 C 程序中，文件可以用_____方式存取，也可以用_____方式存取。

2. 在 C 语言中，文件的存取是以_____为单位的，这种文件被称作_____文件。

3. 测试 ASCII 码文件和二进制文件的当前文件指针是否已指向文件结束标记，可以调用_____函数。如果当前文件指针已指向文件结束标记，该函数的返回值是_____，否则该函数的返回值是_____。

4. 若调用文件操作函数时发生错误，则 ferror 函数的返回值是_____。

5. 若要用 fopen 函数打开一个新的二进制文件，该文件要既能读也能写，则文件使用方式字符串是_____。

6. 下面的程序用变量 count 统计文件中字符的个数，请填入适当内容。

```c
#include <stdio.h>
void main()
{
    FILE*fp;
    long count=0;
    if((fp=fopen("letter.dat",_____))==NULL)
    {
        printf("cannot open file\n");
        exit(0);
    }
    while(!feof(fp))
    {
        _____;
        count++;
    }
    printf("count=%ld\n",count);
    fclose(fp);
}
```

### 三、写出程序的运行结果

1.
```c
#include <stdio.h>
#include <stdlib.h>
void main()
{
    FILE *fp;
    int n,a[2][3]={1,2,3,4,5,6},i,j;
    if((fp=fopen("file1.txt","w"))==NULL)
    {
        printf("%s 不能打开!\n","file1.txt");
        exit(1);
    }
    for(j=0;j<3;j++)
    {
        for(i=0;i<2;i++)
            fprintf(fp,"%3d",a[i][j]);
        fprintf(fp,"\n");
    }
    fclose(fp);
    if((fp=fopen("file1.txt","r"))==NULL)
    {
        printf("%s 不能打开!\n","file1.txt");
        exit(1);
    }
    fscanf(fp,"%d",&n);
    while(!feof(fp))
    {
        if (n%2==0) printf("%d  ",n*=n);
```

```
        fscanf(fp,"%d",&n);
    }
    fclose(fp);
    printf("\n");
}
```

2. 
```
#include <stdio.h>
#include <stdlib.h>
void main()
{
    FILE *fp;
    int i,s=0;
    fp=fopen("file2.txt","w+");
    for(i=1;i<10;i++)
    {
        fprintf(fp,"%d",i);
        if(i%3==0) fprintf(fp,"\n");
    }
    rewind(fp);
    fscanf(fp,"%d%d",&i,&i);
    while(!feof(fp))
    {
        s+=i;
        fscanf(fp,"%d",&i);
    }
    fclose(fp);
    printf("输出:%d\n",s);
}
```

**四、编写程序题**

1. 从键盘输入一个字符串（输入的字符串以"!"结束），将其中的小写字母全部转换成大写字母，输出到磁盘文件 upper.txt 中保存，然后再将文件 upper.txt 中的内容读出显示在屏幕上。

2. 设文件 integer.dat 中放了一组整数，统计文件中正整数、零和负整数的个数，将统计结果追加到文件 integer.dat 的尾部，同时输出到屏幕上。

3. 将文本文件 f2.txt 的内容连接到文本文件 f1.txt 的后面。

4. 主函数从命令行读出一个文件名，然后调用函数 getline，从文件中读出一个字符串放到字符数组 str 中（字符个数最多为 100 个）。函数返回字符串的长度。在主函数中输出字符串及其长度。

5. 设文件 student.dat 中存放着若干名学生的基本信息，这些信息由以下结构体来描述：

```
struct student
{
    long num;                    /*学号*/
    char [10];                   /*姓名*/
    int age;                     /*年龄*/
    char sex;                    /*性别*/
    char speciality[20];         /*专业*/
    char addr[40];               /*住址*/
};
```

要求从文件中删除一名学生的基本信息。

# 参 考 文 献

[1] 教育部高等学校非计算机专业计算机基础课程教学指导分委员会. 关于进一步加强高等学校计算机基础教学的意见. 北京：高等教育出版社，2004.

[2] 杨路明. C 语言程序设计教程. 2 版. 北京：北京邮电大学出版社，2005.

[3] 谭浩强. C 程序设计教程. 北京：清华大学出版社，2007.

[4] KERNIGHAN B W, RITCHIE D M. The C Programming Language. 2nd ed. Prentice-Hall International, Inc., 1997.

[5] DEITEL H M, DEITEL P J. C 程序设计教程. 薛万鹏，等译. 北京：机械工业出版社，2000.

[6] SCHILDT H. C 语言大全. 4 版. 王子恢，戴健鹏，等译. 北京：电子工业出版社，2001.

[7] KERNIGHAN B W, ROB P. 程序设计实践. 裘宗燕，译. 北京：机械工业出版社，2000.

# 附录 A

## ASCII 字符编码表

| ASCII 值 | 字　符 | 控制字符 | ASCII 值 | 字　符 | ASCII 值 | 字　符 | ASCII 值 | 字　符 |
|---|---|---|---|---|---|---|---|---|
| 000 | 空 | NUL | 032 | 空格 | 064 | @ | 096 | ` |
| 001 | ☺ | SOH | 033 | ! | 065 | A | 097 | a |
| 002 | ☻ | STX | 034 | " | 066 | B | 098 | b |
| 003 | ♥ | ETX | 035 | # | 067 | C | 099 | c |
| 004 | ♦ | EOT | 036 | $ | 068 | D | 100 | d |
| 005 | ♣ | ENQ | 037 | % | 069 | E | 101 | e |
| 006 | ♠ | ACK | 038 | & | 070 | F | 102 | f |
| 007 | 嘟声 | BEL | 039 | ' | 071 | G | 103 | g |
| 008 | ◘ | BS | 040 | ( | 072 | H | 104 | h |
| 009 | 制表符 | HT | 041 | ) | 073 | I | 105 | i |
| 010 | 换行 | LF | 042 | * | 074 | J | 106 | j |
| 011 | ♂ | VT | 043 | + | 075 | K | 107 | k |
| 012 | ♀ | FF | 044 | , | 076 | L | 108 | l |
| 013 | 回车 | CR | 045 | - | 077 | M | 109 | m |
| 014 | ♫ | SO | 046 | . | 078 | N | 110 | n |
| 015 | ¤ | SI | 047 | / | 079 | O | 111 | o |
| 016 | ► | DLE | 048 | 0 | 080 | P | 112 | p |
| 017 | ◄ | DC1 | 049 | 1 | 081 | Q | 113 | q |
| 018 | ↕ | DC2 | 050 | 2 | 082 | R | 114 | r |
| 019 | ‼ | DC3 | 051 | 3 | 083 | S | 115 | s |
| 020 | ¶ | DC4 | 052 | 4 | 084 | T | 116 | t |
| 021 | § | NAK | 053 | 5 | 085 | U | 117 | u |
| 022 | ▬ | SYN | 054 | 6 | 086 | V | 118 | v |
| 023 | ↨ | ETB | 055 | 7 | 087 | W | 119 | w |
| 024 | ↑ | CAN | 056 | 8 | 088 | X | 120 | x |
| 025 | ↓ | EM | 057 | 9 | 089 | Y | 121 | y |
| 026 | → | SUB | 058 | : | 090 | Z | 122 | z |
| 027 | ← | ESC | 059 | ; | 091 | [ | 123 | { |
| 028 | ∟ | FS | 060 | < | 092 | \ | 124 | \| |
| 029 | ↔ | GS | 061 | = | 093 | ] | 125 | } |
| 030 | ▲ | RS | 062 | > | 094 | ^ | 126 | ~ |
| 031 | ▼ | US | 063 | ? | 095 | _ | 127 | ⌂ |

注：控制字符通常用于控制或通信。

## C 运算符的优先级与结合方向

| 优 先 级 | 运 算 符 | 功 能 | 要求运算量的个数 | 结 合 方 向 |
|---|---|---|---|---|
| 1 | () | 提高运算优先级 | | 自左至右 |
| | [] | 下标运算 | | |
| | -> | 指向结构体的成员 | | |
| | . | 取结构体的成员 | | |
| 2 | ! | 逻辑非 | 1（单目运算符） | 自右至左 |
| | ~ | 按位取反 | | |
| | ++ | 自增 | | |
| | -- | 自减 | | |
| | + | 加号运算 | | |
| | − | 负号运算 | | |
| | (类型符) | 强制类型转换 | | |
| | * | 间接访问 | | |
| | & | 取地址 | | |
| | sizeof | 测试数据字节数 | | |
| 3 | * | 乘法 | 2（双目运算符） | 自左至右 |
| | / | 除法 | | |
| | % | 求整数余数 | | |
| 4 | + | 加法 | 2（双目运算符） | 自左至右 |
| | − | 减法 | | |
| 5 | << | 左移位 | 2（双目运算符） | 自左至右 |
| | >> | 右移位 | | |
| 6 | < | 小于 | 2（双目运算符） | 自左至右 |
| | > | 大于 | | |
| | <= | 小于等于 | | |
| | >= | 大于等于 | | |

续上表

| 优　先　级 | 运　算　符 | 功　能 | 要求运算量的个数 | 结　合　方　向 |
|---|---|---|---|---|
| 7 | == | 等于 | 2（双目运算符） | 自左至右 |
| | != | 不等于 | | |
| 8 | & | 按位与 | 2（双目运算符） | 自左至右 |
| 9 | ^ | 按位异或 | 2（双目运算符） | 自左至右 |
| 10 | \| | 按位或 | 2（双目运算符） | 自左至右 |
| 11 | && | 逻辑与 | 2（双目运算符） | 自左至右 |
| 12 | \|\| | 逻辑或 | 2（双目运算符） | 自左至右 |
| 13 | ?: | 条件运算 | 3（3目运算符） | 自右至左 |
| 14 | =  +=  -=  *=  /=  %=<br>^=  \|=  &=  >>=  <<= | 赋值运算 | 2（双目运算符） | 自右至左 |
| 15 | , | 逗号运算 | | 自左至右 |

说明：

（1）运算符的优先级从上到下依次递减，最上面具有最高的优先级，逗号操作符具有最低的优先级。

（2）所有的优先级中，只有3个优先级是自右至左结合的，它们是单目运算符、条件运算符和赋值运算符，其他的都是自左至右结合。

（3）具有最高优先级的其实并不算是真正的运算符，它们算是一类特殊的操作，()与函数以及表达式相关，[]与数组相关，而->及.是取结构体成员；其次是单目运算符，所有的单目运算符具有相同的优先级，因此真正的运算符中它们具有最高的优先级，又由于它们都是自右至左结合的，因此*p++与*(p++)等效是显而易见的；接下来是算术运算符，*、/、%的优先级当然比+、-高；移位运算符紧随其后；其次的关系运算符中，<、<=、>、>=要比==、!=高一个级别；所有的逻辑操作符都具有不同的优先级（单目运算符! 和~除外），逻辑位操作符的"与"比"或"高，而"异或"则在它们之间，跟在其后的&&比\|\|高；接下来的是条件运算符、赋值运算符及逗号运算符。

（4）在C语言中，只有4个运算符规定了运算方向，它们是&&、\|\|、条件运算符及赋值运算符。&&、\|\|都是先计算左边表达式的值，当左边表达式的值能确定整个表达式的值时，就不再计算右边表达式的值。例如，a=0&&b，&&运算符的左边为0，则右边表达式b就不再判断。在条件运算符中，例如，a?b:c，先判断a的值，再根据a的值对b或c之中的一个进行求值。赋值表达式则规定先对右边的表达式求值，例如，a=b=c=6。

附录 **C**

# C 语言常用的库函数

　　库函数并不是 C 语言的一部分，它是由编译系统根据一般用户的需要编制并提供给用户使用的一组程序。每一种 C 编译系统都提供了一批库函数，不同的编译系统所提供的库函数的数目和函数名以及函数功能是不完全相同的。ANSI C 标准提出了一批建议提供的标准库函数。它包括了目前多数 C 编译系统所提供的库函数，但也有一些是某些 C 编译系统未曾实现的。考虑到通用性，本附录列出 ANSI C 建议的常用库函数。

　　由于 C 库函数的种类和数目很多，例如，还有屏幕和图形函数、时间日期函数、与系统有关的函数等，每一类函数又包括各种功能的函数，限于篇幅，本附录不能全部介绍，只从教学需要的角度列出最基本的函数。读者在编写 C 程序时可根据需要，查阅相关系统的函数使用手册。

## 1. 数学函数

使用数学函数时，应该在源文件中使用预编译命令：

`#include <math.h>`或`#include "math.h"`

| 函 数 名 | 函 数 原 型 | 功　能 | 返 回 值 |
|---|---|---|---|
| acos | double acos(double x); | 计算 arccos x 的值，其中$-1<=x<=1$ | 计算结果 |
| asin | double asin(double x); | 计算 arcsin x 的值，其中$-1<=x<=1$ | 计算结果 |
| atan | double atan(double x); | 计算 arctan x 的值 | 计算结果 |
| atan2 | double atan2(double x, double y); | 计算 arctan x/y 的值 | 计算结果 |
| cos | double cos(double x); | 计算 cos x 的值，其中 x 的单位为弧度 | 计算结果 |
| cosh | double cosh(double x); | 计算 x 的双曲余弦 cosh x 的值 | 计算结果 |
| exp | double exp(double x); | 求 $e^x$ 的值 | 计算结果 |
| fabs | double fabs(double x); | 求 x 的绝对值 | 计算结果 |
| floor | double floor(double x); | 求出不大于 x 的最大整数 | 该整数的双精度实数 |
| fmod | double fmod(double x, double y); | 求整除 x/y 的余数 | 返回余数的双精度实数 |
| frexp | double frexp(double val, int *eptr); | 把双精度数 val 分解成数字部分（尾数）和以 2 为底的指数，即 val=x*2$^n$，n 存放在 eptr 指向的变量中 | 数字部分 x<br>$0.5 \leqslant x<1$ |
| log | double log(double x); | 求 lnx 的值 | 计算结果 |

续上表

| 函 数 名 | 函 数 原 型 | 功　　能 | 返 回 值 |
|---|---|---|---|
| log10 | double log10(double x); | 求 $\log_{10}x$ 的值 | 计算结果 |
| modf | double modf(double val, int *iptr); | 把双精度数 val 分解成数字部分和小数部分，把整数部分存放在 ptr 指向的变量中 | val 的小数部分 |
| pow | double pow(double x, double y); | 求 $x^y$ 的值 | 计算结果 |
| sin | double sin(double x); | 求 sin x 的值，其中 x 的单位为弧度 | 计算结果 |
| sinh | double sinh(double x); | 计算 x 的双曲正弦函数 sinh x 的值 | 计算结果 |
| sqrt | double sqrt (double x); | 计算 $\sqrt{x}$，其中 x≥0 | 计算结果 |
| tan | double tan(double x); | 计算 tan x 的值，其中 x 的单位为弧度 | 计算结果 |
| tanh | double tanh(double x); | 计算 x 的双曲正切函数 tanh x 的值 | 计算结果 |

## 2. 字符函数

使用字符函数时，应该在源文件中使用预编译命令：

#include <ctype.h>或#include "ctype.h"

| 函 数 名 | 函 数 原 型 | 功　　能 | 返 回 值 |
|---|---|---|---|
| isalnum | int isalnum(int ch); | 检查 ch 是否为字母或数字 | 是字母或数字返回 1，否则返回 0 |
| isalpha | int isalpha(int ch); | 检查 ch 是否为字母 | 是字母返回 1，否则返回 0 |
| iscntrl | int iscntrl(int ch); | 检查 ch 是否为控制字符（其 ASCII 码在 0 和 0x1F 之间） | 是控制字符返回 1，否则返回 0 |
| isdigit | int isdigit(int ch); | 检查 ch 是否为数字 | 是数字返回 1，否则返回 0 |
| isgraph | int isgraph(int ch); | 检查 ch 是否为可打印字符（其 ASCII 码在 0x21 和 0x7e 之间），不包括空格 | 是可打印字符返回 1，否则返回 0 |
| islower | int islower(int ch); | 检查 ch 是否是小写字母（a~z） | 是小字母返回 1，否则返回 0 |
| isprint | int isprint(int ch); | 检查 ch 是否是可打印字符（其 ASCII 码在 0x21 和 0x7e 之间），不包括空格 | 是可打印字符返回 1，否则返回 0 |
| ispunct | int ispunct(int ch); | 检查 ch 是否是标点字符（不包括空格），即除字母、数字和空格以外的所有可打印字符 | 是标点返回 1，否则返回 0 |
| isspace | int isspace(int ch); | 检查 ch 是否空格、跳格符（制表符）或换行符 | 是，返回 1，否则返回 0 |
| isupper | int isupper(int ch); | 检查 ch 是否大写字母（A~Z） | 是大写字母返回 1，否则返回 0 |
| isxdigit | int isxdigit(int ch); | 检查 ch 是否是一个十六进制数字（即 0~9，或 A~F，a~f） | 是，返回 1，否则返回 0 |
| tolower | int tolower(int ch); | 将 ch 字符转换为小写字母 | 返回 ch 对应的小写字母 |
| toupper | int toupper(int ch); | 将 ch 字符转换为大写字母 | 返回 ch 对应的大写字母 |

### 3. 字符串函数

使用字符串函数时，应该在源文件中使用预编译命令：

`#include <string.h>`或`#include "string.h"`

| 函 数 名 | 函 数 原 型 | 功　　能 | 返 回 值 |
|---|---|---|---|
| memchr | void memchr(void *buf, char ch, unsigned count); | 在 buf 的前 count 个字符里搜索字符 ch 首次出现的位置 | 返回指向 buf 中 ch 的第一次出现的位置指针。若没有找到 ch，返回 NULL |
| memcmp | int memcmp(void *buf1, void *buf2, unsigned count); | 按字典顺序比较由 buf1 和 buf2 指向的数组的前 count 个字符 | buf1<buf2，为负数<br>buf1=buf2，返回 0<br>buf1>buf2，为正数 |
| memcpy | void *memcpy(void *to, void *from, unsigned count); | 将 from 指向的数组中的前 count 个字符复制到 to 指向的数组中。From 和 to 指向的数组不允许重叠 | 返回指向 to 的指针 |
| memove | void *memove(void *to, void *from, unsigned count); | 将 from 指向的数组中的前 count 个字符移动到 to 指向的数组中。From 和 to 指向的数组不允许重叠 | 返回指向 to 的指针 |
| memset | void *memset(void *buf, char ch, unsigned count); | 将字符 ch 复制到 buf 指向的数组前 count 个字符中 | 返回 buf |
| strcat | char *strcat(char *str1, char *str2); | 把字符串 str2 接到 str1 后面，取消原来 str1 最后面的串结束符 "\0" | 返回 str1 |
| strchr | char *strchr(char *str,int ch); | 找出 str 指向的字符串中第一次出现字符 ch 的位置 | 返回指向该位置的指针。若找不到，则应返回 NULL |
| strcmp | int *strcmp(char *str1, char *str2); | 比较字符串 str1 和 str2 | 若 str1<str2，为负数<br>若 str1=str2，返回 0<br>若 str1>str2，为正数 |
| strcpy | char *strcpy(char *str1, char *str2); | 把 str2 指向的字符串复制到 str1 中去 | 返回 str1 |
| strlen | unsigned intstrlen(char *str); | 统计字符串 str 中字符的个数（不包括终止符 "\0"） | 返回字符个数 |
| strncat | char *strncat(char *str1, char *str2, unsigned count); | 把字符串 str2 指向的字符串中最多 count 个字符连到字符串 str1 后面，并以 NULL 结尾 | 返回 str1 |
| strncmp | int strncmp(char *str1, *str2, unsigned count); | 比较字符串 str1 和 str2 中至多前 count 个字符 | 若 str1<str2，为负数<br>若 str1=str2，返回 0<br>若 str1>str2，为正数 |
| strncpy | char *strncpy(char *str1, *str2, unsigned count); | 把 str2 指向的字符串中最多前 count 个字符复制到字符串 str1 中去 | 返回 str1 |
| strnset | void *setnset(char *buf, char ch, unsigned count); | 将字符 ch 复制到 buf 指向的数组前 count 个字符中 | 返回 buf |
| strset | void *setset(void *buf, char ch); | 将 buf 所指向的字符串中的全部字符都变为字符 ch | 返回 buf |
| strstr | char *strstr(char *str1,*str2); | 寻找 str2 指向的字符串在 str1 指向的字符串中首次出现的位置 | 返回 str2 指向的字符串首次出现的地址。若没有找到，返回 NULL |

## 4．输入/输出函数

使用输入/输出函数时，应该在源文件中使用预编译命令：

`#include <stdio.h>`或`#include "stdio.h"`

| 函 数 名 | 函 数 原 型 | 功　　能 | 返 回 值 |
|---|---|---|---|
| clearerr | void clearer(FILE *fp); | 清除文件指针错误指示器 | 无 |
| close | int close(int fp); | 关闭文件（非 ANSI 标准） | 关闭成功返回 0，不成功返回−1 |
| creat | int creat(char *filename, int mode); | 以 mode 所指定的方式建立文件（非 ANSI 标准） | 成功返回正数，否则返回−1 |
| eof | int eof(int fp); | 判断 fp 所指的文件是否结束 | 文件结束返回 1，否则返回 0 |
| fclose | int fclose(FILE *fp); | 关闭 fp 所指的文件，释放文件缓冲区 | 关闭成功返回 0，不成功返回非 0 |
| feof | int feof(FILE *fp); | 检查文件是否结束 | 文件结束返回非 0，否则返回 0 |
| ferror | int ferror(FILE *fp); | 测试 fp 所指的文件是否有错误 | 无错返回 0，否则返回非 0 |
| fflush | int fflush(FILE *fp); | 将 fp 所指的文件的全部控制信息和数据存盘 | 存盘正确返回 0，否则返回非 0 |
| fgets | char *fgets(char *buf, int n, FILE *fp); | 从 fp 所指的文件读取一个长度为（n−1）的字符串，存入起始地址为 buf 的空间 | 返回地址 buf。若遇文件结束或出错则返回 EOF |
| fgetc | int fgetc(FILE *fp); | 从 fp 所指的文件中取得下一个字符 | 返回所得到的字符。出错返回 EOF |
| fopen | FILE *fopen(char *filename, char *mode); | 以 mode 指定的方式打开名为 filename 的文件 | 成功，则返回一个文件指针，否则返回 0 |
| fprintf | int fprintf(FILE *fp, char *format, args,…); | 把 args 的值以 format 指定的格式输出到 fp 所指的文件中 | 实际输出的字符数 |
| fputc | int fputc(char ch, FILE *fp); | 将字符 ch 输出到 fp 所指的文件中 | 成功则返回该字符，出错返回 EOF |
| fputs | int fputs(char str, FILE *fp); | 将 str 指定的字符串输出到 fp 所指的文件中 | 成功则返回 0，出错返回 EOF |
| fread | int fread(char *pt, unsigned size, unsigned n, FILE *fp); | 从 fp 所指定文件中读取长度为 size 的 n 个数据项，存到 pt 所指向的内存区 | 返回所读的数据项个数。若文件结束或出错返回 0 |
| fscanf | int fscanf(FILE *fp, char *format, args,…); | 从 fp 指定的文件中按给定的 format 格式将读入的数据送到 args 所指向的内存变量中（args 是指针） | 以输入的数据个数 |
| fseek | int fseek(FILE *fp, long offset, int base); | 将 fp 指定的文件的位置指针移到 base 所指出的位置为基准、以 offset 为位移量的位置 | 返回当前位置，否则返回−1 |
| ftell | long ftell(FILE *fp); | 返回 fp 所指定的文件中的读写位置 | 返回文件中的读写位置，否则返回 0 |
| fwrite | int fwrite(char *ptr, unsigned size, unsigned n, FILE *fp); | 把 ptr 所指向的 n*size 个字节输出到 fp 所指向的文件中 | 写到 fp 文件中的数据项的个数 |
| getc | int getc(FILE *fp); | 从 fp 所指向的文件中的读出下一个字符 | 返回读出的字符。若文件出错或结束返回 EOF |

| 函　数　名 | 函　数　原　型 | 功　　能 | 返　回　值 |
|---|---|---|---|
| getchar | int getchar(); | 从标准输入设备中读取下一个字符 | 返回字符。若文件出错或结束返回−1 |
| gets | char *gets(char *str); | 从标准输入设备中读取字符串存入 str 指向的数组 | 成功返回 str，否则返回 NULL |
| open | int open(char *filename, int mode); | 以 mode 指定的方式打开已存在的名为 filename 的文件（非 ANSI 标准） | 返回文件号（正数），若打开失败返回−1 |
| printf | int printf(char *format,args,…); | 在 format 指定的字符串的控制下，将输出列表 args 的指输出到标准设备 | 输出字符的个数。若出错返回负数 |
| prtc | int prtc(int ch, FILE *fp); | 把一个字符 ch 输出到 fp 所值的文件中 | 输出字符 ch。若出错返回 EOF |
| putchar | int putchar(char ch); | 把字符 ch 输出到 fp 标准输出设备 | 返回换行符。若失败返回 EOF |
| puts | int puts(char *str); | 把 str 指向的字符串输出到标准输出设备，将 "\0" 转换为回车行 | 返回换行符。若失败返回 EOF |
| putw | int putw(int w, FILE *fp); | 将一个整数 i（即一个字）写到 fp 所指的文件中（非 ANSI 标准） | 返回读出的字符。若文件出错或结束返回 EOF |
| read | int read(int fd, char *buf, unsigned count); | 从文件号 fp 所指定文件中读 count 个字节到由 buf 指示的缓冲区（非 ANSI 标准） | 返回真正读出的字节个数。若文件结束返回 0，出错返回 −1 |
| remove | int remove(char *fname); | 删除以 fname 为文件名的文件 | 成功返回 0，出错返回−1 |
| rename | int remove(char *oname, char *nname); | 把 oname 所指的文件名改为由 nname 所指的文件名 | 成功返回 0，出错返回−1 |
| rewind | void rewind(FILE *fp); | 将 fp 指定的文件指针置于文件头，并清除文件结束标志和错误标志 | 无 |
| scanf | int scanf(char *format,args,…); | 从标准输入设备按 format 指示的格式字符串规定的格式，输入数据给 args 所指示的单元。args 为指针 | 读入并赋给 args 数据个数。若文件结束返回 EOF，若出错返回 0 |
| write | int write(int fd, char *buf, unsigned count); | 从 buf 指示的缓冲区输出 count 个字符到 fd 所指的文件中（非 ANSI 标准） | 返回实际写入的字节数。若出错返回−1 |

### 5．动态存储分配函数

使用动态存储分配函数时，应该在源文件中使用预编译命令：

`#include <stdlib.h>`或`#include "stdlib.h"`

| 函　数　名 | 函　数　原　型 | 功　　能 | 返　回　值 |
|---|---|---|---|
| callloc | void *calloc(unsigned n, unsigned size); | 分配 n 个数据项的内存连续空间，每个数据项的大小为 size | 分配内存单元的起始地址。若不成功，返回 0 |
| free | void free(void *p); | 释放 p 所指内存区 | 无 |
| malloc | void *malloc(unsigned size); | 分配 size 字节的内存区 | 所分配的内存区地址。若内存不够，返回 0 |
| realloc | void *realloc(void *p, unsigned size); | 将 p 所指的以分配的内存区的大小改为 size。size 可以比原来分配的空间大或小 | 返回指向该内存区的指针。若重新分配失败，返回 NULL |

### 6．其他函数

有些函数由于不便归入某一类，所以单独列出。使用这些函数时，应该在源文件中使用预编译命令：

`#include <stdlib.h>`或`#include "stdlib.h"`

| 函　数　名 | 函　数　原　型 | 功　　能 | 返　回　值 |
|---|---|---|---|
| abs | int abs(int num); | 计算整数 num 的绝对值 | 返回计算结果 |
| atof | double atof(char *str); | 将 str 指向的字符串转换为一个 double 型的值 | 返回双精度计算结果 |
| atoi | int atoi(char *str); | 将 str 指向的字符串转换为一个 int 型的值 | 返回转换结果 |
| atol | long atol(char *str); | 将 str 指向的字符串转换为一个 long 型的值 | 返回转换结果 |
| exit | void exit(int status); | 中止程序运行。将 status 的值返回调用的过程 | 无 |
| itoa | char *itoa(int n, char *str, int radix); | 将整数 n 的值按照 radix 进制转换为等价的字符串，并将结果存入 str 指向的字符串中 | 返回一个指向 str 的指针 |
| labs | long labs(long num); | 计算 long 型整数 num 的绝对值 | 返回计算结果 |
| ltoa | char *ltoa(long n, char *str, int radix); | 将长整数 n 的值按照 radix 进制转换为等价的字符串，并将结果存入 str 指向的字符串 | 返回一个指向 str 的指针 |
| rand | int rand(); | 产生 0 到 RAND_MAX 之间的伪随机数。RAND_MAX 在头文件中定义 | 返回一个伪随机（整）数 |
| random | int random(int num); | 产生 0 到 num 之间的随机数 | 返回一个随机（整）数 |
| randomize | void randomize(); | 初始化随机函数，使用时包括头文件 time.h | |

Learn
more
about it !

笔 记 栏

Learn more about it !

笔记栏